国家电网公司
电力科技著作出版项目

智能配电网技术及应用丛书

智能配电网信息模型及其应用

ZHINENG PEIDIANWANG XINXI MOXING JIQI YINGYONG

张子仲 主编

中国电力出版社
CHINA ELECTRIC POWER PRESS

内 容 提 要

本书为"智能配电网技术及应用丛书"中的一个分册。

尽管电力信息化领域存在应用的多样性和改变的迅速性，但信息模型始终在起作用。本书系统概述了智能配电网信息模型，按照电力企业信息模型的整体架构要求，分章节分层次介绍了电力行业主要信息模型（IEC CIM 和 IEC 61850）的建模过程、关键内容和应用场景，既充分融合，又各有侧重，充分反映了信息模型在电力企业信息化建设中的核心作用。

全书共 9 章，内容分别为：概论、信息建模的主要内容及过程、面向对象的建模语言、IEC CIM 模型、IEC 61850 模型、模型间的映射、信息模型子集及通信映射、基于标准化模型互操作、信息模型应用示例。

本书可供配电网相关技术人员阅读，以了解电力信息模型的主要内容和用途；也可供相关的专业技术人员和高校师生参考学习，以了解配电网信息模型的主要技术内容。

图书在版编目（CIP）数据

智能配电网信息模型及其应用 / 张子仲主编.
北京：中国电力出版社，2025.3. --（智能配电网技术及应用丛书）. --ISBN 978-7-5198-9024-7

Ⅰ. TM727

中国国家版本馆 CIP 数据核字第 2024L3A548 号

出版发行：中国电力出版社
地　　址：北京市东城区北京站西街 19 号（邮政编码 100005）
网　　址：http://www.cepp.sgcc.com.cn
策划编辑：周　娟
责任编辑：崔素媛（010-63412392）
责任校对：黄　蓓　王海南
装帧设计：张俊霞
责任印制：杨晓东

印　　刷：北京雁林吉兆印刷有限公司
版　　次：2025 年 3 月第一版
印　　次：2025 年 3 月北京第一次印刷
开　　本：787 毫米×1092 毫米　16 开本
印　　张：13.25
字　　数：290 千字
定　　价：68.00 元

丛书编委会

主　　　任　丁孝华

副　主　任　杜红卫　刘　东

委　　　员（按姓氏笔画排序）

　　　　　　刘　东　杜红卫　宋国兵　张子仲

　　　　　　陈　勇　陈　蕾　周　捷

顾问组专家　沈兵兵　刘　健　徐丙垠　赵江河

　　　　　　吴　琳　郑　毅　葛少云

秘书组成员　周　娟　崔素媛　韩　韬

本 书 编 写 组

主　编　张子仲

副主编　顾建炜

参　编　翁嘉明　李惠民　吴雪琼　张烨华

　　　　郑　毅　孙一鸣　韩　韬

主　审　赵江河　刘　东

用配电网新技术的知识盛宴以飨读者

随着我国社会经济的快速发展，各行各业及人民群众对电力供应保持旺盛需求，同时对供电可靠性和电能质量也提出了越来越高的要求。与电力用户关系最为直接和密切的配电网，在近些年得到前所未有的重视和发展。随着新技术、新设备、新工艺的不断应用和自动化、信息化、智能化手段的实施，使配电系统装备技术水平和运行水平有了大幅度提升，为配电网的安全运行提供了有力保障。

为了总结智能电网建设时期配电网技术发展和应用的经验，介绍有关设备和技术，总结成功案例，本丛书编委会组织国内主要电力科研机构、产业单位和高等院校编写了"智能配电网技术及应用丛书"，包含《智能配电网概论》《智能配电网信息模型及其应用》《智能配电设备》《智能配电网继电保护》《智能配电网自动化技术》《配电物联网技术及实践》《智能配电网源网荷储协同控制》共 7 个分册。丛书基本覆盖了配电网在自动化、信息化和智能化等方面的进展和成果，侧重新技术、新设备及其发展趋势的论述和分析，并且对典型应用案例加以介绍，内容丰富、含金量高，是我国配电领域的重量级作品。

本丛书中，《智能配电网概论》介绍了智能配电网的概念、主要组成和内涵，以及传统配电网向智能配电网的演进过程及其关键技术领域和方向；《智能配电网信息模型及其应用》介绍了配电网的信息模型，强调了在智能电网控制和管理中模型的基础性和重要性，介绍了模型在主站系统侧和配电终端侧的应用；《智能配电设备》对近年来主要配电设备在一二次设备融合及智能化方面的演进过程、主要特点及应用场景做了介绍和分析；《智能配电网继电保护》从有源配电网的角度阐述了继电保护技术的进步和性能提升，着重介绍了以光纤、5G 为代表的信息通信技术发展而带来的差动（纵联）保护、广域保护等广泛应用于配电网的装置、技术及其发展方向；《智能配电网自动化技术》在总结提炼我国 20 多年来配电网自动化技术应用实践基础上，介绍了智能配电网对电网自动化的新要求，以及相关设备、系统和关键技术、实现方式，并对未来可能会在配电自动化中应用的新技术进行了展望；《配电物联网技术及实践》介绍了物联网的概念、主要元素，以及其如何与配电领域结合并应用，针对配电系统点多面广、设备众多、管理复杂等特点，解决实现信息化、智能化的难点和痛点问题；《智能配电网源网荷储协同控制》重点分析了在配电网大规模应用后，分布式能源给配电网的规划、调度、控制和保护等方面带来的影响，介绍了配电网源网荷储协同控制技术及其应用案例，体现了该技术在虚拟电厂、主动配电网及需求响应等方面的关键作用。

"双碳"目标加快了能源革命的进程，新型电力系统建设已经拉开序幕，配电领域将迎来新的机遇和挑战。"智能配电网技术及应用丛书"的出版将对配电网建设、改造发挥积极的作用。相信在不久的将来，我国的配电网技术一定能够像特高压技术一样，跻身世界前列，实现引领。

近年来，配电领域的专业图书出版了不少，本人也应邀为其中一些专著作序。但涉及配电网多个技术子领域的专业丛书仍不多见。作为一名在配电领域耕耘多年的专业工作者，为这套丛书的出版由衷感到高兴！希望本丛书能为我国配电网领域的技术人员和管理者奉上一份丰盛的"知识大餐"，以解大家久盼之情。

全国电力系统管理与信息交换标准化技术委员会　顾　问
EPTC 智能配电专家工作委员会　常务副主任委员兼秘书长

2022 年 10 月

前　言

　　本书的编写组成员大多从事了多年与电力信息模型相关的研究、标准/规范的编写及应用工作，深知信息模型在电网自动化、信息化、智能化建设中的关键作用。然而，每每和模型领域外的人员做技术交流的时候，大多数人并不关心具体的技术实现细节，而是经常会问，到底什么是信息模型？尤其是企业在评审和信息模型建设相关的项目时，决策者也最关心这类问题。遗憾的是，大多数技术人员都倾向于用专业语言、从局部视角来解读信息模型，缺乏总体视角。这在一定程度上影响了电力企业信息化的整体规划设计工作，更有甚者，会使得相关的信息系统、智能装备等实用工具的开发、应用等走入误区，最终构筑一个个信息孤岛。这方面已经有了很多值得总结的教训。

　　其实这是一个非常关键的问题，看似简单，却不那么容易回答。在编写本书之前，编写组查阅了国内外相关的大量文献，没能发现一个能让普通读者易于理解的解答。要回答好这个问题，既需要对信息模型有高度的概括，也需要通过一种形象化的方式来阐述。

　　编写组正是从这个问题展开，尝试用专业语言和通俗语言相结合，来揭示信息模型的内涵和实质，并逐步由浅入深，讨论电力信息模型的基本概念和建模原理，并将它们运用到智能配电网设计应用中去，力求尽可能清楚完整地给出当今智能配电网信息模型的性质和特征，普及并推广电力信息模型知识，指导专业技术人员体系化地学习相关理论。

　　这是一个颇具挑战性的任务。首先，已经有非常多类似的书籍介绍"电力信息模型"，它们更多是从专业的角度阐述模型内容，侧重于技术细节，对模型的应用背景介绍得不够，用户很难举一反三，融会贯通；其次，这些信息模型的设计本身也在不断地发展，不断地融合，不仅表现在内容上，也表现在方法论上，需要我们从整体的视角来审视电力信息模型。本书则是一本关于智能配电网信息模型总体概述的书，按照电力企业信息模型的整体架构要求，分章节分层次介绍了电力行业主要信息模型（IEC CIM 和 IEC 61850）的建模过程、关键内容和应用场景，既充分融合，又各有侧重，充分反映了信息模型在电力企业信息化建设中的核心作用。

尽管电力信息化领域存在应用的多样性和改变的迅速性，但信息模型始终在起作用。当然，这些模型的应用最终取决于当前的技术状况和设计者的性能/价格目标。

本书主要面向的读者分为两类：一类是供配电领域技术人员，通过第 1 章和第 9 章的阅读，可以大致了解电力信息模型的主要内容和用途；另一类是相关专业的技术人员和高校师生，通过相关章节可以了解电力信息模型的主要技术内容，如果需要了解更多的技术细节，可以参见相关的国内外技术标准和规范。

本书在编写过程中得到许多人的帮助，他们慷慨地为本书贡献了自己的宝贵时间和知识，并提出许多建设性意见，在此致以诚挚的谢意。

张子仲

2024 年 9 月

目　　录

第1章

概　　论

1.1　配电网信息化与信息模型

在国家"碳达峰、碳中和"目标的指引下，构建"清洁低碳、安全高效"的能源体系和新型电力系统是未来智能配电网发展的首要目标。其中包含加强顶层设计，充分利用"大云物移智链"等现代技术，在发电侧引导企业加快智慧电厂建设，电网侧推动合理网络结构，用户侧推广智慧用能管理，积极构建"广泛互联、智能互动、灵活柔性、安全可控、开放共享"的新型电力系统。

智能配电网作为电网侧的重要组成部分，在未来新型电力系统中将起到承上启下的关键作用，配电网信息化与信息模型是实现新型电力系统 4 个基本特征的核心技术和关键基础。

1.1.1　配电网自动化与信息化

配电自动化通常与连接到配电系统的现场一次设备相关联，用于监控和控制这些设备的基础设施。这包括基于控制中心的系统，如远程控制和数据采集系统（SCADA）和配电管理系统（DMS）。大多数通信是通过设备对设备，或者设备对计算机进行的，需要很少的人员交互。

传统上，信息化技术主要应用于进行电力企业业务处理的后台信息系统，如具备成本核算、会计账单、资产跟踪等功能的 ERP 系统，完成设备资产管理及相关工作管理的 PMS 系统，以及面向客户服务和计量计费的营销系统。这些系统通常需要手工数据输入，计算资源往往集中在办公室、服务器和公司数据中心。

配电网系统的自动化技术和信息化技术相结合，主要表现在以下两方面。

1. 远程数据的采集和通信

运行数据的采集和传输成本继续降低。控制中心和远程现场设备（如千兆位骨干网和无线以太网）之间的更经济、更宽的带宽通信为组织的 IT 提供了数据通信。在某些情况下，为 AMI 安装的网络（通常不是宽带）也被用于运行监控，甚至控制。

采集装置除了实现传输数据的功能，更多地解决了以下问题，基于标准化的交换语义数据模型，实现了不同供应商的采集装置之间的互操作性。实现了采集设备功能定义和接口的标准化，自由分配到电子设备上，在该标准框架中允许全世界几乎所有的变电站自动化架构；该标准不是在世界范围内修复一个解决方案，而是告诉我们如何实现任何架构规范；该标准必须是未来的证明，也就是说，今天的投资不会因为应用领域中快速发展的通信手段和新的功能需求而在未来失去。通过参考标准中的主流通信方法，尽可能地解决了这个问题。

2. 标准的信息化技术架构

某些运行技术，如 SCADA、DMS 和 OMS，已经逐步使用云平台、物联网等新的信息化技术。这些新的信息化技术可以更高效地管理各种计算、存储等资源，充分利用大容量磁盘、网络快速，降低自动化和信息化的成本，为配电自动化和高级应用分析提供经济、高效的计算能力。

1.1.2　DIKW 体系

模型是对现实世界的一种抽象或模拟。现实世界是具有无穷细节的，因而，这种抽象或模拟不是简单的复制，而是强调本质，忽略次要因素；模型不等于原型，需要进行简化。假设，抽取感兴趣的部分属性，因此模型是研究客观世界的途径。

通过建模把一个复杂的系统，按问题的不同方面，以一种约定好的，为大家共同接受的描述方式，分别进行全面而详尽的描述。这样，人们在试图理解一个系统时，可根据他所关心的某一方面的问题，查阅对应的系统模型，从而得到对此问题的理解。

DIKW（Data Information Knowledge Wisdom）体系是一个经常被应用于资讯科学和知识管理的模型，有助于我们理解数据（data）、信息（information）、知识（knowledge）及智慧（wisdom）之间的关系，该体系可以追溯至托马斯·斯特尔那斯·艾略特所写的诗——《岩石》。在首段，他写道："我们在哪里丢失了知识中的智慧？又在哪里丢失了信息中的知识？"

DIKW 体系将数据、信息、知识、智慧纳入一种金字塔形的层次体系，每一层比下一层都多赋予了一些特质。即原始观察及量度获得了数据，分析数据间的关系获得了信息，在行动上应用信息产生了知识，智慧则关心未来，它含有暗示及滞后影响的意味。DIKW 体系架构如图 1-1 所示。本书的内容主要涉及 DIKW 体系中的信息层，它在DIKW 体系中起到了承上启下的关键作用，它具有时效性，是有逻辑的、经过加工处理的、对决策有价值的数据流，对智能配电网应用起到决定性的作用。

1. 数　据

数据是无序的、自然存在和人工感知得到的符号。比如"37.5"就是一个数据，仅仅通过一个数据很难看出什么。

2. 信　息

让我们来为数据增加一些信息，比如上文的"37.5"，信息如下：

姓名：陈浩男　年龄：5 岁　性别：女

时间：2006 年 6 月 8 日 13 点 20 分　腋下体温：37.5℃

自述：孩子在楼下玩，回来后看到小脸特别红，测量体温为 37.5℃。

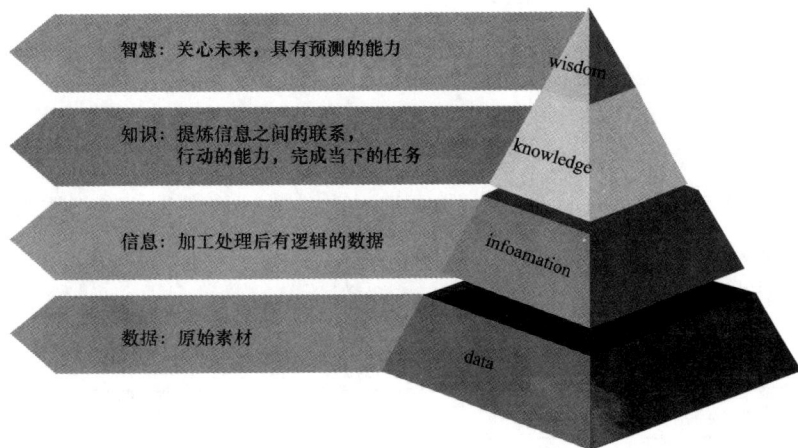

图 1 - 1　DIKW 体系架构

此时，这个 37.5 有意义了，是一个广州的 5 岁的小女孩在夏天午后玩耍后测试的体温。在这样的背景下，37.5 成了温度检测得到的数据。信息建立了相关关系的数据，回答人物（Who）、地点（Where）、时间（When）及事件（What）。

3. 知识

知识需要从相关信息中过滤、提炼及加工，以得到有用资料。特殊背景/语境下，知识将数据与信息、信息与信息在行动中的应用之间建立有意义的联系，它体现了信息的本质、原则和经验。此外，知识基于推理和分析，还可能产生新的知识。

知识是在对信息进行了筛选、综合、分析等过程之后产生的。它不是信息的简单累加，往往还需要加入基于以往的经验所做的判断。因此，知识可以解决较为复杂的问题，可以回答"为何（Why）"的问题，能够积极地指导任务的执行和管理，并进行决策和解决问题（How to）。

4. 智慧

智慧是在知识的基础之上，通过经验、阅历积累，试图理解过去未曾理解或未尝试过的事物，形成对事物的深刻洞察以及对事物未来发展具有启示性、前瞻性的看法，体现为一种卓越的判断力，解决"知最优"（What is best）的问题。而智慧的应用又可以指导生产新的数据。

1.1.3　信息模型

电力系统作为一个复杂的非线性系统，除了需要进行数学建模外，还需要进行信息建模。通过信息建模，人们可以使用不同的应用程序对所管理的数据进行重用、变更以及分享。

什么是信息模型？美国国家标准技术研究院给出的定义是"信息模型是通过概念、关系、约束、规则和操作等要素来表示特定的领域的数据语义"。这个定义看上去很专业，也很生涩。很专业，是因为它从专业的角度，用最简洁的语言，全面概括了信息模型的主要内容和内涵；很生涩，是因为行业外人士看了，感觉是把一个个生词堆砌在一起，不知所云。

为什么需要信息模型？建立信息模型的目的是便于系统集成（System Integration）及应用。通俗地说，就是"便于多个 IT 系统、设备之间信息交流与沟通"。

信息模型解决的是信息系统与智能设备之间的信息沟通，人类在日常生活中一直不知不觉地采用一种交流模型在沟通。为了便于说明，暂且称之为"自然语言语义模型"来沟通，同一种语言、不同种语言之间的交流都必须遵循这种模型。信息模型和自然语言语义模型对比见表 1-1。

表 1-1　　　　　　　　　　信息模型和自然语言语义模型对比

属性	信息模型	自然语言语义模型
应用范围	各类应用系统、智能设备之间	来自各种相同/不同国家的人员之间
使用目的	准确地表达各种对象的内容及其关联关系	表达客观世界和主观世界的实体及关联关系，可以含有情感色彩
表达内容	主要采用面向对象模型	基于面向对象的理念
表达方式	形式化的表达方式，例如 UML、规则表达式等	各种文字、图片，如字典、规范、手册、电子化软件及文档等
输出格式	XML 文本、WebService、Json 等	各种不同语言的文字、声音，如汉语、英语、日语等
智能化程度	低，不会理解情感、含义，只懂二进制编码	高，有时文字表达不够精确，人类可以通过理解、推理，得出结论
优点	表达意思精确，处理速度快	表达内容丰富
缺点	表达内容相对贫乏	理解上可能出现二义性，处理速度慢

虽然人类最终不能说着同一种语言，然而人类通过提炼自然语言语义模型解决了无法交流的难题，自然语言语义模型主要包括下列核心要素。

1. 实体描述对象化

日常生活中，人员一般有人名、性别、所属单位、国籍、电话号码、学历等各种属性，单位一般有名称、企业代码、地址、联系电话、邮政编码等属性，这种信息组织方式给我们生活带来了极大便利，我们大多会用名字代替数字，以电话和电话号码为例。你记住了多少个电话号码，可以立即拨打？大多数人会记住他们家庭、工作和几个亲密朋友的号码。在非互联网时代，如果不知道电话号码，可以用电话簿。在互联网时代，我们可以通过网站搜索餐厅和人名。这些机制可以将名称绑定到地址、电话号码等内容上。如果电话号码改变了，绑定就改变了，但名称不变。仍然可以通过名字找到新的电话号码。

以前，这些信息被集中到一个网站或一本书中。随着个人数据助理（PDA）、智能手机的出现，绑定信息被保存到相关设备的联系人列表中。我们可以根据需要维护和创建绑定。如果我们将相同的概念应用于协议，则联系人条目可能表示设备地址号的更改。

类似地，早期的 Modbus、IEC 60870-5 和 DNP 协议有读写索引或设备地址的能力。

设备地址的值的具体含义（如语义信息）需要由用户分配和通过编程逻辑来分配。通常，用户会基于电子表格、数据库等复杂过程来管理和验证这些语义。维护和协调这些参数变更所需的工作量往往代价很大。

基于字段变化的配置中存在着固有的配置协调问题。比如，考虑一组 Modbus 设备地址。设备地址 40007 包含一个值。如果没有相关的文档，不可能知道设备地址 40007 表示相位的大小。现在考虑集成问题，如果电压测量被转移到设备地址 40008，这样的举动将导致对使用或传递该值的所有应用程序进行重新配置和测试。

这个示例说明了更新本地绑定非常容易。用户仍然可以使用相同的名称访问设备地址（如电话号码）。就自动化而言，这意味着如果使用了名称，则不需要对 A 相电压测量值的使用者进行更改。这大大减少了调试的工作量。如果有 3 个使用者和 1 个设备地址源，那么只需要测试维护绑定的源，而不需要测试它和其他 3 个使用者（如应用程序或设备）。

2. 实体描述一致性

名称的绑定提供了改进集成和测试问题的第一步。然而，如果把 10 个人放在一个房间里，让他们为某样东西提供一个名字，可能会得到 30 个名字。莎士比亚曾经指出了名字的重要性："名字意味着什么？玫瑰不管叫什么名字，闻起来都一样香。"虽然我们知道，通过这句话的上下文，莎士比亚指的是一朵花，但"玫瑰"也可以用来描述一种颜色。定义良好的语义是信息交换和易于集成的关键。

3. 实体关系描述一致性

在构建公共语言时，仅仅理解语法是不够的，人们还必须理解单词的定义。否则，你可以创造一些毫无意义的句子，即使它们在语法上是正确的，比如"我的汽车谱写了一首绿色交响曲"。大家都知道，汽车不会谱写交响乐，交响乐没有颜色，只有暗喻和幻想。

这些规则属于"语义理解"的范畴：控制事物、概念的定义及其相互关系的规则。它们共同构成了一个关于世界如何运转的信息"模型"。模型通常是"特定于领域"的，也就是说，与某个专业领域相关，如汽车、建筑物或电力系统。在过去，这些规则并没有被写下来，但随着计算机被要求控制世界上更大的部分，人们认识到将它们编入标准的必要性。

1.2　智能电网面向对象信息模型

1.2.1　SGAM 互操作体系总体架构

1. 互操作定义及实现架构

互操作被视为是智能电网的关键因素。根据 IEC 61850—2010 的定义，互操作指的是两个及以上来自相同或不同供应商的系统（设备或组件）能够交互信息和使用信息正确地协作。国际智能电网委员会（GridWise Architecture Council，GWAC）给出了电力企业互操作更准确的 8 层互操作定义，从体系架构、信息架构、技术架构方面提出了相

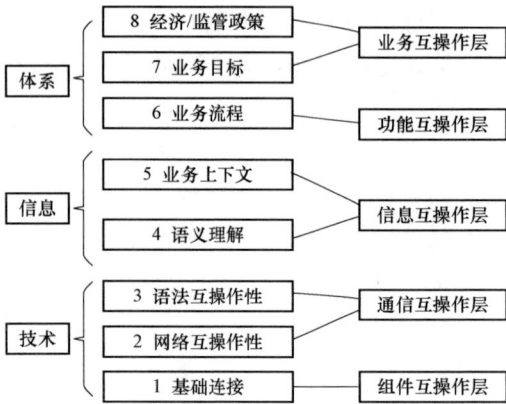

图 1-2 GWAC 互操作定义及实现架构

关的要求，多层次、全面地反映了智能电网互联互通的要求，如图 1-2 所示。

8 层互操作定义主要从概念上针对多种视角提出了不同要求，还缺乏一种系统化的方法来实现，因此，IEC 提出了相关的实现架构 SGAM（Smart Grid Architecture Model），该架构细分为 5 层，自顶向下分别是业务互操作层、功能互操作层、信息互操作层、通信互操作层及组件互操作层。

组件互操作层表征描述智能电网中的硬件设备和软件组件；通信互操作层描述硬件设备和软件组件之间的通信机制；信息互操作层描述功能、服务和组件以及交换所使用的信息；功能互操作层描述功能和服务以及功能和服务之间的关系；业务互操作层描述智能电网中信息交换相关的全部业务。

2. 电力企业资源互操作架构

电力企业资源互操作架构（SGAM）如图 1-3 所示。智能电网互操作概念模型是基于原有的 8 个层次，采用企业架构方法给出的一种具体实现模型。

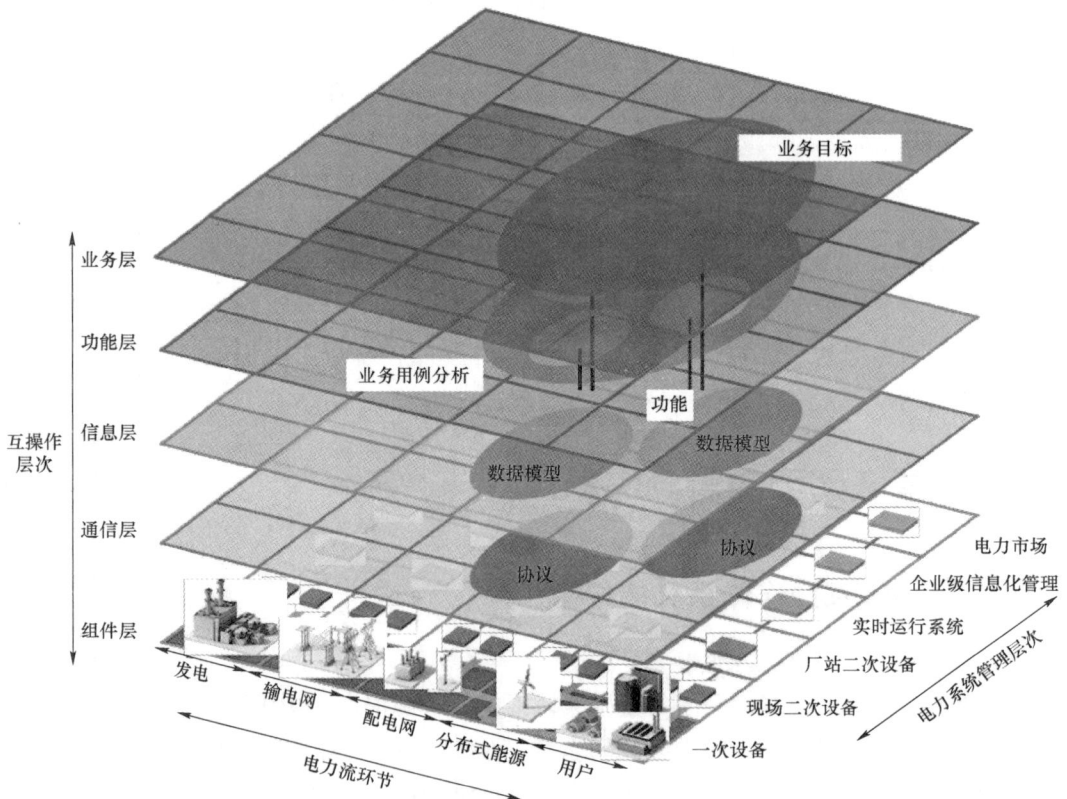

图 1-3 电力企业资源互操作架构（SGAM）

（1）技术部分。8 层互操作定义中，技术部分包括基础连接、网络互操作性及语法互操作性。基础连接及网络互操作性主要包括不同的计算机与网络设备供应商所提供的产品，其运行的操作系统与网络通信协议会有所不同，从而产生了异构的网络环境，使得上层的数据与应用在异构网络环境下无法实现相互的传输与通信。网络层互操作性主要为了实现异构网络间设备互联，网络软件互操作与数据互通信，以给数据层与应用层的集成提供一个一致、通畅的网络支撑环境。网络通信协议不兼容是造成异构网络最主要的原因，对于网络层互操作，根据网络支持平台的功能，主要包含网络接入与交换技术、异构网络间的协议转换技术。

语法互操作性主要体现在系统间交换信息的格式的理解。语法互操作相当于对交互的编码信息的格式和结构一致性的管理。合适的语法有利于内容的分解，但是它不管内容是否有意义。信息系统互操作在本质上就是为了实现各孤立运行系统中信息（数据）的共享与交换，数据层的集成语法互操作可以通过数据集成（包括数据接口、数据复制、数据联邦等方式）和面向服务的架构（Service – Oriented Architecture，SOA）的方式实现。

SOA 也是企业应用集成的发展方向，服务间松散耦合可重用的理念很好，关键在于如何划分原子服务和封装组合。参照 IEC 61968 – 1 标准文档，DMS 的接口参考模型 IEM 中规划的各业务功能及其子功能和组件，划分非常清晰细致，而我国电网企业的信息系统，还存在信息冗余而且功能组件规划凌乱、难成体系，因此信息系统集成的工作需要充分考虑信息系统规划和组件划分。

本模型中，将技术部分简化划分为通信互操作层和组件互操作层。

通信互操作层重点描述在实际应用中，支撑功能、服务、相关对象或数据模型信息交换互操作的协议和机制。组件互操作层重点描述在智能电网背景下所有参与的物理分布组件。包括角色、应用系统、电力系统设备（通常位于一次设备和现场二次设备层）、保护和遥控设备、网络基础设施（有线/无线通信连接、路由器、交换机、服务器）和任何类型的电脑。

（2）信息层。在信息互操作层中，包括语义理解和业务上下文两个子集。语义理解子集是对包含在信息数据结构中的概念的理解。在建立一种公共语言时，仅有语法是不够的。系统还必须理解字的意思，否则系统会造出语法正确但没有意义或意义错误的句子。这就需要定义语义的类别，用规则来定义概念以及相互之间的关系。这些东西组织在一起，就构成了信息模型。在智能电网领域就是指 CIM 模型，这些模型通常会表示成基于对象的类、属性、关系等。业务上下文子集是应用语义和相关业务过程的业务知识。完整的 CIM 模型内容描述了电力企业运作的所有方面，包括电网运行部分，资产管理、工作管理、客户管理部分及电力市场部分。它的设计准则是适应多种不同的业务应用。建立一个业务应用子集相当于提炼或约束在一个业务过程中的信息模型，这些约束可能包括参与者的角色、交换信息的具体规则和约束等。一个业务应用可能会用到不同领域的信息模型。

由于业务环境描述了将通用的信息模型用到一个业务过程中，则可能需要修改业务规则、并限制参考的模型。比如，分布式发电用户（微型燃气轮机发电）签署了一个基于日前的能源供应协议，则一个能源交易协议便发生在系统运行方和分布式发电用户之间，交易的内容是基于 CIM 中关于微型涡轮机的子集，在这个例子中，涡轮特性是不需要的，主要需要燃料和排放等方面的信息。

信息互操作层描述了功能、服务和组件使用以及交换所使用的信息。它包含信息对象和底层的规范化数据模型。这些信息对象和规范化数据模型代表了功能和服务的公共语义，以允许通过各种通信方式实现可互操作的信息交换。

（3）功能层。功能互操作层包括业务流程互操作，业务流程互操作反映信息系统中的业务模型，属于以业务人员为主导的工作范畴。业务流程需要依据电力企业经营战略的调整做出不断的变化，业务的易变性确实给信息系统的集成带来了很大的挑战，需要集成后的信息系统具备灵活性的特征。在电力企业互操作关系中，需要认清业务与 IT 系统之间的从属关系，信息系统不论是在技术层的互操作，还是在信息层的互操作，其最终目的都是为了对业务处理的支撑，实际上是体现了流程到应用的思想。电力企业需要以业务流程的运行规律与运行过程中对信息处理的需求为向导，进行信息系统在 IT 层面的集成工作。如今对于业务流程互操作，不论是在理论、实现方法还是应用工具上，都有了快速的发展。

功能互操作层从体系结构上描述相关的功能和服务，包括它们之间的关系。所代表的功能是独立于角色和具体实现的应用程序、系统和组件。功能是从相关的用例中抽取的，它是独立于角色的。

（4）业务层。业务互操作层由业务目标层和效益/监管政策层组成，其中效益/监管政策层主要涉及政策和规章中的政治和经济目标。业务目标层是商业组织之间的互操作，要求组织之间的战略目标和战术目标应该是互补的、兼容的，说明组织间的商业和驱动力是一致的。业务目标则集成了多个业务流程，可能涉及和其他组织之间的多个交互接口。目前还缺乏信息系统的支撑。

业务互操作层代表了与智能电网信息交换相关的业务视图。可以用来映射监管和市场的结构和政策，以及商业模式、业务组合（产品和服务）的市场各方。业务功能和业务流程也可以在这一层。以这种方式支持企业决策相关（新）的商业模式和特定的业务项目（业务）。

业务层主要涉及实际的业务分析，并抽象出相关的业务对象以及它们之间的关系，这些业务对象及其关系需要细化成抽象组件，（组件层）需要反应参与者、应用程序、系统和组件之间的交互，这种交互关系通过信息交换和数据模型（信息层）、协议（通信层）、功能或服务（功能层）和业务约束（业务层）的连接或联系来表示。

3. SGAM 互操作架构与 IEC 国际标准映射关系

互操作 5 层参考架构的每一层都有相应的国际标准作为支撑，业务层有 IEC 62357 等，功能层有 IEC 62357/61850/61970/61968/等，信息层有 IEC 61970/61968/62325/62056/61850 等，通信层有 IEC 61850/61968/62056 等。而其中信息层的互联互通由于涉及公共语义的定义，显得尤为重要，其中信息层在智能电网领域主要是指 IEC CIM/IEC 61850。

SGAM 互操作架构与 IEC 国际标准映射关系如图 1-4 所示。

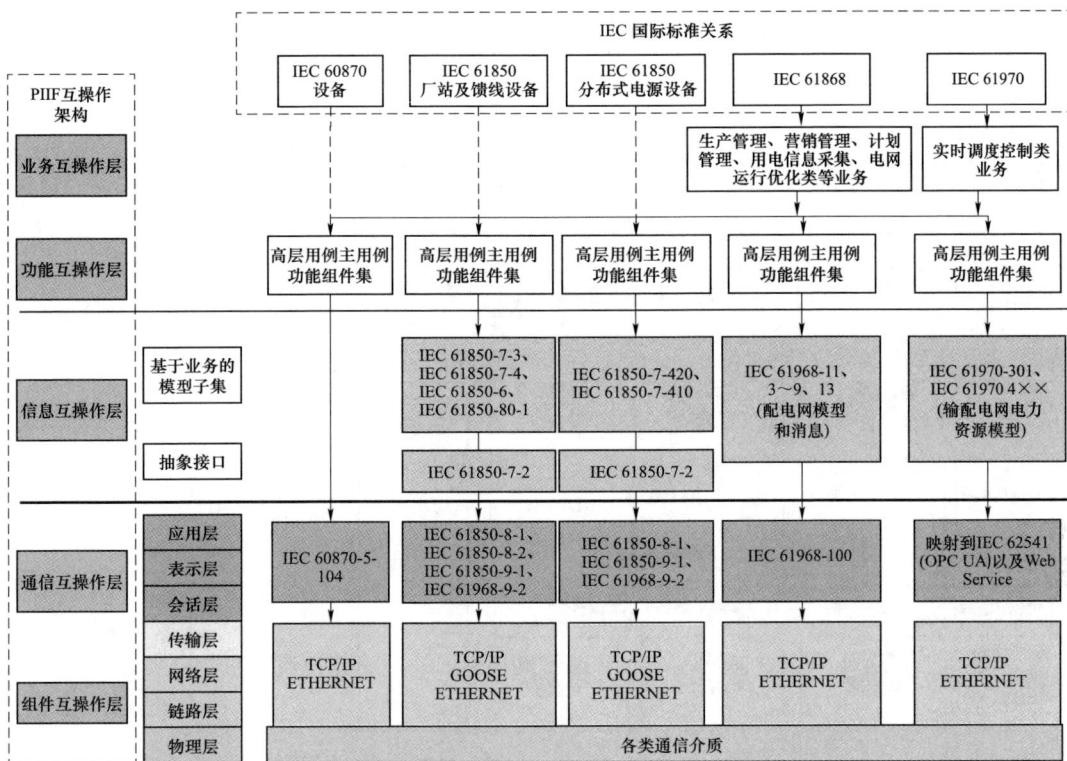

图 1-4 SGAM 互操作架构与 IEC 国际标准映射关系

1.2.2 IEC 系列信息模型标准

1. IEC TC 57 委员会制定的系列标准总体目标

IEC TC 57 委员会制定的系列标准总体目标如下。

（1）为智能电网的运行和管理提供互操作性标准。

（2）推广 IEC 61850 作为电力系统自动化涉及的现场设备和控制系统的核心通信标准。应用范围包括变电站内及站外（配电自动化、分布式能源、水力发电厂和风力涡轮机的监控等）。

（3）促进 IEC 61968 和 IEC 61970CIM 标准作为企业级智能电网信息交互标准，应用范围包括电力公司内部和电力公司之间。

（4）确保长期使用 IEC TC57 标准的互操作性和兼容性，包括向后兼容性、传统协议的迁移策略和路径。

（5）为系统运营商和其他市场参与者提供标准化的通信手段及接口，可以参与自由的电力市场，允许和应用解耦的多种实现技术，并扩展 CIM 以满足电力市场需求。

（6）提供指南和标准，酌情使用 CIM 和 IEC 61850 来使消费者在管理负荷和分布式能源方面能发挥积极作用。

（7）提供解决网络安全问题的标准。

2．IEC TC 57 参考架构

IEC TC 57 参考架构如图 1-5 所示。

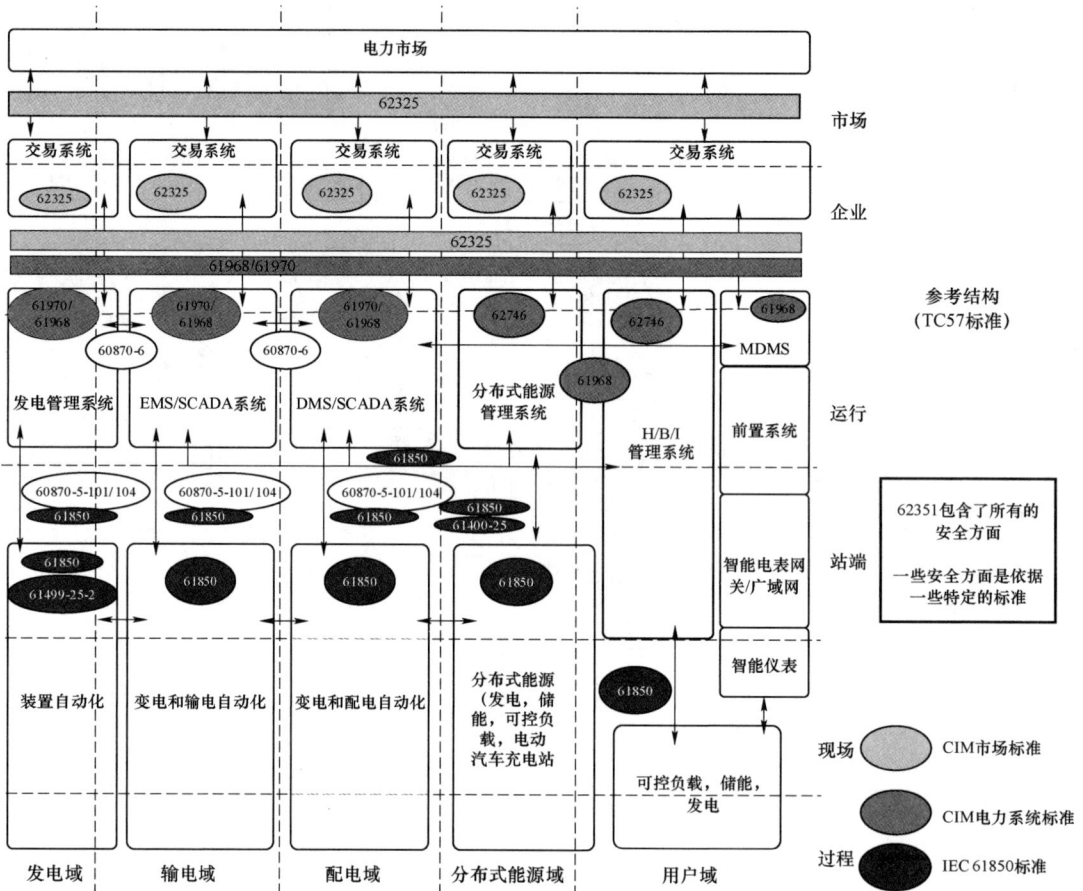

图 1-5　IEC TC 57 参考架构

该架构使用 SGAM 环节和层级，涵盖了互操作层中的信息层和通信层。参考架构基于"元素"（蓝色和黑色边框）以及反映在用例上的"元素"之间的"关系/交互"。

配电网设备信息交互主要涉及站内（开关站、环网柜、配电站、微网）和设备间（变电站、开关站、环网柜、架空设备、配电站、低压设备等）。

在变电站内，IEC 61850-8-1（适用于样本值以外的任何类型的数据流）和 IEC 61850-9-2（适用于样本值）用于支持选定的高级用例集。IEC 61850-90-4 为变电站内的通信提供了网络工程指南（尚未真正涵盖自动化中压/低压 MV/LV 变电站）。IEC 61850 主要取代以前的 IEC 60870-5-103，用于连接保护继电器。在自动化 MV/LV 变电站的特定情况下，通信通常基于工业网络。

3．IEC TC 57 委员会实施策略

IEC TC 57 委员会实施策略如下。

（1）为标准开发应用面向用例和面向需求的方法。

（2）通过标准化信息系统和应用软件的数据交换接口来替代私有结构，避免使应用软件自身标准化。

（3）及时使用最先进并实用的标准化信息技术和通信技术。

（4）确保 TC 57 标准系列的质量和一致性。

（5）通过 WG 19，实际上是 TC 57 的技术体系结构委员会。融合 CIM、IEC 61850、安全和电力线载波标准的技术标准。

4. 基于规划和运行业务的 IEC CIM/850 模型电网的交互过程

基于规划和运行业务的 IEC CIM/850 模型电网的交互过程如图 1-6 所示。

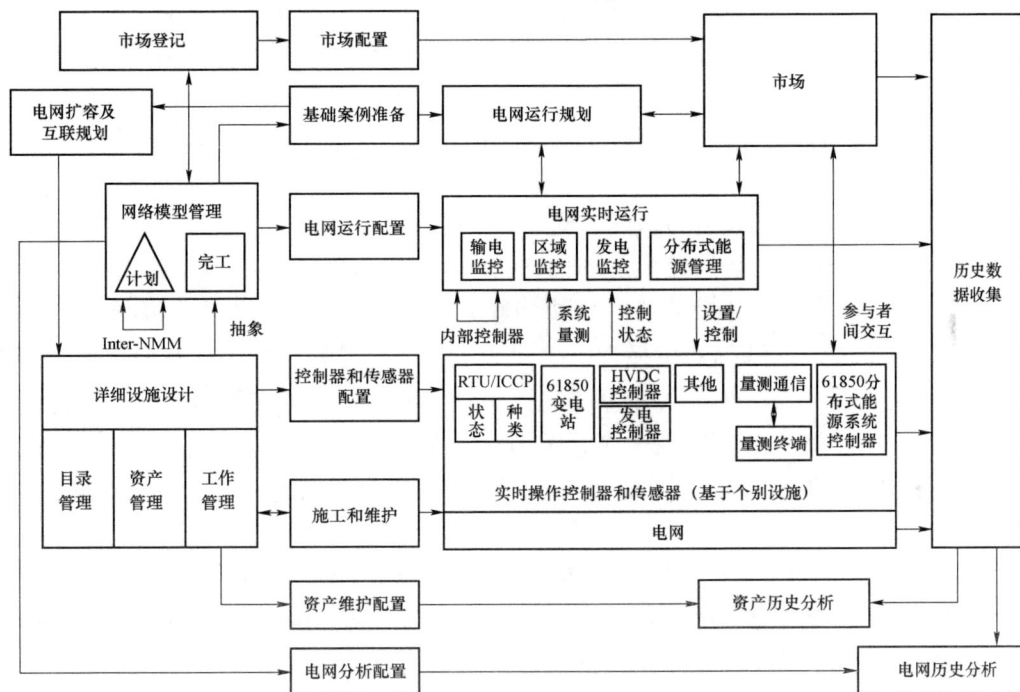

图 1-6 基于规划和运行业务的 IEC CIM/850 模型电网的交互过程

不同的块代表执行相关业务功能的系统。图 1-6 有助于定义管理系统与现场设施之间的信息交换范围。只有一个物理电网，但是由于不同的系统具有不同的应用程序，因此它们使用不同的信息模型。

1.3 智能配电网信息模型发展历程

1.3.1 国外应用现状

1. CIM 模型发展史

IEC 61970 和 IEC 61968 系列标准是国际电工委员会（IEC）为解决电力系统应用软

件间和系统之间的互联互通问题而制定的。IEC 61970 和 IEC 61968 为 EMS/DMS 提供了公共信息模型（CIM）和组件接口规范（Component Interface Specification，CIS）。CIM 模型为电力系统间数据模型转换提供了标准模型，使得各个系统只需要根据 CIM 模型导入和导出自己的数据，就能实现与其他系统间的数据模型转换。

IEC 61970 标准的最初草案源自美国电科院的 EPRI CCAPI 项目，主要任务是针对调度中心的 EMS 应用软件制定一系列规范，便于系统的集成和互联。CIM 电力信息模型的最初草案于 1994 年 9 月 22 日形成，并在 1996 年得到国际上的认可，现在由 IEC 技术委员会第 57 技术委员会的工作组 13（WG13）维护为 IEC 61970 - 301。该格式已被主要 EMS 供应商采用，以允许在其应用程序之间交换数据，而不受其内部软件架构或操作平台的影响。IEC 第 57 技术委员会成立于 1965 年，旨在制定"电力系统管理及其信息交换"的标准。CIM 标准由 IEC TC57 下的 3 个工作组（WG13、WG14、WG16）开发和维护。另一个工作组（WG19）负责长期协调 TC 57 内的互操作性，并协调整个 TC57 的工作组（WG）。这有助于确保没有重复工作，并促进标准之间的一致性和互操作性。

WG13 负责 IEC 61970 系列标准的制定，采用独立于开发语言的 UML 模型对 CIM 核心模型建模，将电力系统的组件定义为类以及这些类之间的关系，即继承、关联及聚合；并且还定义了每个类中的参数。该模型独立于任何特定的私有数据格式，成为表示电力系统各类应用的基础通用模型。这简化了软件应用程序之间的互操作性，因为只需要一个转换器来与基于 CIM 的数据进行相互转换，而以前需要转换器与其他所有第三方公司的私有格式进行相互转换。WG13 定义的 CIM，主要从输电和配电系统电力流的角度对电网进行建模，因此侧重于电网的定义以及与电网在线运行和离线分析相关的应用。

WG14 主要专注于配电管理和系统集成，负责 IEC 61968 系列标准的制定。围绕着配电管理系统的系统接口，在 IEC 61970 - 301 的基础上对 CIM 进行了扩展。这些扩展将 CIM 从输电 EMS 领域扩展到配电网（目前配电网电气模型已划归 IEC 61970 - 301）以及电力公司内部应用系统之间的数据交换。经过扩展，原来的电气模型已包括三相不平衡电网、中低压配电网以及分布式电源等模型。扩展同时也满足了电网运行、运行计划和优化、设备资产管理、设备维护和建设、电网规划、客户服务和计量计费等业务需要，扩大了 CIM 的应用范围；尽管这些扩展起源于配电业务，但人们越来越意识到许多模型也适用于输电领域。这部分 CIM 模型主要用来构建系统之间的接口，用于企业内部应用系统之间的集成。稍后将介绍如何导出这些用于集成的消息。

2009—2010 年，美国电科院（EPRI）先后两次组织 Alstom、EDF R&D、GE Energy、IBM、Landis & Gyr、Oracle、Telvent 和 TIBCO 等知名企业开展了基于 IEC 61968 的互操作试验。试验基于 IEC 61968 - 9、IEC 61968 - 11 及 IEC 61968 - 100 展开，通过企业服务总线、Web 服务（Web Service）和 JAVA 消息服务（JMS）等技术对特定业务场景下电力企业的地理信息系统（GIS）、配电网管理系统（DMS）、停电管理系统（OMS）、高级计量体系（AMI）及计量数据管理系统（MDMS）间的互操作能力进行了测试，为标准和互操作模式的研究与应用奠定了基础。

WG16 关注非管制的电力市场通信，负责 IEC 62325 系列标准的制定。CIM for Markets Extensions（CME）的创建是为了将 CIM 的使用扩展到非管制的电力市场领域。这些扩展涵盖了电力市场运营所需的数据，包括招标、清算和结算。这些扩展对市场参与者之间交流的数据进行建模，而不是市场结构本身的模型。工作组内有两个主要的子团队，一个为欧式市场建模，另一个为美式市场建模。这两种风格有不同的特点。其中欧式市场的特点包括未来双边市场、日内市场、平衡市场和与 ENTSO-E 合作。而美式市场的特点为：① 具有安全约束单位承诺的日前市场（SCUC）；② 提前 1h 市场；③ 具有安全约束经济调度（SCED）的实时市场；④ 与 ISO/RTD 委员会和 ISO 项目合作。

电力市场通常根据具体实施方式而异，因此，CME 可以被视为起点，添加扩展以满足特定市场的要求。

上述工作组的职责也随着智能电网的发展而不断地演化。近年来，WG13 和 WG14 的参与者已经认识到，工作组各自的角色随着电网现代化的发展需要不断演变。这些工作组最初的结构是按照电力企业的业务架构划分，如输配电部门、业务流程和信息化处理流程等。今天，虽然仍然存在差异，但事实证明，这种区分更多的是障碍而不是好处。

比如，在某些市场的大量采用分布式能源，推动了在配电领域和跨输电领域的电网模型数据共享的需求。同样，分布式能源聚合商将参与市场，与独立的电力生产商和电力公司竞争，为输电运营商提供电网服务，这将改变发电、输电和配电领域之间的传统划分方式。分布式能源聚合商将变得越来越复杂，在某些情况下管理储能系统、电动汽车充电站、家庭能源系统和许多其他类型的资源，所有这些都需要一定程度的建模。

从 2016 年开始，WG 13 决定负责配电网模型数据。在同一时间范围内，WG14 CIM 资产模型对传输领域数据交换的价值得到认可。

工作组现在主要根据业务/模型类型而不是电压等级来划分建模责任。此外，WG16 目前正在发起分布式能源建模任务组，其中包括了 WG10、WG13、WG14 及 WG16 成员。这些变化旨在与当前正在开发的新接口参考模型保持一致，可以更清楚地发现工作疏漏和责任。在 WG19 的指导下，上述这些工作组的发展将持续到未来几年。

2. IEC 61850 发展史

随着变电站自动化技术和现代网络通信技术的发展，IEC 61850 为近来国内外数字变电站自动化研究的热点问题之一。所谓数字化变电站，就是使变电站的所有信息采集、输入、处理、输出过程由过去的模拟信息全部转换为数字信息，并建立与之相适应的通信网和系统。在以往常规变电站的建设中，每个变电站的供应商均有一套自己的通信规约，各个厂家之间的设备一般无法直接通信，需要通过规约转换设备实现。如将保护、测控等设备支持的《继电护设备接口配套标准》（IEC 60870-5-103）、《远动设备及系统 第 5-104 部分：传输规约》（IEC 60870-5-104）、CDT 循环式远动规约、Modbus（通信协议）等规约转换为各个厂家监控、远动等所支持的私有规约，上述缺陷直接导致变电站自动化系统调试过程中需要进行大量的信息对点工作，增加了变电站自动化系统集成工作量，系统信息处理效率低下，更给之后的维护、管理工作带来很大的烦恼和风险。

因此，随着变电站二次设备及系统的发展，设备一体化、信息一体化已成为必然的趋势，迫切需要一个统一的信息平台实现整个自动化系统。为了统一变电站通信协议，统一数据模型，统一接口标准，实现数据交换的无缝连接，实现不同厂家产品的互操作，减少数据交换过程中不同协议间转换时的浪费，1995 年国际电工委员会第 57 技术委员会（IEC TC57）成立了 3 个工作组（WG10、WG11、WG12）负责制定 IEC 61850。3 个工作组有明确的分工：WG10 负责变电站数据通信协议的整体描述和总体功能要求，WG11 负责站级数据通信总线的定义，WG12 负责过程级数据通信协议的定义。1999 年 3 月，3 个工作组提出了 IEC 61850 的委员会草案版本。3 个工作组在制定 IEC 61850 的过程中参考和吸收了已有的很多标准，主要包括：① 《远动通信协议》（IEC 60870 - 5 - 101）；② 《继电保护设备信息接口通信协议测试方法》（IEC 60870 - 5 - 103）；③ UCA2.0 美国电科院制定的《变电站和馈线设备通信协议体系》；④《制造业信息规范（Manufacture Message Specification，MMS）》（ISO/IEC 9506）。

2003 年 IEC TC57 发布 IEC 61850 第 1 版（ED1.0），该标准使变电站内来自不同厂商的智能电子设备（IED）能够实现互操作，并很快得到了国际主要电力系统二次设备制造商的支持，迅速在全球推广。IEC 61850 第一版发布后，经过收集该标准在应用过程中暴露出的问题。另外，为了推广 IEC 61850 电力系统其他专业的应用，经过几年努力，从 2009 年底开始发布了第二版。IEC 61850 目前已经成为智能电网通信体系的重要基础标准。

CIM（IEC 61968/IEC 61970/62325）和 IEC 61850 是促进电力系统领域互操作性的两个主要标准系列。IEC 一直对这些标准进行优化提升，以解决它们之间存在的不匹配问题。

1.3.2 国内应用现状

全国电力系统管理及其信息交换标准化技术委员会已将 IEC 61970、IEC 61968 等同引用为中国电力行业标准 DL/T 890、DL/T 1080 系列。

1. DL/T 890 系列

目前，DL/T 890 已发布以下部分。

（1）《能量管理系统应用程序接口（EMS - API）第 1 部分：导则和一般要求》（DL/T 890.1）。

（2）《能量管理系统应用程序接口（EMS - API）第 2 部分：术语》（DL/Z 890.2）。

（3）《能量管理系统应用程序口（EMS - API）第 301 部分：公共信息模型（CIM）基础》（DL/T 890.301）。

（4）《能量管理系统应用程序接口（EMS - API）第 401 部分：组件接口规范（CIS）框架》（DL/T 890.401）。

（5）《能量管理系统应用程序接口（EMS - API）第 402 部分：公共服务》（DL/T

890.402）。

（6）《能量管理系统应用程序接口（EMS‐API）第 403 部分：通用数据访问》（DL/T 890.403）。

（7）《能量管理系统应用程序接口（EMS‐API）第 404 部分：高速数据访问》（HSDA）（DL/T 890.404）。

（8）《能量管理系统应用程序接口（EMS‐API）第 405 部分：通用事件和订阅》（GES）（DL/T 890.405）。

（9）《能量管理系统应用程序接口（EMS‐API）第 407 部分：时间序列数据访问》（TSDA）（DL/T 890.407）。

（10）《能量管理系统应用程序接口（EMS‐API）第 452 部分：CIM 稳态输电网络模型子集》（DL/T 890.452）。

（11）《能量管理系统应用程序接口（EMS‐API）第 453 部分：图形布局子集》（DL/T 890.453）。

（12）《能量管理系统应用程序接口（EMS‐API）第 456 部分：电力系统状态解子集》（DL/T 890.456）。

（13）《能量管理系统应用程接口（EMS‐API）第 501 部分：公共信息模型的资源描述框架（CIM RDF）模式》（DL/T 890.501）。

（14）《能量管理系统应用程序接口　第 552 部分：CIMXML 模型交换格式》（DL/T 890.552）。

（15）《能量管理系统应用程序接口（EMS‐API）第 600‐1 部分：公共电网模型交换规范（CGMES）——结构与规则》（DL/Z 890.6001）。

2. DL/T 1080 系列

DL/T 1080 已发布以下部分。

（1）《电力企业应用集成　配电管理的系统接口　第 1 部分：接口体系与总体要求》（DL/T 1080.1）。

（2）《电力企业应用集成　配电管理系统接口　第 2 部分：术语》（DL/Z 1080.2）。

（3）《电力企业应用集成　配电管理的系统接口　第 3 部分：电网运行接口》（DL/T 1080.3）。

（4）《电力企业应用集成　配电管理的系统接口　第 4 部分：台账与资产管理接口》（DL/T 1080.4）。

（5）《电力企业应用集成　配电管理的系统接口　第 9 部分：抄表与表计控制的接口》（DL/T 1080.9）。

（6）《电力企业应用集成　配电管理的系统接口　第 11 部分：配电公共信息模型》（DL/T 1080.11）。

（7）《电力企业应用集成　配电管理系统接口　第 13 部分：配电 CIM RDF 模型交换格式》（DL/T 1080.13）。

（8）《电力企业应用集成　配电管理系统接口　第 100 部分：实现框架》（DL/T

1080.100）。

3. IEC 61850 在国内的应用

国内业界从 2006 年开始将 IEC 61850 应用于变电站自动化工程实践中，目前该标准在国内得到了广泛应用，包括变电站之间、变电站到控制中心之间、清洁能源等领域的信息建模和通信映射，涵盖了电力公用事业自动化的各个方面。

2013 年，在公共信息模型（IEC CIM）的基础之上，国家电网公司据电网运行及管理的现状的需要，提出 SGCIM（State Grid CIM）的概念，为电网建模提供了统一规范，通过多年不断优化完善、总结积累，目前构建了形成 SGCIM 4.8，主要覆盖电网主营业务、企业核心资源、智能分析决策三大板块 14 个业务大类，包括 10 个一级主题域，90 个二级主题域，5472 个实体，80658 个属性。统一数据模型（SG-CIM）是从企业级视角对国家电网公司各专业原始业务数据进行统一建模，形成国家电网公司统一数据模型标准，是实现企业数字化转型的重要基础性工作，是打造企业级业务中台和数据中台的关键。从源头应用统一数据模型，可有效解决国家电网公司跨专业业务协同的深层次问题。

国家电网公司调度控制中心自 2000 年起多次组织了基于 IEC 61970 和 IEC 61850 的互操作试验，南瑞集团、清华大学、积成电子、东方电子等多家科研单位和设备供应商，试验基于 GID 通用接口定义各互操作成员间的接口组件，验证不同 CORBA 中间件的互操作能力，并在模型互操作的基础上验证各个系统的潮流及状态估计结果是否收敛及一致，同时验证变电站内不同厂家的智能电子设备（IED）之间基于标准协议实现互操作和信息共享的能力，使得国内基于 IEC 61970 和 IEC 61850 的整体互操作水平得到显著提升，为电网调度自动化、智能变电站的技术发展和项目实施发挥了积极作用。

国家电网公司设备部在配电自动化工程实施过程中，完成了基于 IEC 61970/61968 标准的模型及消息互操作实验，验证不同厂家的模型互操作能力，对于 CIM 模型在我国的深入贯彻和应用、进一步明确基于标准化模型的信息交换在智能电网建设中的定位和作用有着重要指导意义。近年来，我国的国家电网公司和南方电网公司也陆续制定了相关配套的国际及企业标准，如《配电信息交换总线技术要求》《配电自动化信息集成技术规范》《配电自动化信息一致性测试技术规范》等，为智能电网建设以及 IEC 61968 在电力企业自动化和信息化工作中的贯彻实施发挥了积极作用。

1.3.3 模型的研究方向

综上所述，现阶段国内外电力系统均对 CIM 有了一定的认识和了解。能对一般常见设备根据 IEC 标准建立相应的 CIM 模型，并进行了充分的互操作实验和一致性检验。并且相关的企业和单位已经对 CIM 商业化运用进行了充分的论证和实践。同时，也有不少学者通过使用 OWL 对现有的 CIM 进行补足，利用 OWL 的语义功能来弥补 CIM-UML 在语义上的不足。

国际上已开始针对语义模型对 CIM-UML 的影响进行研究。部分学者已经开始向 IEC 建议 CIM 向语义模型的全面转移，以期 CIM 能应用在更广的领域中。国内对语义模型的研究也处于起步阶段，部分学者开始尝试使用语义模型进行相关研究，或开始尝试从 CIM 转义到语义模型。

目前在电力系统中，特别是在智能电网建设过程中存在的一个突出问题是系统数据多而决策支持缺乏，出现这种不足的原因，一方面在于决策知识的缺乏，激增的数据超过了人和系统所能接受、处理和利用的范围，导致数据无法被及时、合理地组织，决策者未能从数据中得到应有的启示，使电网故障恢复能力和自愈功能减弱；另一方面，知识的表示形式使其不能被有效地利用，这是因为目前的知识表示方法不利于电网知识的发现，不能形式化地表示电网领域知识。

电网领域普遍采用的知识表示方法有自然语言法、谓词逻辑法、面向对象知识表示法等十多种方法。自然语言虽然最易于理解，但自然语言，特别是汉语有很强的二义性，要准确地描述知识，二义性是首先应该避免的；谓词逻辑和其他的知识表示方法也都存在着知识表示隐晦、推理效率低、可视化水平差以及动态知识协同处理困难等弊端，然而这些问题在电力系统中反映的尤为突出，未来基于语义模型的表示方法可以很好地解决这些问题。

第 2 章
信息建模的主要内容及过程

2.1　应用场景与用例分析

电力系统作为一种典型的非线性系统，在系统建模的时候需要针对其物理特性进行数学描述，建立电力系统数学模型进行分析，与此同时，对于电力系统监控部分也需要从电力系统现实模型进行抽象，建立系统的信息模型。因此对电力系统进行信息建模的过程主要分为 3 个步骤：① 对电力系统的设备及其相互关系进行描述；② 对其监控或管理的需求进行描述；③ 对其数据结构及业务流程进行描述。

用例分析主要用于软件或系统开发，其目标是描述客户需求和指导软件架构设计。标准是对软件、系统的规范，在需求响应以及智能电网用户侧接口标准研究过程中，通过用例分析，能够抽取电网与用户信息交互实施过程中的核心功能，着眼于不同厂家系统、产品互操作的需求，确定信息模型的架构，从而为信息交互提供可能。

在软件工程中，用例的作用是不可替代的，有的软件开发方法论如 RUP 将用例作为整个软件开发流程的基础，全部流程都以用例驱动，以用例为输入工件（Artifact）。比如，在测试阶段，就是以用例描述的各种场景为依据来测试系统的实用性。但是用例也不是万能的，它只适合捕获功能性需求，若要捕获非功能性需求，还要采用别的方法。另外用例的开发最好有 IT 人员介入，实际上已经部分涉及设计阶段要考虑的问题。

（1）用例分析是系统使用者与开发者沟通的工具。采用用例来描述用户的需求，主要是该表达方式易于理解，可作为系统使用者与 IT 开发者沟通的手段。在厘清用户为什么使用系统时，其实就已经定义出用户对系统的需求了，用例能描述用户的外部行为及其与系统的交互情形，帮助开发者理解用户的需求。

（2）通过业务场景的用例分析，提取系统功能需求。业务场景能抓住业务目标和流程，用例分析指出用户与系统交互的信息，结合业务场景与用例分析，能高效找出用户对于系统功能的需求。

（3）根据功能需求，可以梳理角色间需要交互的信息。一个用例就像几个角色联合执行一项任务，需要角色相互沟通和合作，为达到相同的功能，根据角色各自的特色，其相互交互的信息也可以找到。

（4）通过交互信息分类，为信息建模、信息交互等标准化工作提供支撑。大量角色间交互的信息具有很大的共性，通过对其进行分类，可以考虑对通用的交互信息进行建模和标准化，为信息交互服务提供标准参考。

2.2　信息交换需求

以 IEC 61968 为例，该标准的目的是促进应用间集成，应用间集成是相对于电力企业配电管理的各种分布式应用软件系统的应用内集成而言的。应用内集成针对的是同一个应用系统内的各个程序，通常使用嵌在底层运行环境的中间件实现相互间通信。此外，应用内集成力求优化使之紧密、实时、同步的连接以及交互式请求/应答或会话通信的模型。与应用内集成不同，IEC 61968 的目的是支持电力企业内应用间集成，也就是将已经实现的或新的（可继续使用的或新购的）不同的应用连接起来，这些应用每一个处于不同运行环境之下。因此，IEC 61968 标准与具有多种异构计算机语言、操作系统、协议和管理工具的松耦合应用有关。

该标准定义了信息交换模型和接口参考模型，支持采用信息交换总线实现基于 SOA 架构的松耦合信息集成机制。

基于 IEC 61968 的信息交换总线的使用可以进一步提升配电自动化的信息化水平和互操作能力。企业服务总线（Enterprise Service Bus，ESB）是一种能够连接几百个应用端点的基于标准的、面向服务的骨干网。它是传统中间件技术与 XML、Web 服务等技术结合的产物，是一种在松散耦合的服务和应用之间标准的集成方式。

信息交换总线作为一种体系结构模型，支持在 SOA 体系结构中虚拟化通信参与方之间的服务交互，并对其进行管理。它提供服务提供者和请求者之间的连接，即使它们并非完全匹配，也能够使它们进行交互。

配电网的应用分布性越来越高，目前可能部署了来自几十个厂家甚至上百个供应商的应用软件，在不同供应商应用系统间交换数据是十分困难的。符合一致性校验，即基于统一信息模型的信息交换总线可以降低互操作的复杂度，减少投资成本。

点对点集成与总线集成的对比如图 2-1 所示。传统的点对点的集成机制的复杂，增加了投资成本和维护和升级难度，而基于信息交换总线的集成机制在系统连接数量较大的情况下显示了较大的优越性。

2.3　语义模型设计

在计算机领域，语义一般指用户对于那些用来描述现实世界的计算机表示的解释，即用来联系计算机表示和现实世界的途径。如在关系数据库中，数据库表中的属性和关系都可以看作数据的语义信息。数据库使用语义来区分模式（Schema）和数据（Data），并作为数据库建模、查询检索、事务处理技术的一部分，语义是保证数据库管理系统达到可扩展性、健壮性和高效性要求的一个关键因素。数据交互的最终目标是要实现数据在含义上的交换，而不是单纯的数据形式的交换。因此对于计算机之间的信息交换来说，语法和语义缺一不可，正确的语法格式是保证进行数据交换和处理的前提，而语义的表达是数据可被计算机正确理解以及推理的基础。

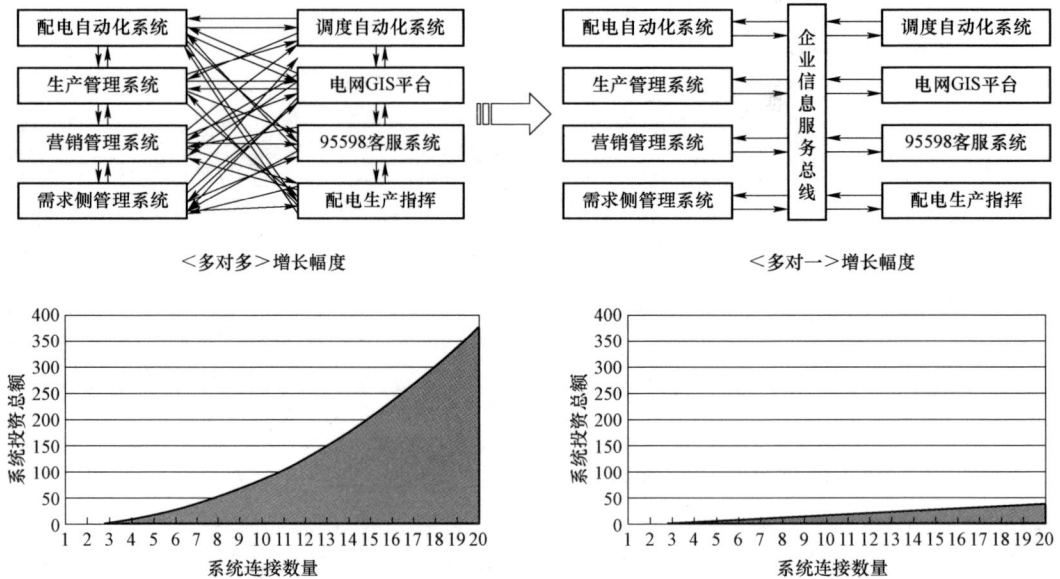

图 2-1　点对点集成与总线集成的对比

传统的万维网（World Wide Web）主要是面向用户直接阅读和处理，并没有将信息的表现形式（内在结构）和表达内容相分离，超文本标记语言（Hyper Text Markup Language，HTML）过于关注外观，所表达的页面信息和组织方式缺乏计算机可以理解的语义信息，使得计算机很难理解文档的内容，从而限制了计算机在信息查询中的自动分析处理能力。蒂姆·伯纳斯-李（Tim Berners-Lee）于 1998 年提出了语义网（Semantic Web）的概念："语义网是当前 Web 的扩展，在语义网中，信息被赋予定义良好的含义，能够更好地使计算机和人之间进行协同工作。"语义网可以把来自任何网站、使用任何语言、面向任何应用的信息关联起来，从现有信息中提取出隐含信息，因此又被看作是能够"理解和处理"信息的智能网络。

语义网通过形式化的表示，使网络中的信息具有语义，使得计算机能够对网络资源（所有可获取的资源，包括网页）进行理解和处理，为人们提供各种智能服务，目前已成为下一代 Web 的发展趋势。

2.4　信息模型应用与互操作

随着信息技术和网络技术的飞速发展，以及电力市场化改革的逐步进行，配电网信息互操作能力越来越受到重视。20 世纪 90 年代以来，OMG 非实时 DAF 标准、工业控制接口标准 OPC 以及消息规范标准 OAG 等的陆续出台，大大推动了配电网系统的信息互操作的研究，采用基于统一数据模型和标准应用程序接口来实现互操作的理论和技术迅速发展起来，并且被不断地完善。20 世纪 90 年代初期，美国电力科学研究院（EPRI）启动了控制中心应用程序接口工程。随后，国际电工委员会 IEC 在结合 CCAPI 已有成果的基础上，由 WG13 制定了针对 EMS 异构应用信息共享和集成的 IEC 61970 标准，用于控制中心各应用之间的信息交换以及控制中心与外系统各应用间的信息交换。此后，随着配电网管理系统的不断发展和成熟，WG14 扩展了 IEC 61970 标准，制定了适用于 DMS 系统的 IEC 61968 标准。IEC 61968 标准的推出，解决了不同系统之间的整合和信息共享，实现了 DMS 的功能，提高了网络性能，倾向于支持需要在一个事件驱动基础上交换数据的应用。

IEC 61970 和 IEC 61968 标准制定以来，国外共进行了十多次互操作试验，前五次主要基于 IEC 61970 标准以验证基于 CIM 和 CIS 进行信息共享和互操作的可行性。基于 IEC 61970 标准的互操作主要面向输电网，并未涉及配电网。2005 年 9 月，美国电力科学研究院（EPRI）组织了第七次 CIM 和 GID 标准的互操作试验，并在试验中进行了配电网模型交换测试，验证了 IEC 61968 中基于 CIM 的 XML 配电网模型的兼容性。2010 年，美国电科院组织相关电力行业厂商对其生产的软件进行测试，检查接口标准的产品交换数据和解析 XML 消息的能力，在互操作测试上，采用了一种具有重要意义的新方法，通过信息交换总线、Web Service 或者 JMS 消息传输，测试的信息交换在远程站点中进行。在国内，全国电力系统管理及其信息交换标准化委员会已经制定了我国的 IEC 61970 标准，同时配电网工作组正在审核 IEC 61968 的相关标准，以形成我国的国家标准。基于 IEC 61970 标准，国调中心组织了多次 EMS-API 互操作试验。

智能配电网是智能电网中连接主网和面向用户供电的重要组成部分，信息集成通过实时和非实时信息的共享和利用，成为实现智能配电网兼容、自愈、互动和优化的基础。国际上已经在智能电网背景下就实现信息集成的技术开展了广泛的讨论和研究：国际电工委员会（IEC）制定了与智能配电网相关的信息模型标准；美国电气和电子工程师学会（IEEE）推出了分布式电源并网的信息接口标准；美国电力科学研究院（EPRI）提出了实现电力企业信息集成的技术方案。大量学者更是从电力系统的各专业角度对集成提出了可行性论证，如基于 IEC 61850 的智能变电站自动化实现、基于 IEC 61970 的智能调度系统的统一信息模型、基于 IEC 61968 的电力企业信息总线、用户与智能电网的双向通信接口等。目前，中国智能电网相关领域的研究还处于起步阶段，已经开始了研究开发和试点工程。本书根据中国电网、电力企业管理的特点及智能电网的发展要求，从配电环节自身以及与输变电环节、用户环节、电源环节信息交互的角度阐述信息集成的需求和对模型的分析。

传统的配电网只考虑把输电网传送的电能通过配电系统经济有效地单向输送给供电用户。在当前经济和技术发展情况下，考虑社会和环境因素，随着分布式电源、储能电池、大功率风力发电、电动汽车以及随之出现的新的用电模式的快速发展和应用，现有的信息模型和集成手段已无法准确地描述并应对这些新的问题：如何使系统在紧急状态下能够获得分布式电源和储能电池的实时数据，以快速调节并网和充放电策略；如何使用户了解当前实时动态电价，以调整自己的用电模式；如何使调度运行部门能够收集并快速分析当前电网和外部环境（如极端气象和地质条件）的数据变化，以及时调整电网运行和管理策略；如何按照信息的时效性和安全等级确定海量数据处理模式（如并行计算、网格计算、云计算）和信息安全策略等。因此，需要在智能配电网环节中考虑全网的信息交互，实现配电环节与输变电环节、用电环节和电源环节、变电环节的双向互动信息流。智能配电网信息互操作关系如图 2-2 所示。

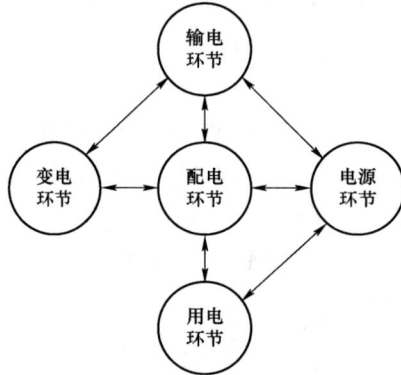

图 2-2　智能配电网信息互操作关系

第 3 章

面向对象的建模语言

3.1 面向对象的基本概念

路德维希·维特根斯坦是 21 世纪乃至人类哲学史上最伟大的哲学家之一。他生前只于 1922 年出版了一本著作——《逻辑哲学论》（Tractatus Logico-Philosophicus）。在该书中，他阐述了一种世界观，或者说一种认识世界的观点，这种观点，在今天，终于由一种哲学思想沉淀到技术的层面上来，成为计算机业界的宠儿，这就是面向对象（Object-Oriented，OO）。

面向对象方法（Object-Oriented Methodology，OOM）的解决问题的思路是从现实世界中的客观对象（如人和事物）入手，尽量运用人类的自然思维方式来构造软件系统，这与传统的结构化方法从功能入手和信息工程化方法从信息入手是不一样的。在面向对象方法中，把一切都看成是对象。

面向对象方法远远突破了编程的范围，成为一种包括系统分析设计编程测试维护的完整的思想体系。

面向对象基本概念是从问题空间中客观存在的事物出发来构造软件系统。用对象（Object）作为对这些事物的抽象表示，并以此作为系统的基本构成单位。面向对象的概念是尽可能模拟人类习惯的思维方式，即问题域与求解域在结构上尽可能一致。

与传统方法相反，面向对象方法以数据或信息为主线，把数据和处理结合构成统一体——对象。

程序不再是一系列工作在数据上的函数集合，而是相互协作又彼此独立的对象的集合。面向过程的软件方法没有直接而全面地反映问题的本质。软件开发从本质上就是对软件所要处理的问题域进行正确认识，并把这种认识正确地描述出来。直接面对问题域中客观存在的事物来进行软件开发，这就是面向对象。

面向对象方法并不是减少了开发时间，而是通过提高可重用性和可维护性，进行扩充和修改的容易程度等，从长远角度改进了软件的质量。

3.2 UML 建模语言

本节描述有关如何使用统一建模语言（Unified Modeling Language，UML）对电力业务信息进行建模的规则和建议。UML 不涉及模型的详细设计过程。它是所有建模者都可以使用的通用建模语言。CIM UML 建模规则和建议背后的主要目标是确保维护格式良好、一致的语义信息模型，以促进 CIM 工作人员之间的沟通和理解。

由于 CIM 的发展变化，整个 CIM UML 中也存在明显的规则例外。保留例外的理由有：① 过去的做法现在看属于违规，但纠正会给最终用户带来重大变化；② 模型验证工具误报规则违规；③ 特殊情况需要例外。

3.2.1 UML 建模语言概述

UML 是一种建模和规范语言，用于对软件开发生命周期内的各种组件进行建模，包括数据结构、系统交互和用例。建模不依赖于具体的实现技术，可以在多个平台上实现。它统一了面向对象建模的基本概念、术语及其图形符号，为人们建立了便于交流的共同语言。UML 是用图形化的表示法进行面向对象分析和设计的事实标准，UML 是一个庞大的表示法体系，通过 UML 提供的常用图和图中的常用特性描述，可以进行面向对象的表达和系统建模，实现模型驱动架构和代码的实现。

要理解 CIM，读者必须理解 UML 类图和其中的实体。UML 的完整描述不在本书的范围内，如果读者希望了解 UML 的详细内容，可以在 https：//www.uml.org/网站上搜索相关的资源。

3.2.2 CIM 中使用的 UML 概念

CIM 使用 UML 语言的一个非常小的子集。UML 语言可以分为以下几个概念领域：① 静态结构；② 动态行为；③ 实施结构；④ 组织；⑤ 可扩展性机制。CIM 仅使用了静态结构和模型组织概念。

1. UML 静态结构

CIM 使用 UML 概念对电力系统业务对象、它们的内部属性以及它们之间的关系进行建模。电力系统业务对象被建模为类，每个类都是描述一组信息的离散对象。电力系统业务对象属性被建模为类属性。电力系统业务对象之间的关系被建模为类关联或泛化。许多类使用泛化共享公共结构。静态结构使用类图来描述。

2. UML 模型组织

CIM 使用 UML 包来组织模型信息。包是 UML 模型的通用层次组织单元。CIM 中包的目的主要是划分工作组工作范围，子包主要代表模型组织结构。使用包结构这种方式允许在包之间相对容易地移动类，而不影响具体实现。它还划分了模型维护人员的职责范围。

3.2.3 CIM 的模型结构规则

模型结构规则涉及 UML 元模型规则以及 CIM 包的结构、依赖性和组装。
1. UML 元模型规则
UML 元模型规则见表 3-1。

表 3-1   UML 元 模 型 规 则

规则编号	描述
规则 001	CIM 应限于以下 UML 元模型元素： 1. 包（Packages）； 2. 类（Classes）； 3. 属性（Attributes）； 4. 关联（Associations）； 5. 枚举（Enumerated Literals）； 6. 多重性（Multiplicities）； 7. 泛化（Inheritance）； 8. 视图（Diagrams）； 9. UML 元素的描述（Description of UML elements）； 10. 命名空间（Namespaces）； 11. 指定包构造型（Specified package stereotypes）； 12. 指定类构造型（Specified class stereotypes）
规则 002	UML 元素唯一标识符应是内部生成的 Enterprise Architect GUID

2. 包依赖规则

包依赖规则见表 3-2。

表 3-2   包 依 赖 规 则

规则编号	描述
规则 009	CIM 中应有且仅有一个包来描述各 TC57 工作组包之间的依赖关系
规则 010	描述 TC57 工作组包之间依赖关系的包应在 IEC 工作组包之外进行维护
规则 011	用于包含 IEC 工作组包依赖项的包应命名为 PackageDependencies
规则 012	IEC 工作组包之间不应存在循环依赖关系
规则 013	PackageDependency 包应包含一个说明包依赖关系的图，如图 5-2 所示
规则 014	包之间的依赖关系应归依赖包所有
规则 015	不同工作组子包中的类之间关联的源端应归依赖包所有
规则 016	不同包（泛化）中的类之间的类继承关系应由依赖包所有
规则 017	不同 IEC 工作组包中的类之间的关联应由源（创建者）工作组包拥有（如对于 IEC 61968 包中的类和 IEC 61970 包中的类关联，两个关联端均属于 IEC 61968 包）

3. 包拼接规则

包拼接规则见表 3-3。

表 3-3   包 拼 接 规 则

规则编号	描述
规则 018	不同工作组的包拼接必须从包含单个空模型的空 Enterprise Architect 项目开始
规则 019	必须首先从正确组合的模型中导出包，然后将其导入到包含单个空模型的空 Enterprise Architect 项目中，以便执行正确的包拼接
规则 020	包可以按任何顺序导出
规则 021	IEC 工作组包之间不应存在循环依赖关系

规则编号	描述
规则 022	必须按照 PackageDependency 定义的依赖顺序导入包来执行包拼接。具体来说，包导入顺序为：① IEC 61970；② IEC 61968；③ IEC 6235；④ 包依赖关系
规则 023	必须在模型版本之间保留 Enterprise Architect 模型元素内部生成的 GUID 的完整性，以确保模型的完整性； 注意：某些工具依赖类或属性的名称而不是 Enterprise Architect GUID 值来进行引用匹配，并且如果名称更改，则会中断链接
规则 024	在每次导入包后，必须满足表 3-2 中指定的包依赖规则。 注意：任何跨工作组的包关联，如果关联的包尚未被导入，则在合并模型中将被丢弃，因为根据定义，它们不属于当前已导入的包

4. 包结构规则

CIM 完全包含在一个名为 TC 57CIM 的顶层包中。TC 57CIM 包含所有电力业务模型元素。TC 57CIM 分别为 IEC TC57 工作组建立相对应的包，并通过附加包描述顶级 IEC TC57 工作组包之间依赖关系。TC 57CIM 包结构如图 3-1 所示，包结构规则见表 3-4。

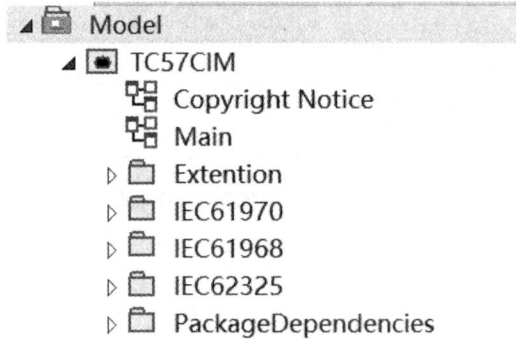

图 3-1　TC 57CIM 包结构

表 3-4　　　　　　　　　　　包 结 构 规 则

规则编号	描述
规则 003	根模型中应有且仅有一个包含所有 TC57CIM 信息的包
规则 004	对于以下每个 TC57 工作组，应有且仅有一个包含其所有 CIM 信息的包，每个包也称为"顶层"包：① WG13；② WG14；③ WG16
规则 005	TC57 工作组顶层包和描述其依赖关系的包应是 TC57CIM 信息包中的唯一子包
规则 006	TC57CIM 包中应有一个视图，描述顶级 TC57CIM 包结构，其中包括 TC57 工作组包和描述其依赖性的包
规则 007	TC57CIM 信息包中应有一个视图，其中包含注释作为其唯一的 UML 元素，并且该注释应包括 CIM UML 版权声明措辞
规则 008	每个包通常应包含至少一个包含包中所有类的视图，以及任意数量的其他图

5. 包命名规则

包命名规则见表 3-5。

表 3-5　包 命 名 规 则

规则编号	描述
规则 025	包的名称应使用大驼峰式命名法
规则 026	包名应为英式英语名称
规则 027	所有包都应有唯一的名称； 包含层次结构的名称不得用于唯一标识包
规则 028	模型根部的顶级 CIM 包的名称应为 TC57CIM
规则 029	应使用以下名称来标识 TC57CIM 下的顶级包： （1）描述 IEC TC57 WG13 业务信息模型的 IEC 61970； （2）描述 IEC TC57 WG14 业务信息模型的 IEC 61968； （3）描述 IEC TC57 WG16 业务信息模型的 IEC 62325
规则 030	包名称中应使用 Inf 前缀，以表示非正式的 CIM UML 子包
规则 031	可以在 CIM UML 模型中的任何层级定义非正式包。唯一的要求是包名称中的 Inf 前缀
规则 032	包名称中应使用 Doc 前缀，以表示包含生成 IEC 文档时使用视图的 CIM UML 子包
规则 033	包名称 DetailedDiagrams 应为保留的包名称
规则 034	CIM 中可以有多个名为 DetailedDiagrams 的包

6. 包规范规则

包规范规则见表 3-6。

表 3-6　包 规 范 规 则

规则编号	描述
规则 035	Inf 包应在 Enterprise Architect 的包属性 Visibility 中指定为 private，便于从显示子包的视图中过滤掉它们
规则 036	Doc 包应在 Enterprise Architect 的包属性 Visibility 中指定为 private，便于从显示子包的视图中过滤掉它们
规则 037	DetailedDiagram 包应在 Enterprise Architect 的包属性 Visibility 中指定为 private，便于从显示子包的视图中过滤掉它们

7. 类规则

类规则见表 3-7。

表 3-7　类 规 则

规则编号	描述
规则 038	类的名称应使用大驼峰式命名法
规则 039	类名应为英式英语名称
规则 040	所有类都应有唯一的名称； 包含层次结构的名称不得用于唯一标识类
规则 041	CIM 类应用于描述电力企业业务实体或电力企业中使用的信息实体
规则 042	所有类名都采用业务对象的单数形式
规则 043	具有<CIMDatatype>构造型的 CIM 类至少应具有以下属性：① 值；② 单位；③ 乘数

规则编号	描述
规则 044	具有＜deprecated＞构造型的 CIM 类绝不能参与与其他类的关系（即没有关联、没有继承）
规则 045	具有＜deprecated＞构造型的 CIM 类只能用作属性的数据类型
规则 046	CIM 类应按字母顺序或按重要性顺序或按逻辑分组在一个包内排序

8. 属性规则

属性规则见表 3−8。

表 3−8　　　　　　　　　　　　　　属 性 规 则

规则编号	描述
规则 047	属性名称应使用小驼峰命名法
规则 048	属性名称应为英式英语名称
规则 049	具有＜CIMDatatype＞构造型的 CIM 类的"value"属性应为原始数据类型
规则 050	具有＜CIMDatatype＞构造型的 CIM 类的"unit"属性应为枚举数据类型
规则 051	具有＜CIMDatatype＞构造型的 CIM 类的"multiplier"属性应为枚举数据类型
规则 052	属性数据类型应是 CIM 一类构造型（即不应是 Enterprise Architect 本身数据类型之一）
规则 053	在 CIM 类的属性具有初始值的情况下，它应表示该属性所属类的所有实例的常量
规则 054	在 CIM 类的属性具有初始值的情况下，该属性同时被设置为静态（static）和常量（constant）
规则 055	属性的多重性应始终为［0..1］（即所有 CIM 属性都是可选的）
规则 056	属性名称在所有继承关系中都必须是唯一的
规则 057	CIM 属性的作用域应为"Public"（公共）

3.2.4　类

在系统中，类代表被建模的特定类型的对象。类层次结构是系统的抽象模型，将系统中的每种类型的组件定义为单独的类。比如，在 CIM 中，像"变压器"这样的物理对象被建模为类，还有像"客户"这样更抽象的概念。

每个类都可以有自己的内部属性和与其他类的关系。每个类都可以实例化为任意数量的独立实例，在面向对象编程范式中称为对象，每个实例都包含相同数量和类型的属性和关系，但具有自己的内部值。

作为一个简单的例子，类 Circle 用于描述要在图表上绘制的圆的特征。如果要绘制圆，则需要知道圆的属性，假设图表是简单的二维绘图，需要 x 和 y 坐标来表示圆的圆心。圆的半径也是必需的，因此添加了一个附加属性来存储该值。该图可能在屏幕上的不同位置包含多个半径不同的圆，但它们都可以使用图 3−2 所示的方式进行描述。

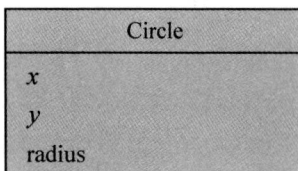

图 3−2　类的描述示例（Circle）

如果要在图中实例化 100 个圆，系统将创建 100 个单独的圆实例，每个实例包含 x 和 y 坐标以及半径，但所有实例都相互独立。改变一个圆的半径不会影响任何其他圆。

显然，只包含圆圈的图不是特别有用，如果它可以包含矩形、三角形、正方形、直线等，它会很有用。这将要求类结构变得更加复杂。

每一个 CIM 包的类图展示了该包中所有的类及它们之间的关系。在与其包中的类存在关系时，那些类也可能展示出来。

类与对象所建模的是电力系统中需要以一种对各种电力系统应用通用的方法来描绘的东西。一个类是对现实世界中发现的一种对象的表示，比如，在 EMS 中需要表示为整个电力系统模型的一部分的变压器、发电机或负荷。其他类型的对象包括诸如 EMS 应用需要处理、分析与储存的计划与量测。这些对象需要一种通用的表示，以达到 EMS－API 标准的插入兼容和互操作的目的。在电力系统中具有唯一身份的一个具体对象则被建模成它所属类的一个实例。

一般来说，类代表正在建模的领域中的一个概念。概念可以是现实世界的对象（如 Pole），也可以是抽象概念（如 Asset）。表示抽象的类通常用于描述其后代在继承层次结构中共享的共同品质。两个主要标准决定一个类是否是抽象的。如果该类表示 CIM 范围之外的概念的代理（如 Person），则它应该是抽象的；如果该类在范围内，但通常不会在没有上下文（如文档）的情况下使用，则该类应定义为抽象 [3，第 3 部分 –类]。

3.2.5　泛化

泛化（也称为继承）将类定义为另一个类的子类。作为子类，它继承父类的所有属性，但也可以包含自己的属性。类可以是抽象的也可以是具体的，这取决于它们是否需要被实例化。如果该类在类层次结构中定义一个抽象类，代表许多其他类的公共父类，那么它被认为是抽象的；但如果它是可以实例化的东西，那么它就是具体的，如圆形、矩形、三角形、正方形等都是形状。如果添加一个类 Shape 作为父类，那么 Circle、Rectangle 和 Triangle 都可以认为是 Shape 的子类。此外，可以将 Square 视为 Rectangle 的子类。由于用户不会创建 Shape 的实例，因此它被认为是一个抽象类，而它的子类都是具体类，因为图表将包含圆形、矩形、三角形、圆形等。

形状的类结构层次如图 3－3 所示，其中包含抽象类 Shape 及其子类 Circle、Rectangle 和 Triangle，以及作为 Rectangle 子类的 Square。由于每个形状在图中都有一个位置，因此 x 和 y 坐标从 Circle 移到其父 Shape，因此由从 Shape 继承的所有对象继承。radius 属性保留在 Circle 中。

类 Rectangle 添加了额外的属性来表示矩形的宽度和高度。Square 继承了这些属性（连同来自 Shape 的 x 和 y），需要通过实现方法确保正方形的宽度和高度相等。在 Triangle 中添加了 3 个属性以明确定义三边的长度。因此，正方形是矩形和形状，但并非所有矩形都是正方形，也并非所有形状都是矩形。系统会知道任何 Shape 都有坐标，但它只会期望 Circle 有半径，Triangle 有 sideA、sideB 和 sideC。

类似地，图 3－4 是 CIM 模型泛化的一个示例。此示例取自 IEC 61970 的电线包

（Wires），断路器（Breaker）是保护开关（ProtectedSwitch）的更为具体的类型；保护开关又是开关（Switch）的更为具体类型；而开关则是导电设备（ConductingEquipment）更具体的类型，等等。注意，电力系统资源（Power System Resource）是从标识对象类（IdentifiedObject）继承的，而该 IdentifiedObject 并不在图中，所以 IdentifiedObject 在电力系统资源类的右上角表示。

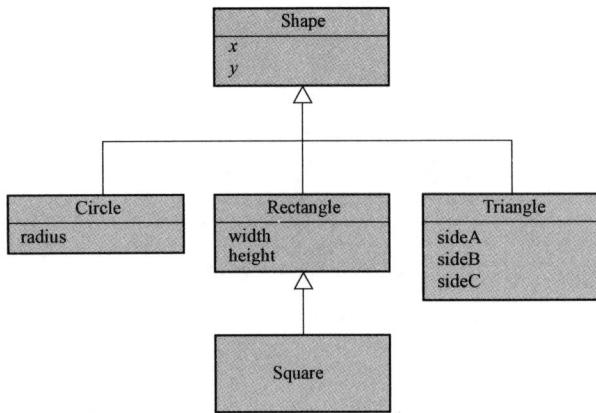

图3-3　形状的类结构层次

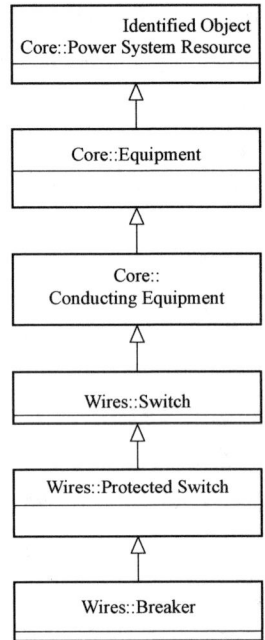

图3-4　CIM模型泛化示例

3.2.6　简单关联

具有样式的图表形状的类层次结构如图3-5所示。

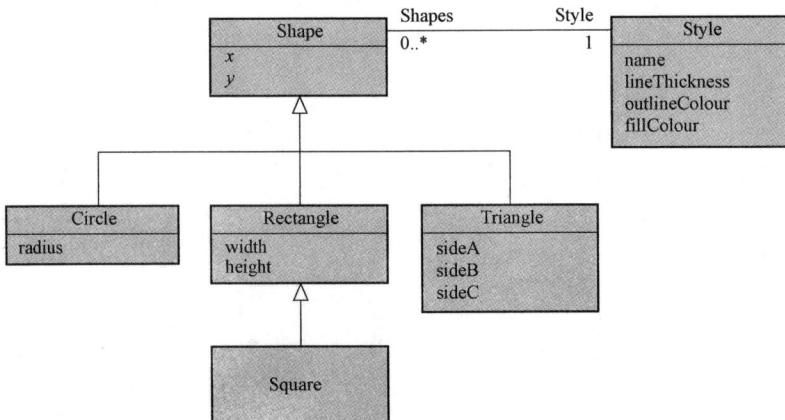

图3-5　具有样式的图表形状的类层次结构

类可以定义其他关系，表示类之间的连接，显示父子关系以外的关系。比如，假设要在图表上绘制形状，如果每个形状都可以有一个与其相关联的样式来表示轮廓粗细、轮廓颜色和内部填充颜色，那将非常有意义。这些样式可由多个形状使用，并具有与之关联的特定名称。图 3-5 中，任何类之间的唯一关系是父子关系，带有 lineThickness、outlineColour 及 fillColour 3 个属性的类 Style 以及一个可供人读的名称以供参考的附加名称属性显示与 Shape 关联。关联显示为 Shape 和 Style 之间的一条线，并且关联在每一端都有角色。这表明 Shape 与具有基数为 1 的角色名称为 Style 的类 Style 相关联，这意味着 Shape 必须与 Style 的实例有关联。并且，类 Style 与具有基数 0.* 的角色名称为 Shapes 的类 Shape 关联，这意味着一个 Style 可以关联 0 个或多个 Shapes，每个关联端的基数（multiplicity/cardinality）用来表示有多少对象可以参加到给定的关系中。

因此，Shape 的任何子类，无论是 Circle、Rectangle、Triangle 还是 Square 都必须有一个 Style，并且它们可以在多个实例中共享一个公共 Style。

在 CIM 中，关联是没有命名的，只有关联端是可以命名的。图 3-6 所示为 CIM 简单关联示例，在 CIM 中 Base Voltage 和 VoltageLevel 有关联。基数在关联的两端都有显示。在这个例子中，一个 Voltage Level 对象可以引用 1 个 Base Voltage，而一个 Base Voltage 可被 0 个或者多个 Voltage Level 对象引用。

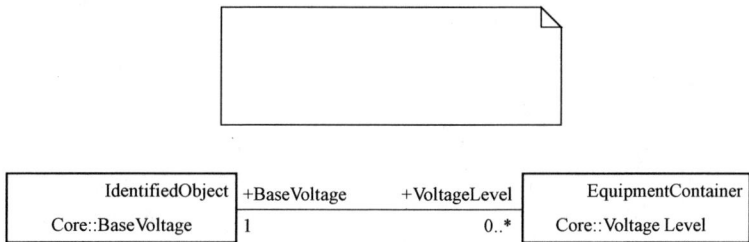

IdentifiedObject	+BaseVoltage	+VoltageLevel	EquipmentContainer
Core::BaseVoltage	1	0..*	Core::Voltage Level

图 3-6　CIM 简单关联示例

3.2.7　聚集

聚集关系定义了类之间的一种特殊关联，表明一个是另一个的容器类。对于图表形状示例，添加了一个可能包含多个形状的图层类。具有图层和形状的聚集示例如图 3-7 所示。

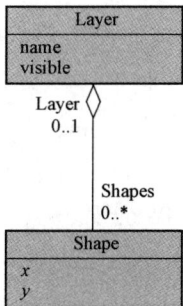

图 3-7　具有图层和形状的聚集示例

在图 3-7 中，添加了一个附加类 Layer，可用于将 Shapes 组合到可在图中显示或关闭的层中。Layer 具有为其提供名称的属性和表示其是否可见的标志，其与 Shape 的关系是一种聚合关系，在关系的容器端显示为菱形，角色名称和基数的使用方式与简单关联相同。

因此，图 3-7 表明一个层可能包含 0 个或多个 Shape 实例，而一个 Shape 将在 0 个或多个层中（假设层是可选的）。然而，透明的菱形表明两者并非完全相互依存，如果层被破坏，形状仍然存在。

图 3-8 所示为聚集示例，该图说明了 Equipment Container 与 Equipment 之间的聚集关系，它取自 CIM 的 Core 包。

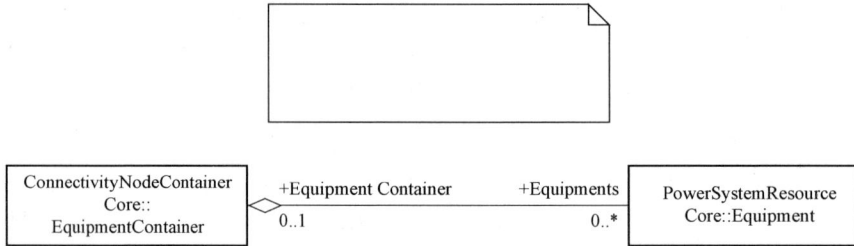

图 3-8　聚集示例

图 3-8 中，一个 Equipment 可以是 0 或 1 个 Equipment Container 对象的一个成员，但是一个 Equipment Container 对象却能包括任意个 Equipment 对象。

3.2.8　组合

组合是一种特殊的聚集形式，其中包含的对象是容器对象的基本部分，可以看成是整体与部分的关系，这种关系意味着如果容器被销毁，那么通过组合与其相关的所有对象都将被类似地销毁。在数据库术语中，这可以被认为是级联删除。Shape 和 Anchor 的组成示例如图 3-9 所示。

图 3-9　Shape 和 Anchor 的组成示例

图 3-9 中，添加了一个额外的类来表示形状上的锚点，该锚点可用于显示形状上可以锚定线条的点。Anchor 的位置被定义为所有形状的父类 Shape 的偏移量，因此具有 offset$X$ 和 offset$Y$ 属性来存储该位置。与 Shape 的组合关系有一个名为 Shape 的角色，其基数为 1，表明它必须有一个父类 Shape。相反的作用是 Anchors with 0..*表示一个 Shape 可能有 0 个或多个 Anchors。

线上的实心菱形表示是一种组合关系，任何实现此设计的系统都会知道，如果一个 Shape 被销毁，那么包含在该特定实例中的任何 Anchor 实例也将被销毁。

结合前面的示例，可以创建一个简单的类图，描述如何在图上绘制形状。这个完整的形状类图如图 3-10 所示。除了前面的示例之外，还添加了一个新类 Connection 来表示两个锚点之间的连接。该类与同一个类 Anchor 有两个关联，使用不同的角色名称来区分它们。这允许 Anchor 实例有 0 个或多个连接作为 From 或 To 连接与其关联。Connection 还必须具有 FromAnchor 和 ToAnchor 关联，它可以使用 Anchor 的 offset$X$ 和 offset$Y$ 属性，结合父类 Shape 实例的 x 和 y 来计算其开始和结束坐标。利用 Style 类以允许 Connection 类具有样式信息来定义其颜色和线条粗细。

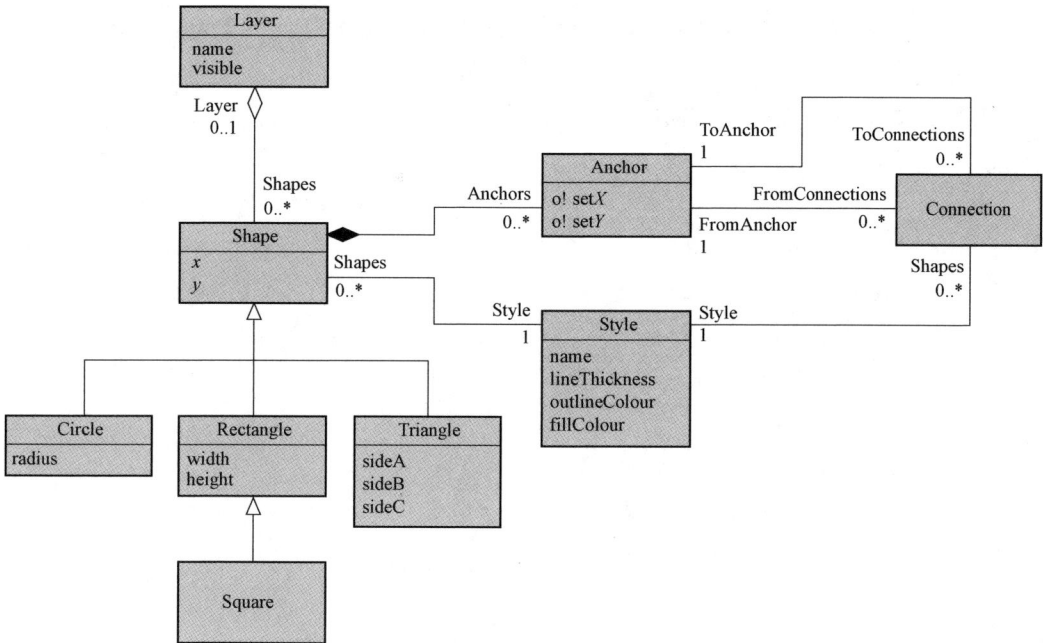

图 3-10　完整的形状类图

上述内容提供了对什么是类层次结构，以及如何解释类图的一些基本理解。

3.3　XML 语法

可扩展标记语言（Extensible Markup Language，XML）是一种结构化文档和数据的通用格式，XML 正迅速成为以结构化、可扩展的格式存储机器可读数据的标准，这种格式可通过 Internet 访问。XML 是一种元语言，有助于设计标记语言来描述数据的结构。

XML 是 SGML 的一个子集，SGML 是为数据的在线和离线存储和传输而设计的标准通用标记语言。数据被编码为纯文本，从而使其既可以供人类阅读，也可以供机器阅读，并且标准编码方案的使用使其与平台无关。

要详细了解 XML 语法，读者应参考 XML 标准文档，但是，为了解释和理解以 XML 序列化的数据，本书将解释基本概念。XML 使用标签来表示文档中的元素。每个元素都表示为包含以下形式数据的开始和结束标签：

```
<tag>…Contained Data…</tag>
```

或者作为一个空标签在最后用斜杠结束：

```
<tag/>
```

元素还可以包含自己的属性，这些属性用表格表示：

```
<tag attributeOne = "something" attributeTwo = "somethingElse"/>
```

或者：

```
<tag attributeOne = "something" attributeTwo = "somethingElse">…</tag>
```

当一个元素有开始和结束标签时，这两个标签中包含的任何元素都被归类为父元素的"子元素"。

下面将创建一个简单的 XML 标记语法来存储一本书。可以使用以下形式的自描述标记将书籍的内容和属性表示为 XML：

```
<book title="Introduction to XML" author="Alan McMorran">
    <revision number="2">
        <year>2006</year>
        <month>January</month>
        <day>1</day>
    </revision>
    <chapter title="Preface">
        <paragraph>Welcome to <italic>this</italic> book…</paragraph>
        <paragraph>…</paragraph>
        …
        </paragraph>…and we shall continue</paragraph>
    </chapter>
    <chapter title="Introduction">
        <paragraph>To understand the uses…</paragraph>
        …
    </chapter>
</book>
```

这里的 book 元素包含它自己的属性来描述标题和作者，带有一个子元素来描述书的修订，加上几个 chapter 元素。章节依次包含每个段落的元素，这些元素本身包含其他元素和文本的混合数据。尽管对于任何懂英语的人来说，这些标签的名称使它们的语义很清楚，但如果数据要被应用程序正确解释，标签语法和语义仍然必须明确定义。

3.4　XML Schema 模式

虽然 XML 本身没有固定的标记语法或语义，但可以定义模式以使用 XML 表示法来表达几乎任何类型的数据。解释 XML 数据的应用程序必须了解所使用的语法和语义；否则将难以解释它。这需要将 XML 的标记语法和语义表示为模式，它提供了对 XML 文档的结构和内容的约束。

XML 是目前广泛应用的数据交换标准，而 XML Schema 作为 XML 文档的模式定义语言，起着对 XML 文档规范的作用。模式是关于标记的语法规则，详细描述了 XML 文档的结构，从而确定了文档的框架。在 XML Schema（模式）出现之前，文档类型定义（Document Type Definition，DTD）一直是 XML 技术领域使用最广泛的模式定义语言。但是 DTD 存在一些严重的缺陷，如不支持命名空间，缺乏对文档结构、属性、数据类型等约束的足够描述，而且扩展性较差。而 **XML Schema** 弥补了 DTD 在这些方面的不足，有着更强的表达能力和灵活性，逐渐在应用中替代了 DTD。

XML Schema 基于 XML，也被称为 XSD（XML Schema Definition，XML 模式定义语言），主要定义了以下内容：① 可以出现在文档中的元素和属性；② 哪些元素是子元素；③ 每个元素类型允许的子元素的数量；④ 元素是否可以包含文本（即，是空元素还是在开始和结束标签内）；⑤ 元素和属性的数据类型；⑥ 它们的值是否固定；⑦ （如果有）任何默认值。

使用前面的书籍示例，可以创建一个简单的 XSD 来描述文档中的元素以及对它们的限制。图 3－11 所示即为该示例的结构及注释。

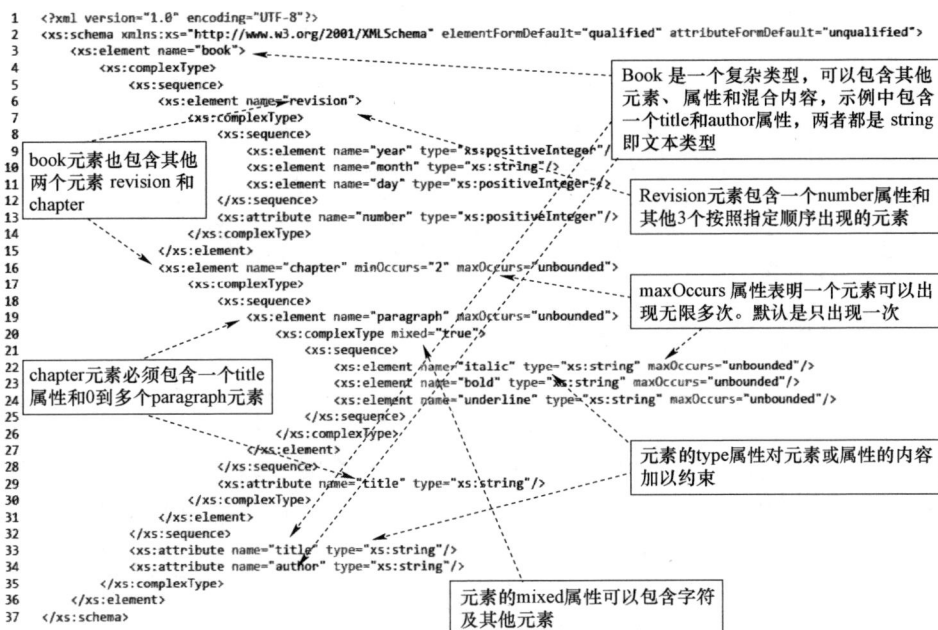

图 3－11 书籍示例的结构及注释

可以用不同的工具和格式查看相同的 XSD 模式。图 3－12 所示为 XMLSpy Style XML 模式视图，以 XMLSpy 应用程序通过可视化方式显示相同的 XSD 模式。

上述示例的另一个显著特征是引入了命名空间。每个元素都以 xs：为前缀。文档的根节点包含一个 xmlns：xs＝"http://www.w3.org/2001/XMLSchema"属性，表示每个以 xs 为前缀的元素都是 XML 元素是唯一资源标识符（URI）http://www.w3.org/2001/XMLSchema 标识的命名空间的一部分。一个 XML 文档可以同时包含来自多个命名空间的元素，每个命名空间都表示一个单独的 XSD，具有自己的一组限制。对于前面的例子，根节点可以变成：

＜xs: schema xmlns: xs = "http: //www.w3.org/2001/XMLSchema"

xmlns: ab = "http: //www.example.com/2011/AB － Schema"

xmlns: yz = "http: //www.example.com/2010/YZ － Schema"＞

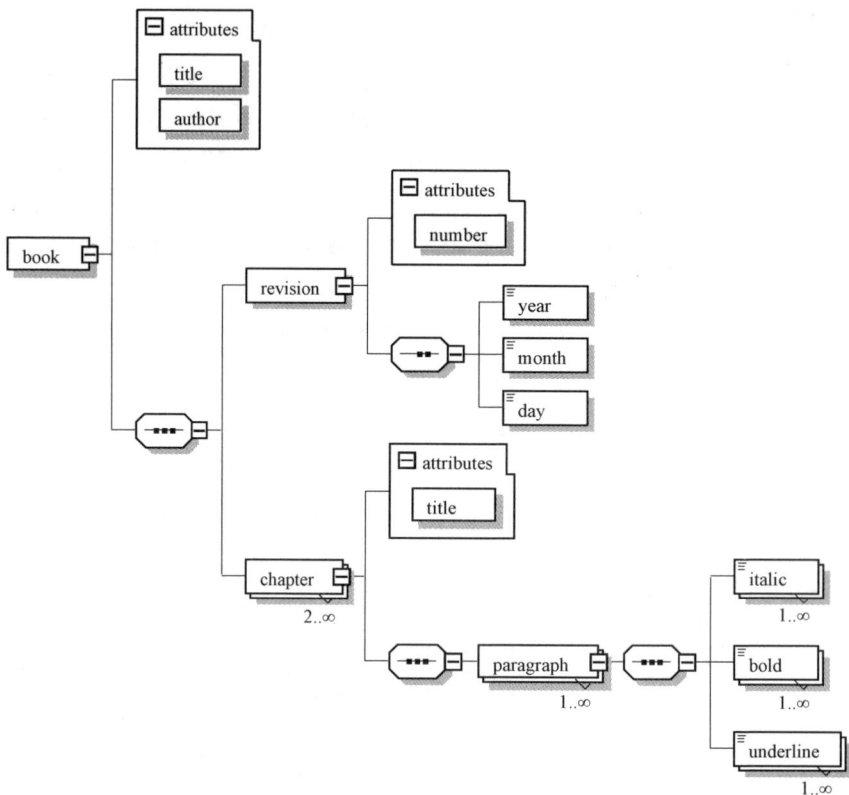

图 3 – 12 XMLSpy Style XML 模式视图

表明 XML 文档除了包含原始的 http://www.w3.org/2001/XMLSchema 命名空间的元素，也可能包含来自 http://www.example.com/2011/AB – Schema 命名空间的元素，由 ab 前缀标识，以及来自 http://www.example.com/2010/YZ – Schema 命名空间的元素，由 yz 前缀标识。

这意味着 XSD 本身有一个 XSD 用以描述模式中允许的元素。命名空间的使用使格式具有很强的可扩展性，可以在单个文档中混合来自不同模式定义的数据，而不会破坏原始模式定义的数据。

XSD 可以提供一个接口规约，允许双方就要交换数据，定义达成一致的数据结构，然后系统可以根据 XSD 验证导入或导出的数据。

3.5 资源描述框架（RDF）

资源描述框架（RDF）是一种 XML 模式，用于通过允许在 XML 节点之间定义关系来为 XML 格式的数据提供框架。与 XML 一样，鼓励读者了解 RDF 规范以获得更详细的知识。本书将尝试在 RDF 如何与 CIM 一起使用的上下文中对其进行解释。

1. RDF 语法

对于基本的 XML 文档，无法表示两个既不是父元素也不是子元素的元素之间的连接。比如，考虑一个图书馆系统，其中包含多本书的条目，其书架位置信息如下：

```
<library name="Engineering Library">
    <book title="Power Systems, 1900-1950" author="J.R. McDonald">
        <position section="A" shelf="2"/>
    </book>
    <book title="A Brief History of Time" author="Stephen Hawking">
        <position section="E" shelf="4"/>
    </book>
    <book title="Power Systems, 1950-2000" author="J.R. McDonald">
        <position section="A" shelf="2"/>
    </book>
</library>
```

每个书籍元素都作为一个独立的条目包含在图书馆中，但如果用户希望在"Power Systems，1900—1950"和"Power Systems，1950—2000"书籍之间添加一个链接，以表明读者希望先阅读前一本书，再阅读后者，没有标准的 XML 方法可以支持此操作。

在 RDF 文档中，每个元素都可以在 RDF 命名空间 http://www.w3.org/1999/02/22 − rdf − syntax − ns#（通常使用 rdf 前缀）下分配一个唯一的 ID 属性。向元素添加资源属性允许通过使其值引用另一个元素的 ID 来在元素之间进行引用。

2. 简单的 RDF 示例

对于上面的图书馆示例，在 RDF 命名空间下为每本书分配一个 ID 允许添加 sequel 和 sequelTo 元素。这些元素仅包含一个资源属性，该属性通过引用其 ID 指向文档中的另一个元素。library 元素中包含的书籍被替换为每本书与其所在图书馆之间的引用。

```
<rdf:RDF xmlns:rdf="http://www.w3.org/1999/02/22-rdf-syntax-ns#"
    xmlns:lib="http://www.example.com/libraries/2011/library-schema#">
<lib:library rdf:ID="_lib0001">
<lib:library.name>Engineering Library </lib:library.name>
</lib:library>
<lib:book rdf:ID="_entry0001">
    <lib:book.title>Power Systems, 1900-1950 </lib:book.title>
    <lib:book.author>J.R. McDonald </lib:book.author>
    <lib:book.position>
      <lib:position>
      <lib:position.section>A </lib:position.section>
      <lib:postion.shelf>2 </lib:position.shelf>
    <lib:position>
    </lib:book.position>
    <lib:book.sequel rdf:resource="#_entry0003"/>
```

```
      <lib:book.library rdf:resource="_lib0001"/>
  </lib:book>
  <lib:book rdf:ID="_entry0002">
      <lib:book.title>A Brief History of Time </lib:book.title>
      <lib:book.author>Stephen Hawking </lib:book.author>
      <lib:book.position>
        <lib:position>
          <lib:position.section>E </lib:position.section>
          <lib:postion.shelf>4 </lib:position.shelf>
        <lib:position>
      </lib:book.position>
      <lib:book.library rdf:resource="_lib0001"/>
  </lib:book>
  <lib:book rdf:ID="_entry0003">
      <lib:book.title>Power Systems, 1950-2000 </lib:book.title>
      <lib:book.author>J.R. McDonald </lib:book.author>
      <lib:book.position>
        <lib:position>
          <lib:position.section>A </lib:position.section>
          <lib:postion.shelf>2 </lib:position.shelf>
        <lib:position>
      </lib:book.position>
      <lib:book.sequelTo rdf:resource="#_entry0001"/>
      <lib:book.library rdf:resource="_lib0001"/>
  </lib:book>
  </rdf:RDF>
```

RDF 提供了一种方法来显示元素之间的关系，而无需采用先前在 XML 示例中采用的父子关系。RDF 模式包含超出简单 ID 和资源属性的附加元素，但在 CIM 的上下文中，关注的是 IEC 标准中用于将 CIM 序列化为 RDF XML 的 RDF 部分，以便允许读者解释和理解 CIM RDF/XML。

3. RDF 模式

虽然 RDF 提供了一种表达关于资源之间关系的简单陈述的方法，但它没有定义这些陈述的词汇表。RDF 词汇描述语言，称为 RDF 模式（RDFS），为用户提供了一种描述特定种类资源或类的方法。RDFS 不为特定应用程序的类（如 lib：book.sequel 或 lib：book.sequelTo）或属性（如 lib：book.title 和 lib：book.author）提供词汇表。相反，RDFS 允许用户自己描述这些类和属性，并指出它们何时应该一起使用。比如，他们可能声明属性 lib：book.title 将用于描述 lib：book，或者 lib：book.sequel 是 lib：book 的一个元素并且应该指明对另一个 lib：book 条目的引用。

本质上，RDFS 为 RDF 提供了一个类型系统。RDF Schema 类型系统类似于 Java、.NET 和 C＋＋等面向对象的编程语言。RDF Schema 允许将资源定义为一个或多个类的实例，并允许将这些类组织成层次结构。

对于前面的例子，RDF Schema 将包含描述图书馆和书籍类的条目以及书籍中的属性 library、sequel 和 sequelTo。

```
<rdfs:Class rdf:ID="library>
    <rdfs:label xml:lang="en">library</rdfs:label>
    <rdfs:comment>The library catalogue</rdfs:comment>
</rdfs:Class>


<rdfs:Class rdf:ID="_book>
    <rdfs:label xml:lang="en">book</rdfs:label>
    <rdfs:comment>A book contained within a library</rdfs:comment>
</rdfs:Class>


<rdf:Property rdf:ID="_book.library">
    <rdfs:label xml:lang="en">library</rdfs:label>
    <rdfs:comment>The library the book is in</rdfs:comment>
    <rdfs:domain rdf:resource="#_book"/>
    <rdfs:range rdf:resource="#_library"/>
</rdf:Property>
<rdf:Property rdf:ID="_sequel">
    <rdfs:label xml:lang="en">sequel</rdfs:label>
    <rdfs:comment>Indicates that the book has a sequel that is also within
the library</rdfs:comment>
    <rdfs:domain rdf:resource="#_book"/>
    <rdfs:range rdf:resource="#_book"/>
</rdf:Property>


<rdf:Property rdf:ID="_sequelTo">
    <rdfs:label xml:lang="en">sequelTo</rdfs:label>
    <rdfs:comment>Indicates that the book is the sequel to another book also
within the library</rdfs:comment>
    <rdfs:domain rdf:resource="#_book"/>
    <rdfs:range rdf:resource="#_book"/>
```

</rdf:Property＞这里定义了 book 类和 library 类，然后定义了 library、sequel 和

sequelTo 这 3 个属性。这些属性中的每一个都有其引用书籍类的域（属性所在的类），对于 library 属性，范围（属性指向的元素类）是_library 类，而 sequel 和 sequelTo 属性有一个_book 的范围。

如果图书馆模式得到扩展，不仅仅只包含 book 元素，那么小说可以用一个单独的小说元素来区分。当在 UML 中建模时，它将是现有 book 类的一个简单子类。这可以在 RDF Schema 中表示为：

```
<rdfs:Class rdf:ID="_novel>
    <rdfs:label xml:lang="en">novel</rdfs:label>
    <rdfs:comment>A fictional book</rdfs:comment>
    <rdfs:subClassOf rdf:resource="#_book"/>
</rdfs:Class>
```

RDF 与 RDF Schema 相结合，通过指定类和属性之间的基本关系，提供了一种将基本类层次结构表示为 XML 模式的机制。这允许将一组对象用定义的 RDF 模式表示，该模式可以保留其关系和类层次结构。

RDF 和 XML 提供了一种表达 UML 的方法，其语法表示有助于使用模型定义接口、定义数据定义语言（DDL）进行数据库设计或对业务逻辑进行编程。

3.6 建模工具简介

IEC CIM/61850 模型是基于 Sparx Systems 公司的 Enterprise Architect 产品设计的。整个/61850 UML 模型作为一个 Enterprise Architect 项目文件存在，且使用该工具来查看，其中包括各个类图及类、属性、类型和关系的描述。以这种方式查看 CIM 提供了一个图形化导航界面，它允许通过点击方式在各包的类图中浏览所有的 CIM 规范数据。此外，Sparx Systems 还提供了一个免费的浏览器，可以查看 CIM 模型文件。

理想的情况是，CIM 信息模型独立于任何特定的 UML 工具，但实际上，不同工具间的交互往往存在兼容性问题。在工具的互操作性被证明有效之前，未来对 CIM 规范的改变并由此产生本标准的新版本，将首先并入到 Enterprise Architect 项目中，以保证 CIM 模型数据的源头唯一。

第4章

IEC CIM 模型

信息模型（Information Model）主要由对象、对象间的逻辑关系和场景构成，对象之间的关系可以通过属性的形式表现。可以认为信息模型提供了必要的通用语言来描述对象的特性和能力，任何智能配电网的实体和业务均可由三者按照一定的方式组合建模。考虑到不同领域专业知识不同、不同对象间性质区别较大，以及模型应用中根据不同业务支撑需要完善拓展，因此公共信息模型构建需要根据不同专业、不同对象进行分组、分包，以及根据业务场景支撑需要明确拓展原则。

4.1 CIM 概述

公共信息模型（Common Information Model，CIM）是一个抽象模型，它描述电力企业的所有主要对象，特别是那些与电力运行有关的对象。通过提供一种用对象类和属性及它们之间的关系来表示电力系统资源的标准方法，CIM 方便了实现多个独立开发的完整能量管理系统之间的集成，以及能量管理系统和其他涉及电力系统运行的不同方面的系统，如发电或配电管理系统之间的集成。由于完整的 CIM 的规模较大，所以将包含在 CIM 中的对象类分成了几个逻辑包，每个逻辑包代表整个电力系统模型的某个应用范围，这些包的集合共同组成了 CIM 标准。

智能配电网信息模型主要由 IEC 61970－301、IEC 61968－11 及 IEC 62325－301 组成。CIM 用面向对象的建模技术定义，使用统一建模语言（UML）作为表达方法，将 CIM 定义成一组逻辑包：IEC 61970－301 主要定义了面向能源管理系统应用支撑的包，IEC 61968－11 定义了面向配电网管理应用支撑的包，IEC 62325 定义了面向电力市场和市场管理应用支撑。CIM 中的每一个包包含一个或多个类图，首先用图形方式展示该包中的所有类及它们的关系，然后根据类的属性及与其他类的关系，用文字形式定义各个类。类之间的关系揭示了它们相互之间是怎样构造的。CIM 主要包结构如图 4－1 所示。

CIM 划分为一组包。包是一种将相关模型元件分组的通用方法。包的选择是为了使模型更易于设计、理解与查看。公共信息模型由完整的一组包组成。实体可以具有越过许多包边界的关联。每一个应用将使用多个包中所表示的信息。

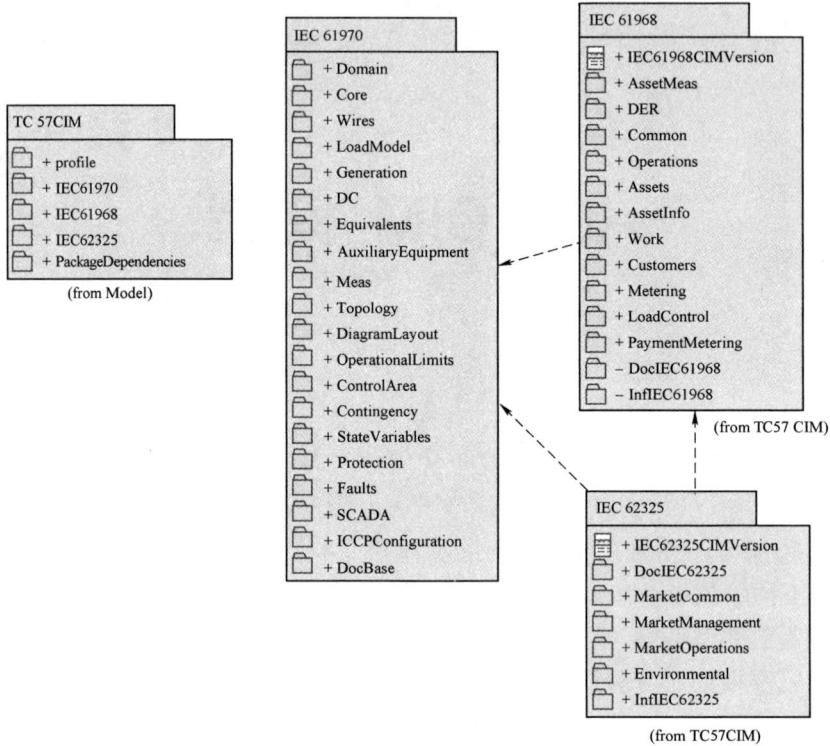

图4-1 CIM 主要包结构

为了方便管理和维护，整个 CIM 划分为若干组包。IEC 61970 包不依赖于其他的任何包。工作组包的依赖性示例如图 4-2 所示，IEC 61970 包及其子包作为核心或其他CIM 包的基础模型。虚线表示依赖关系，箭头由依赖包指向其所依赖的包。IEC 61968包描述了 CIM 的附加部分，这部分 CIM 处理电力企业运行的其他逻辑视图，包括资产、位置、活动、用户、文档、工作管理和计量。IEC 62325 包描述了电力市场。

注意，包的边界并不意味着应用的边界。一个应用可能使用来自几个包的 CIM 实体。CIM 301 部分包图如图 4-3 所示，它展示了 CIM 基本包及它们之间的依赖关系。

配电网信息模型包（TC57CIM 包）主要包括以下内容。

（1）IEC 61970-301（基本 CIM，定义典型 EMS 和 DMS 控制中心应用程序所需的数据类型和电力系统资源）：① 核心包（Core）；② 域包（Domain）；③ 发电包（Generation）；④ 发电动态包（Generation Dynamics）；⑤ 负荷模型包（Load Model）；⑥ 量测包（Meas）；⑦ 停电包（Outage）；⑧ 生产包（Production）；⑨ 保护包（Protection）；⑩ 拓扑包（Topology）；⑪ 电线包（Wires）。

（2）IEC 61968-11（扩展 CIM，扩展了 IEC 61970 的核心 CIM 包，面向配电网管理拓展包）：① 公共包（Common）；② 操作包（Operations）；③ 资产包（Assets）；④ 工作包（Work）；⑤ 客户包（Customers）；⑥ 计量包（Metering）；⑦ 负荷控制（Load Control）；⑧ 计费包（Payment Metering）。

（3）IEC 62325-301（面向电力市场的信息模型）：① 环境（Environmental）；② 电力市场（Market Management）。

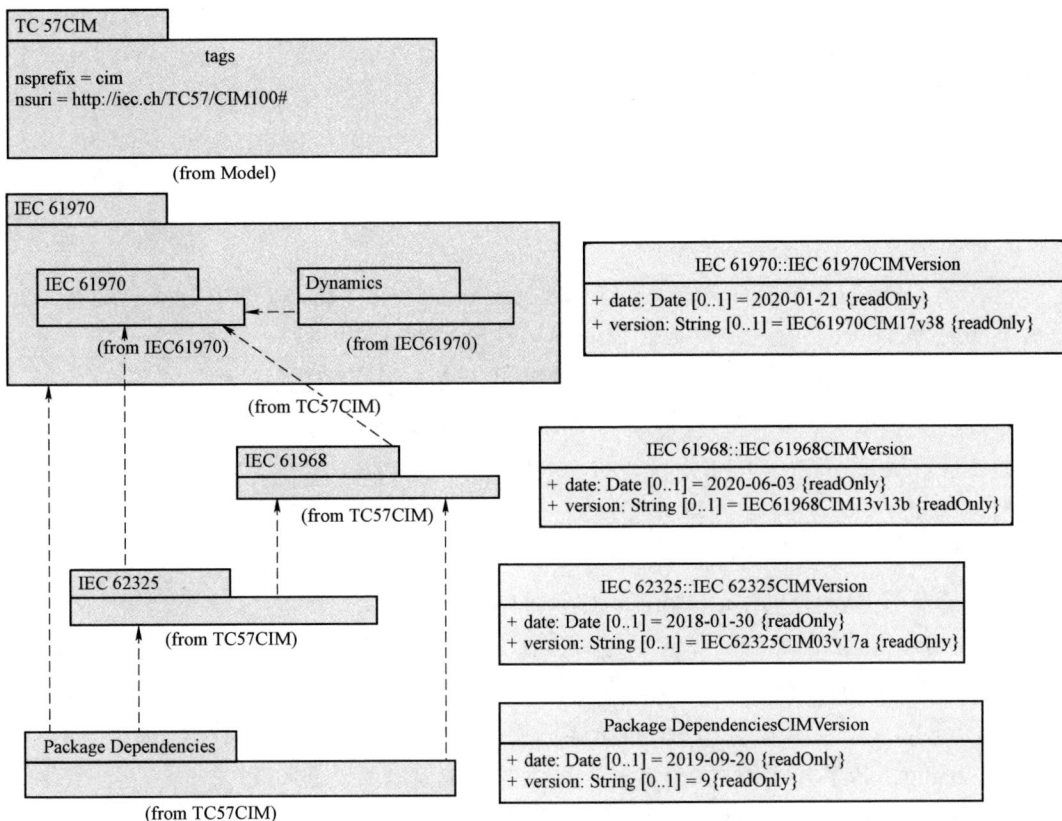

图 4 - 2　工作组包的依赖性示例

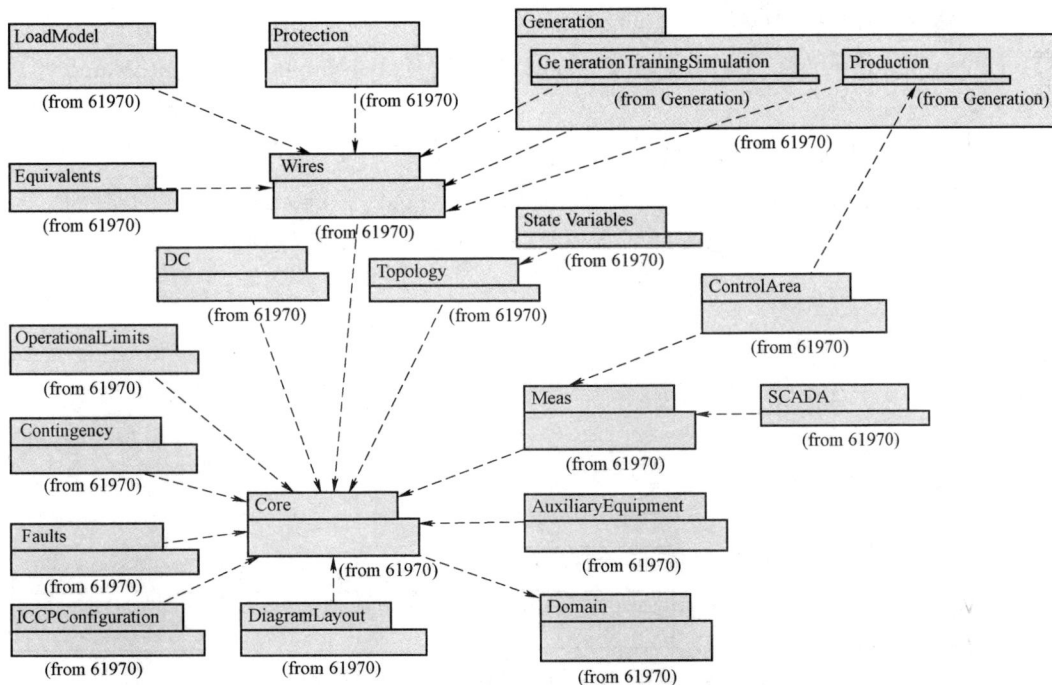

图 4 - 3　CIM 301 部分包图

4.2 CIM 对象结构

4.2.1 公共模型

1. 标识对象类（IdentifiedObject）

包含在 Core 包中的标识对象类（IdentifiedObject）是 CIM 模型中最核心的类，直接被 PowerSystemResource 和很多其他的类所继承的数量就有 290 个左右，其他绝大多数类都是通过多层次继承的方式继承了该类。该类具有可用于所有 CIM 对象命名的属性和关联。IdentifiedObject 的 mRID 属性为 CIM 对象提供了一个直接和严格的标识。标识对象类的基本属性如图 4-4 所示。

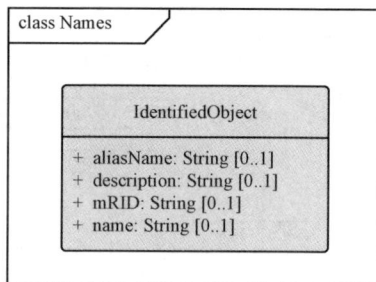

以下是命名 PowerSystemResource 对象时如何使用 IdentifiedObject 属性的定义和规则（更多详情可参阅第 6 章中 IdentifiedObject 及其属性的文档）。

图 4-4 标识对象类的基本属性

（1）mRID（主资源 ID）：一个对象实例的全局唯一机器可读标识符。

（2）name（名字）：给对象命名的人可读并可能是非唯一的任意文字。

（3）aliasName：这个属性已经逐渐废弃，通过名称（Name）类提供了一个更好的选择。aliasName 是对象的自由可读名称，可代替 IdentifiedObject.name。它可能是不唯一的，也可能与命名层次结构无关。aliasName 这个属性之所以保留，是因为 CIM 各发布版间的向后兼容性问题。不过，建议用 Name 类来代替 aliasName，因为 aliasName 计划在未来某个时间停用。

2. 名字类型类（NameType）

名字类型类（NameType）提出一个为对象指定可选名字的灵活可扩展的命名模型，其命名规则如图 4-5 所示，它显示了名字类图以及它们是如何与具体用户定义的名字类

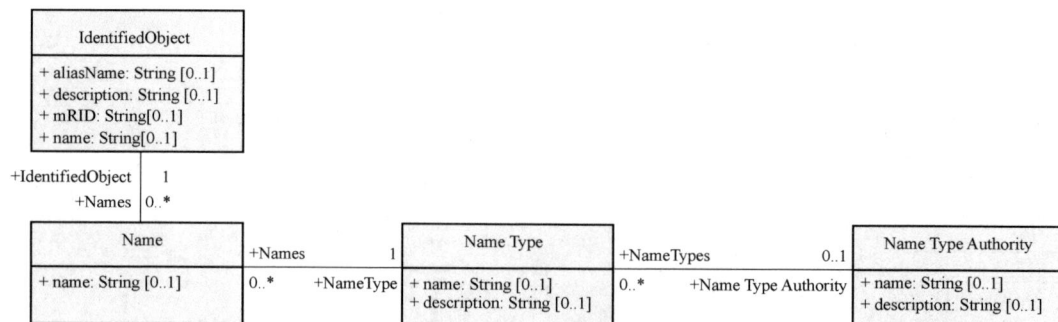

图 4-5 名字类型（NameType）的命名规则

型相关的。这个模型允许在一个特定领域内有专门的名称定义，并且不强制特定的命名规则。别名、路径名和本地名的概念都可以纳入这个模型。CIM 模型不强制或推广具体的命名规则，但允许这样的命名规则在一个明确的上下文中进行交换。

名字类型的不同命名规则见表 4－1。其中名字代表 name 的属性值；描述代表名字类型的作用。

表 4－1　　　　　　　　　　名字类型的不同命名规则

名字	描述
ICCP	为 ICCP（TASE－2）名字而保留； 用于为 MeasurementValue 类描述 ICCP 点名称，为 MeasurementValueSource 类描述 ICCP 源名称

注：表 4－1 不是一个可用于 NameType[2] 类中 name 属性取值的详尽列表。

3. 人员及其角色管理

对人员进行建模主要包含人员类（Person）和人员角色类（PersonRole）两个类。人员的多重角色模型如图 4－6 所示，它描述了人员及其角色之间的关系，以及这两个类的用途。

（1）人员模型类（Person）：描述人员姓名、其他联系人等通用信息。

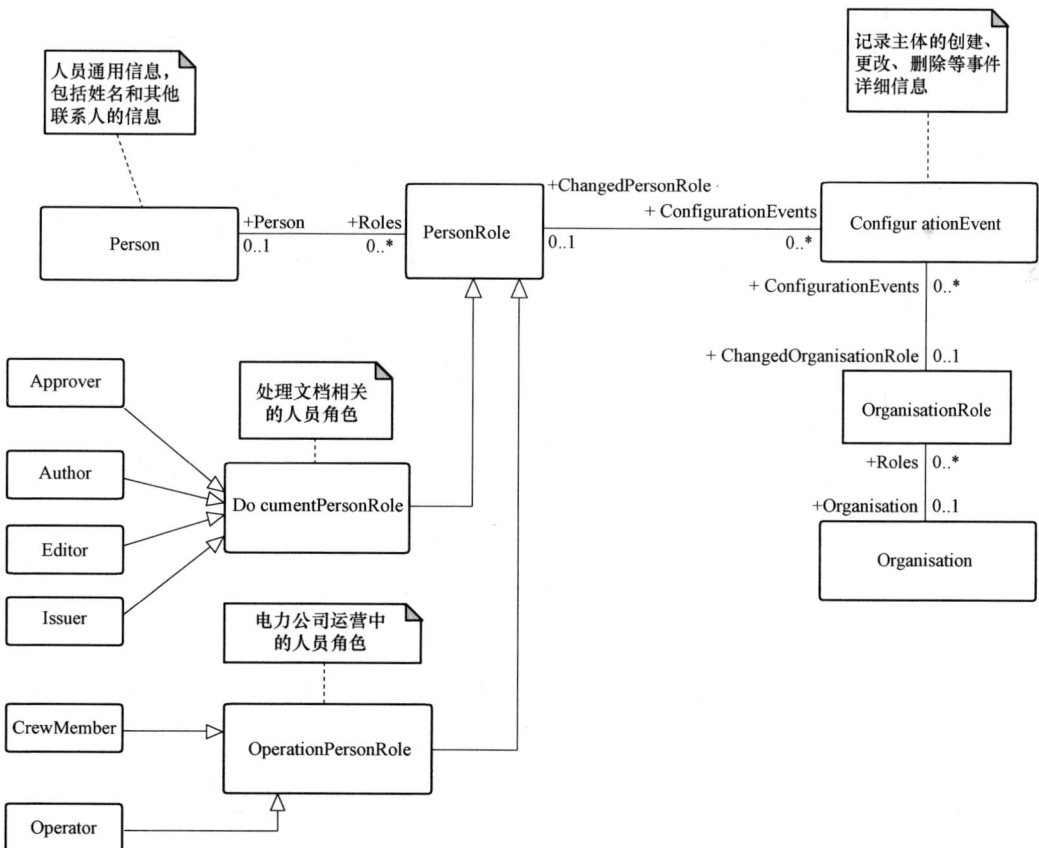

图 4－6　人员的多重角色模型

（2）人员角色类（PersonRole）：与人员相关联，定义了人员角色。

在信息模型建模过程中，一个人员可以具有多个人员角色，而每个人员角色都可以形成业务实体。采用信息模型构建方法，在不同业务应用场景下构建多种人员及角色业务实体。比如，面向文件管理的角色（DocumentPersonRole）有审批人员、编辑、作者、发布人员等；面向运营管理的角色（OperationPersonRole）有班组人员、操作控制人员等。

图 4-6 中将人员角色显示为各种常见的角色类型，根据文件管理业务需求定义了文件相关人员角色，根据企业运营管理业务需求定义了公司运营人员角色。人员角色与组织角色可以通过增删改的配置事件产生关联关系。

4. 组织及其角色管理

对组织进行建模主要包含组织类（Organisation）和组织角色类（OgranisationRole）两类。组织的多重角色模型如图 4-7 所示，描述了组织其角色之间的关系，以及这两个类的用途。组织类描述了人员姓名和其他联系人等信息的通用类；组织角色类为参与组织的公共企业单位，如客户、供应商等。

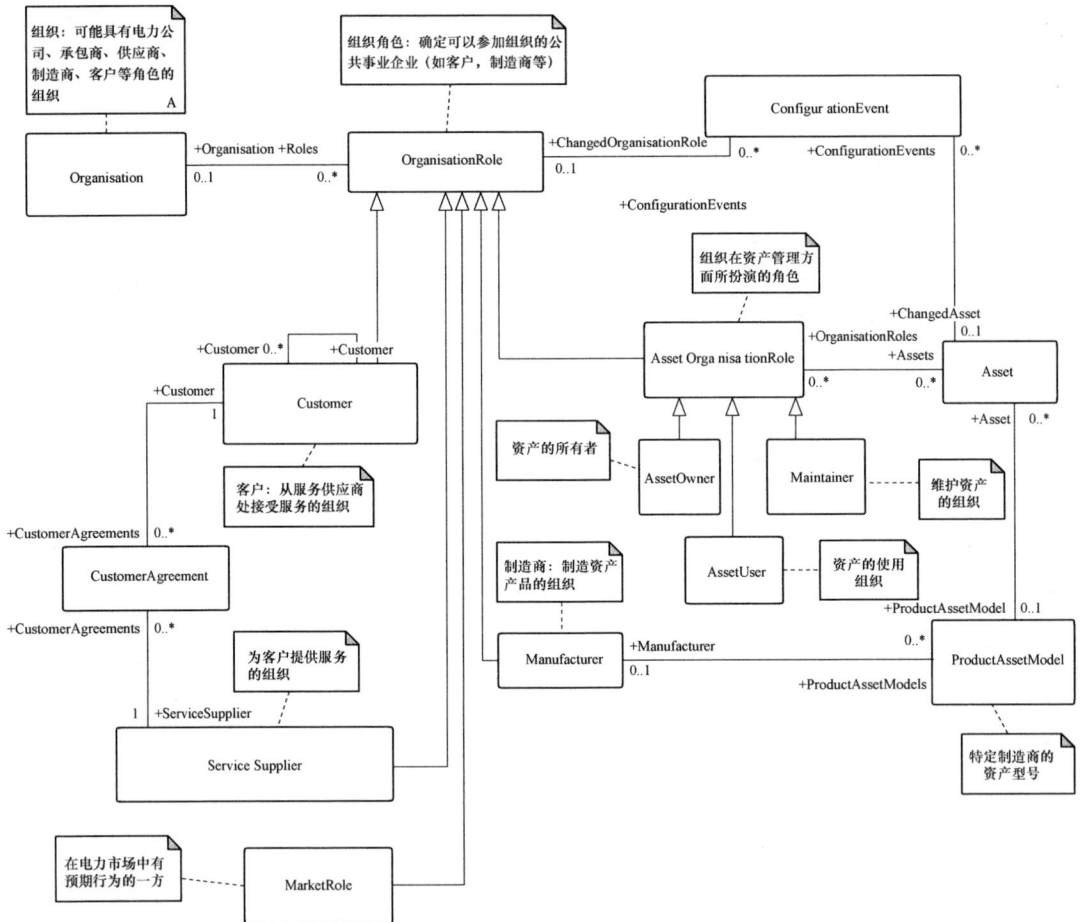

图 4-7 组织的多重角色模型

采用信息模型方法构建的组织及其角色业务实体，可以适用于许多不同的业务场景中。比如，可以扮演通过终端设备接受服务提供商提供服务的客户角色（Customer）、服务提供者角色（ServiceSupplier）；一个产品资产运维和管理的供应商角色（Manufacturer）、资产所有者角色（AssetOwner）。在信息模型建模过程中，一个组织可以具有多个业务角色，而每个组织角色都可以通过引用一个组织形成业务实体。

在图 4-7 中，将组织角色显示为各种常见的角色类型。各类型的角色根据特定的属性需求或特定领域需求被引用和定义，如供应商（Manufacturer），这个角色适应于特定的产品资产模型（ProductAssetModel），并不适用于一般的资产模型类，因此构建与产品资产模型（ProductAssetModel）具有专业关联的特定的供应商（Manufacturer）角色，而资产有其他特定的关联角色（如资产所有者 AssetOwner）。

5. 文档及其应用

对文档进行建模主要包含文档类（Document）。文档是一组信息的汇集，通常作为业务流程的一部分进行管理。文档类模型概览如图 4-8 所示。Document 通常作为父类使用，用于收集和管理业务流程各环节的信息，该类经常包含了对其他对象类的引用，如资产类、人员类、电力系统资源类等。

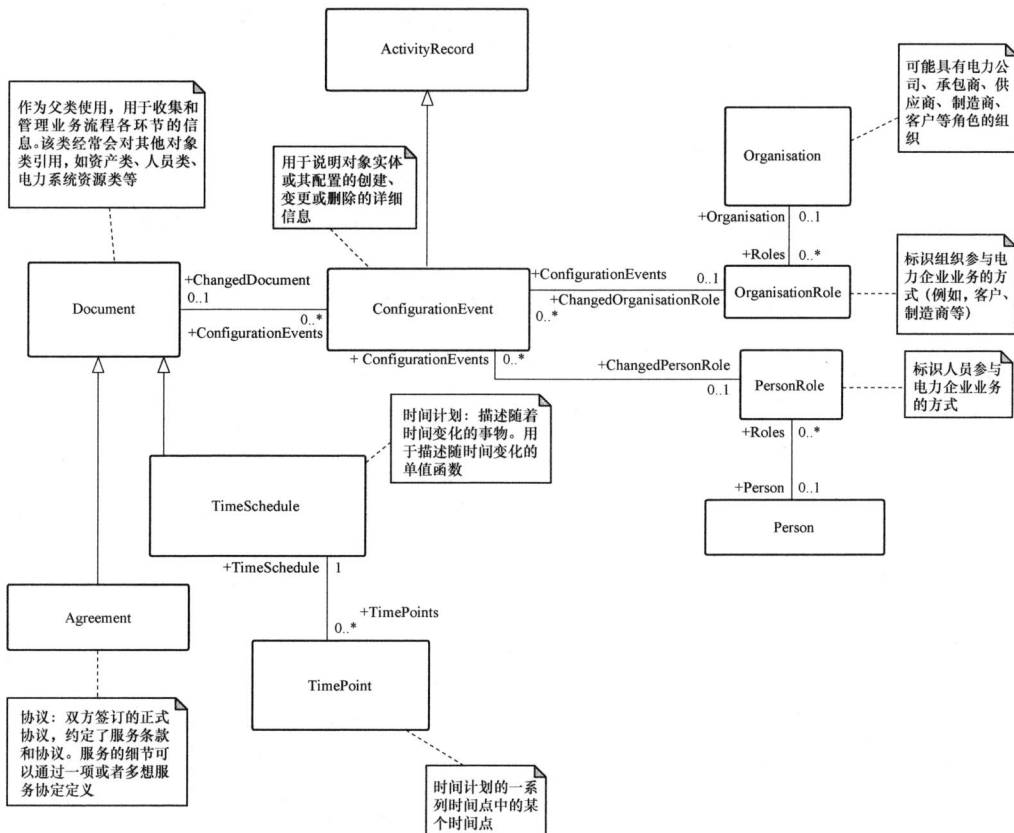

图 4-8　文档类模型概览

采用信息模型构建方法，在不同业务应用场景下构建多种文档业务实体。比如，文档类可以与根据业务场景，应用于客户管理文档（客户账户、客户账单等）、电力市场管理文档（电力市场业务流程电子文档、市场因素信息、市场技能信息、市场声明信息等）、电网操作处理（电网事件、故障/计划停电信息等）；文档类衍生协议类文档，客户协议、辅助协议等；时间表类等。

图4-8中，将文档根据业务场景不同，定义为各种常见的文档类型。各类型的文档根据特定的属性需求或特定领域需求对文档类引用，并进行继承延伸定义。人员、组织的角色通过相关对象配置事件，实现与文档建立关联关系。

6. 活动记录

对活动和事件进行建模主要包含活动记录类。

活动记录类（ActivityRecord）主要是用来记录实体对象的活动信息，其模型概览如图4-9所示。活动可以用于已经发生的事件或计划的活动范围。

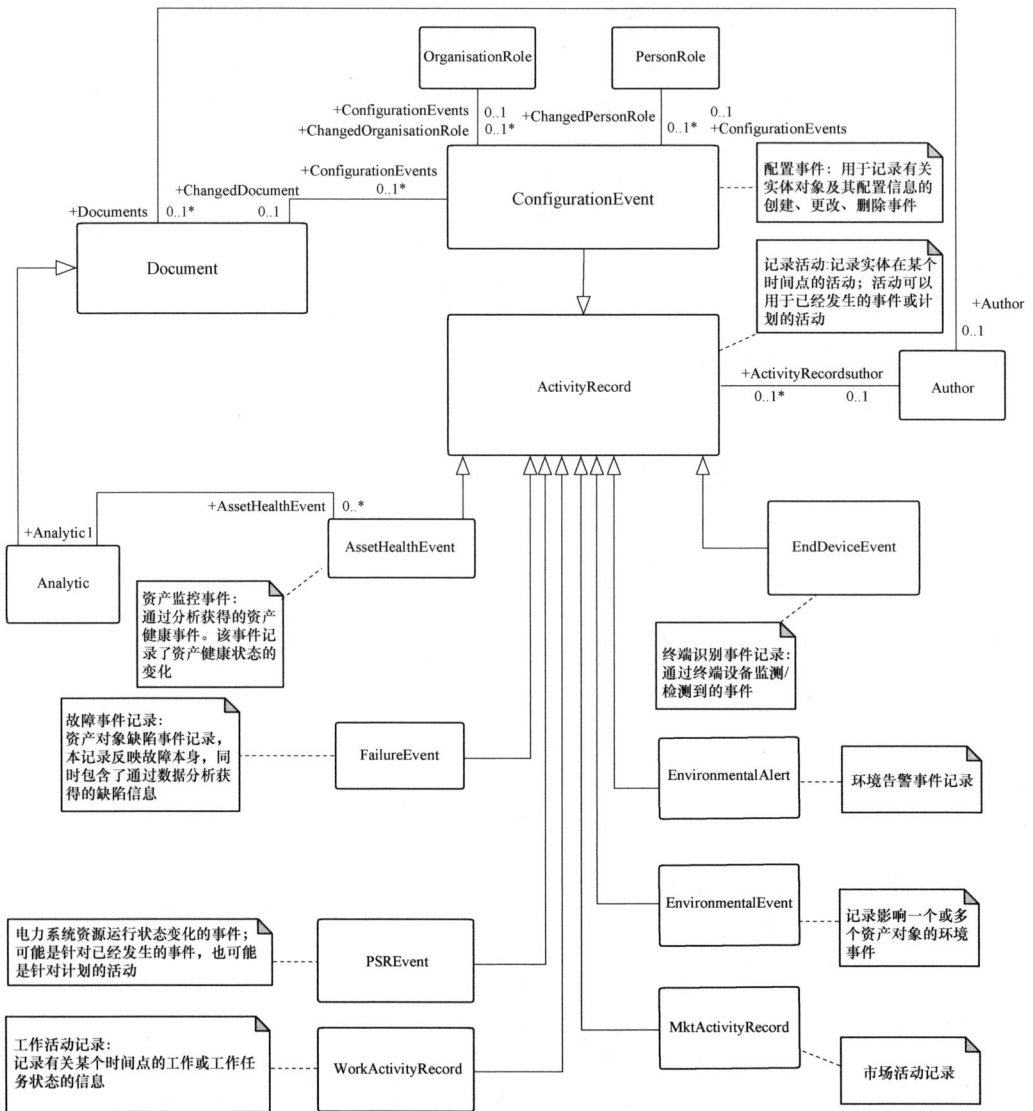

图4-9 活动记录类模型概览

采用信息模型构建方法，在不同业务应用场景下，由各种实体对象事件形成多场景的活动记录，构建多种活动记录业务实体。比如，用于记录有关实体对象及其配置信息的创建、更改、删除事件的配置记录；通过分析获得的资产健康事件，该事件记录了资产健康状态的变化的资产监控事件；记录资产对象缺陷事件以及通过数据分析获得的缺陷信息的故障事件，记录通过分析获得的资产健康状态情况；记录终端设备监测/检测到的事件信息；记录环境告警事件和影响资产对象的环境事件信息；记录市场活动信息；记录电力系统资源运行状态变化活动；记录工作及工作任务状态信息。

图 4-9 中，将活动记录显示为各种常见的记录类型。各业务场景的活动根据特定的属性需求或特定领域需求被引用和定义。活动记录基于资产对象，通过作者对象记录各业务场景中的活动记录。

7. 环境模型

对环境进行建模主要包含环境预测、环境监测、环境测量、环境现象及环境告警5 类。

（1）环境预测类（Forecast）：描述了预测的现象的环境信息，以及预测的有效时间。

（2）环境监测类（Observation）：描述监测的现象的环境信息。

（3）环境测量类（EnvironmentalStringMeasurement）：描述和环境信息相关联的量测信息。

（4）环境现象类（EnvironmentalPhenomenon）：描述在特定的时间点或者时间区间间隔，实际发生或者预计发生的环境现象。

（5）环境告警类（EnvironmentalAlert）：描述通过人员分析或者系统监测到的环境告警信息。

以环境描述的信息模型中的环境监测类（Observation）、环境预测类（Forecast）、环境告警类（EnvironmentalAlert）、环境事件类（EnvironmentalEvent）作为基础类，延伸构建其他描述环境信息模型，如图 4-10 所示。将环境模型根据描述角度和业务场景不同，定义各个环境相关模型类之间的关系。环境预测和环境监测是环境信息模型面向不同业务场景的实例化应用；环境事件信息可以与环境监测建立关联关系；环境告警信息可以与环境数据提供者建立关联关系。

4.2.2　电网运行业务 CIM

1. 设备容器模型

设备容器模型概览如图 4-11 所示。该图描述了 CIM 中从层次结构上建立设备容器（EquipmentContainer）模型的概念。

设备容器描述了一种组织和命名设备的方法，典型的如变电站、馈线。正如可以看到的那样，容器为 CIM 的特定应用提供了一些灵活性，以便适应不同的国际惯例以及典型的如输电变电站和配电变电站之间的差异。Bay、VoltageLevel、Substation、Line、Feeder 和 Plant 都是 EquipmentContainers 的类型。一般情况下，Bay 包含在一个特定的VoltageLevel 中，进而又被包含在 Substation 中。Substations 和 Lines、Feeders 可能包含在 SubGeographicRegions 和 GeographicRegions 中。

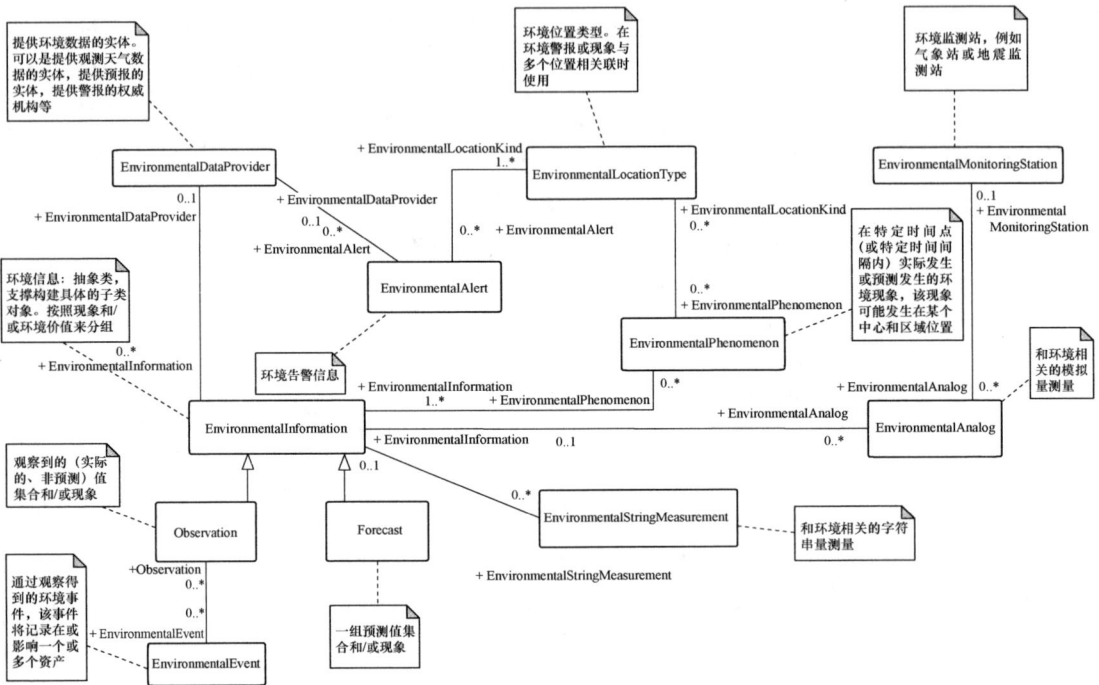

图 4－10　环境模型概览

2. 设备模型

对设备进行建模主要包含设备类（Equipment）和导电设备类（ConductingEquipment）两类，两者均为电力系统的组成部分。设备容器模型概览如图 4－12 所示，该图描述了电网设备信息化建模涉及的主要类。

（1）设备类（Equipment）：电子的或机械的物理设备。

（2）导电设备类（ConductingEquipment）：为输送电流或与导电连接相关而设计的。

设备模型用于描述电力系统电子元件的物理设备。采用信息模型方法构建的设备模型的业务实体，适用于电网描述。比如，根据设备特性，根据承载电流或通过端子导电连接的部件设备特性，构建导电设备模型（ConductingEquipment），形成开关模型（Switch）、变压器模型（PowerTransformer）等；根据开关位置的组合关系，构建组合开关模型（CompositeSwitch），并与开关模型产生聚合关系；构建变压器箱模型，并与变压器产生关联关系。

变压器类（PowerTransformer）、开关类（Switch）是 Equipment 的特殊类，继承了设备类的属性，并根据设备特性构建业务实体模型。变压器模型如图 4－13 所示。

一个 PowerTransformer 本身现在是一个可能有多个端点的 ConductingEquipment，以更加直接地建模有 1、2、3 个或者更多端点的变压器。作为典型的 ConductingEquipment，当它运行时，PowerTransformer 将电能从它的一个端点传输到另一个端点。

设备容器是用于提
供设备包含关系的
根类

+ EquipmentContainer　　　　　　　　　+ Equipments
0..1　　　　　　　　　　　　　　　　　　0..*

EquipmentContainer　　　　　　　　　　　　　Equipment

+ AdditionalGroupedEquipment
0..*　　　　　　　　　　　　　　　　　　0..*

+ AdditionalEquipmentContainer

Line　　　　　　线路是变电站外输
电传输线路

+ NamingFeeder

+ NormalEnergizedFeeder　　　Feeder　　　　　　馈线是为组织管理
0..*　　　　　　　　　　　　　　0..1　　　　　目的建立的设备
　　　　　　　　　　　　　　　　　　　　　　集合，用于配电
0..*　　　　　　　　　　　　　　　　　　　　资源
+ NormalEnergizingFeeder

+ NormalEnergizedSubstation　　　　　　　　站所是一组设
　　　　　　　　　　　　　　　　　　　　　备的集合，其目
+ NormalEnergizingSubstation　　　　　　　　的不是发电或用
0..1　　　　　0..*　　　　　　　　　　　　电，而是为了变
　　　　　　　Substation　　　　　　　　　换或修改电能特
0..1　　　　　　　　　　　　　　　　　　　性，让大量电能
+ Substation　　　　　　　　　　　　　　　通过它
　　　　　　　1
　　　　　　　+ Substation　　+ NamingSecondarySubstation

0..*
+ VoltageLevels
　　　　　　　VoltageLevels　　0..*　　+ BaseVoltage
　　　　　　　　　　　　　+ VoltageLevel　　　　Base Voltage
+ Substation　　　　　　　　　+0..1　　　VoltageLevel　1

　　　　　　　　　　　　　　　　　　　　在同一个电压下的设
　　　　　　　　　　　　　　　　　　　　备集合。设备一般包
　　　　　　　0..*　　　　　　　　　　括断路器、母线段、
　　　　　　　+ Bays　　　　　　　　　控制、调节和保护设
0..*　　　　　　　　　　　　　　　　备以及所有这些的组
+ Bays　　　　　Bay　　　　　　　　　合

在给定站所站内一组电
力系统资源，包括导电
设备、保护继电器、测
量装置和遥测装置。间
隔通常表示与设备模块
化相关的物理分组

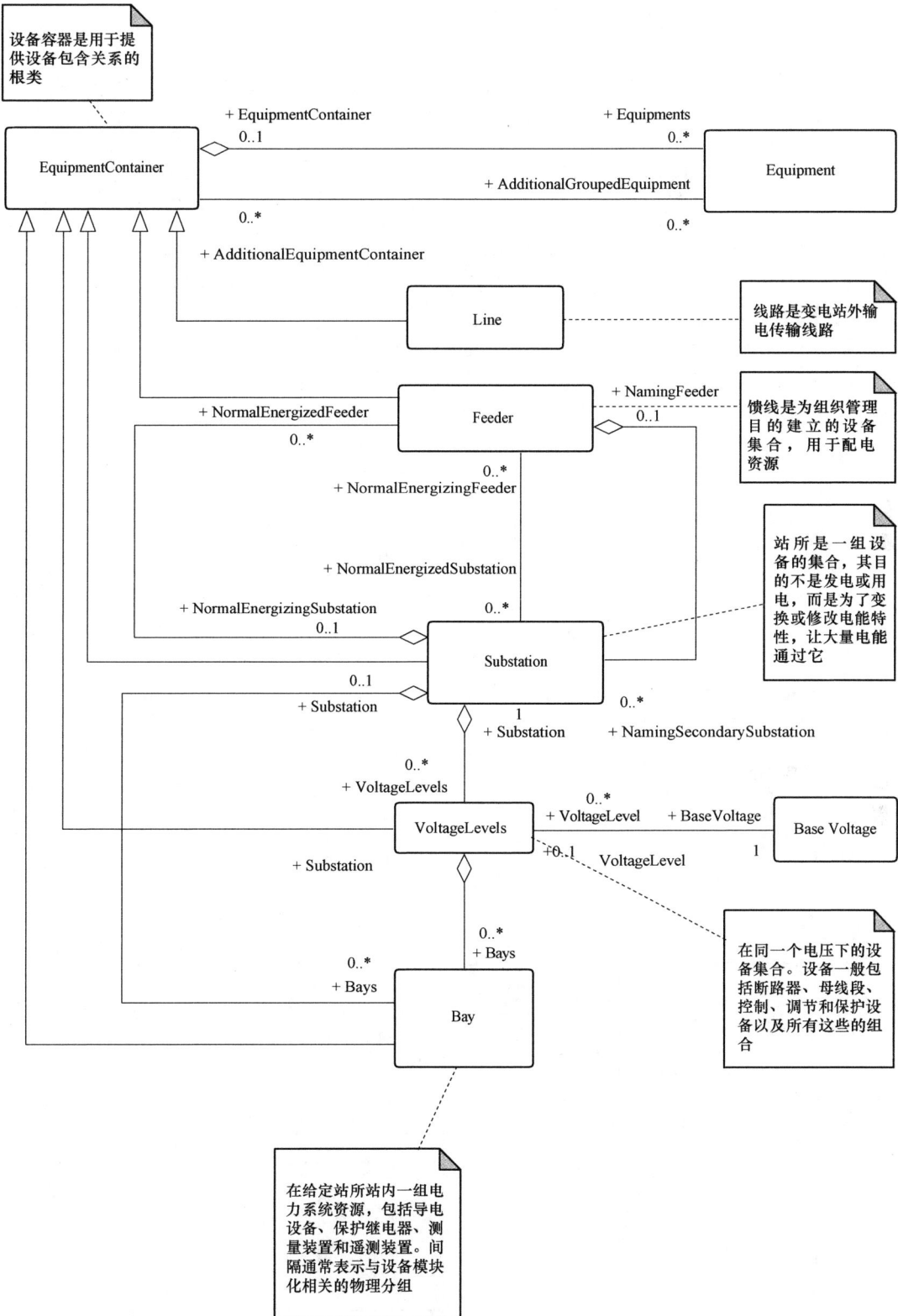

图 4-11　设备容器模型概览

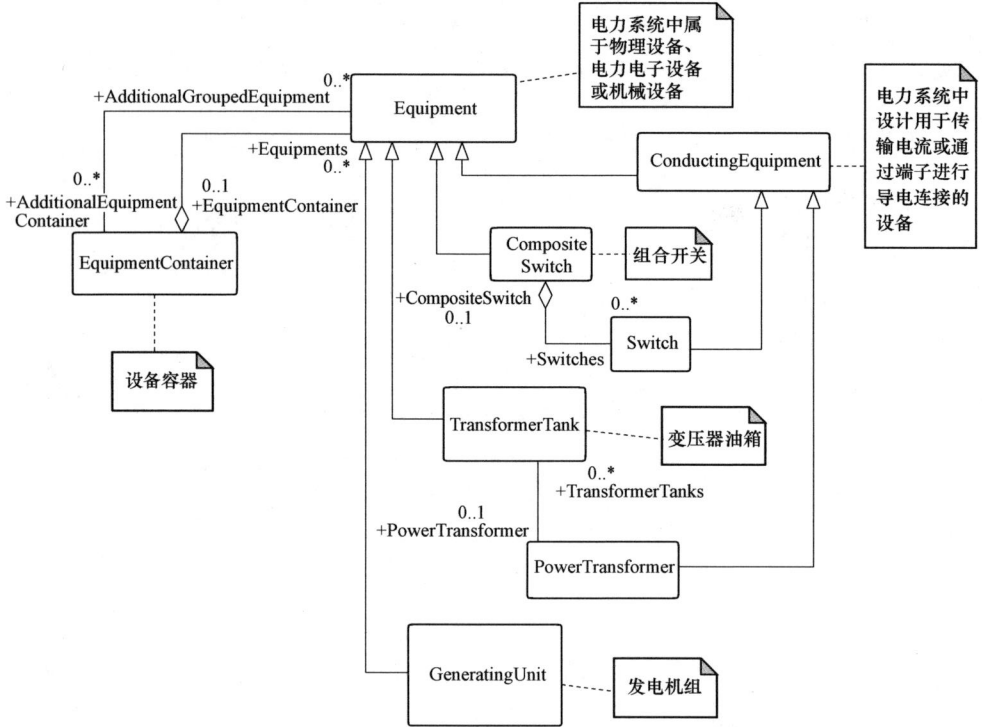

图 4-12　设备容器模型概览

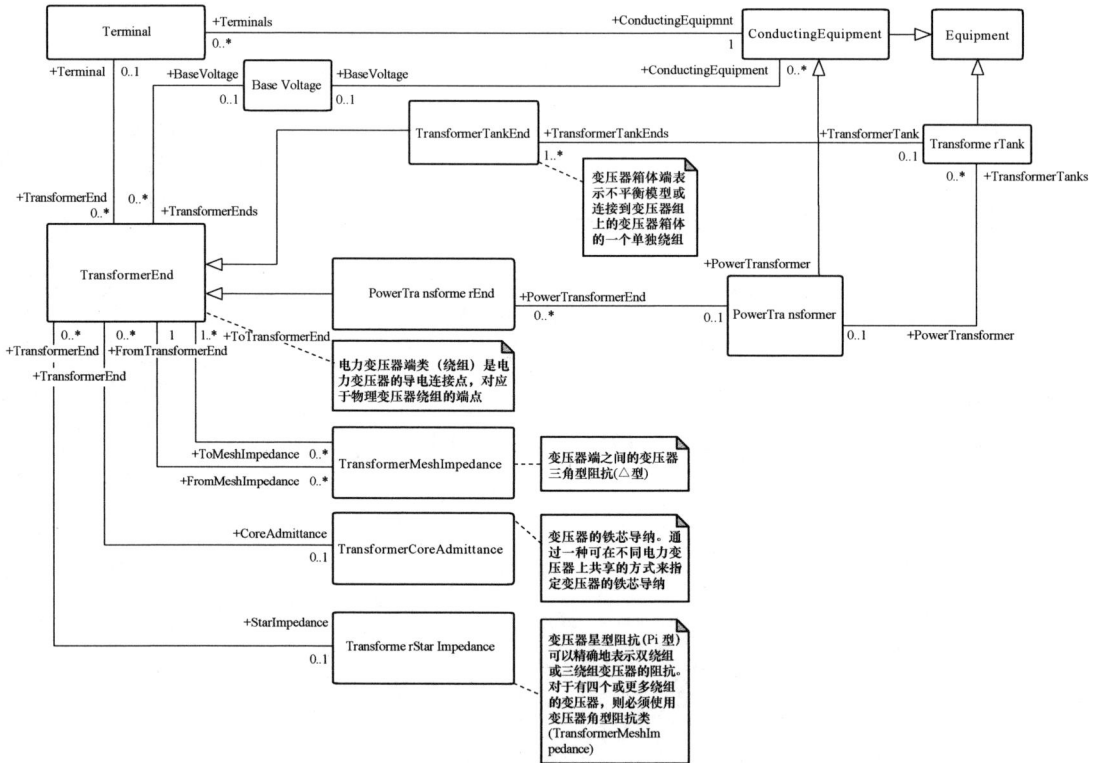

图 4-13　变压器模型

　　变压器与油箱模型如图 4-14 所示，PowerTransformer 也可以根据需要对变压器箱体细节进行建模，用于详细描述变压器内部绕组的相别连接和不平衡。在任何情况下，一个 PowerTransformer 建模了在同一物理位置上的一组物理设备，它们共同实现端点之间的电能变换。对于输电系统，3 个物理单相设备通常通过 1 个 PowerTransformer 实例来表示。若需描述单个单相设备的细节，应对 TransformerTank 对象进行额外建模。

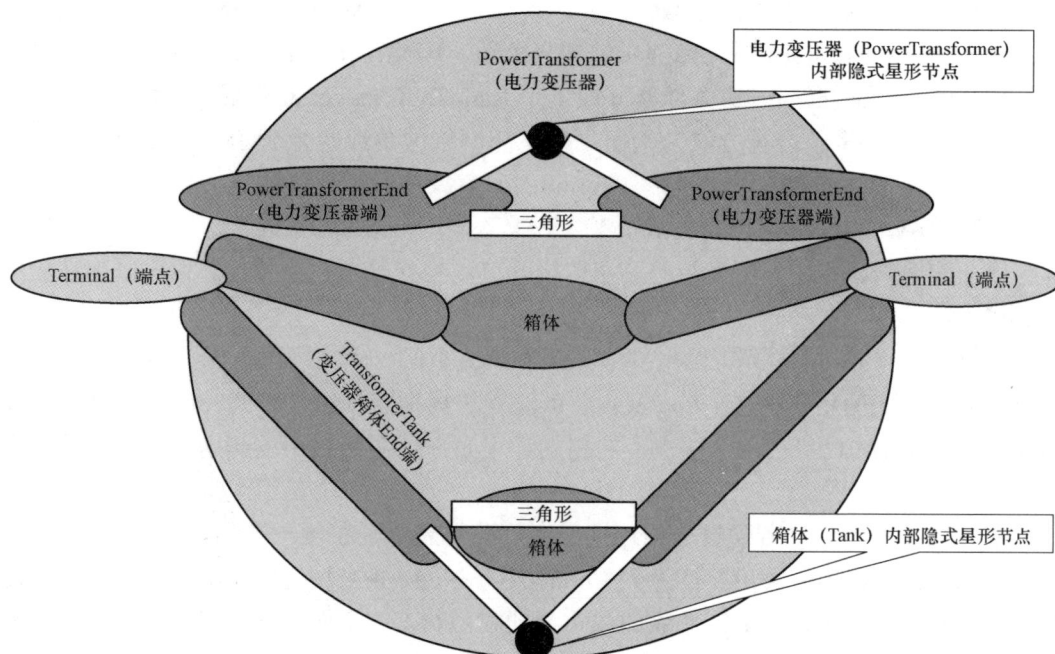

图 4-14　变压器与油箱模型

　　通过使用可选的类 TransformerMeshImpedance，PowerTransformer 与 TransformerTank 在隐含中心连接的星形连接或是三角形连接下都可以有阻抗描述。三角形连接的阻抗是用来对超过 3 个端点的变压器进行精确建模。如果使用三角形连接阻抗形式，可以为每个可能的端点到端点的连接指定一个类 TransformerMeshImpedance，这样对 2 端点的变压器有 1 个实例，对 3 端点的有 3 个实例，对 4 端点的有 6 个实例，依次类推。如果采用星形连接，阻抗参数可以直接指定为类 PowerTransformerEnd，或者使用类 TransformerStarImpedance 在变压器间共享。

　　PowerTransformer 是 ConductingEquipment 的泛化类，ConductingEquipment 是 Equipment 的泛化类。这是用泛化类型的关系来显示的，它用一个箭头指向泛化类。通过右上角的斜体类名 Equipment 来表示 ConductingEquipment 是 Equipment 的泛化类。继承允许 PowerTransformer 从 ConductingEquipment、Equipment 和所有图中未显示的 Equipment 的泛化关系来继承属性。

　　PowerTransformer 也与 PowerTransformerEnd 和 TransformerTank 有关联关系，这建模为关联类型关系。1 个 PowerTransformer 可以关联 0 个或多个 PowerTransformerEnd，但是 1 个 PowerTransformerEnd 仅关联 0 个或者 1 个 PowerTransformer。同样，1 个

PowerTransformer 可以关联 0 个或多个 TransformerTank 对象，但是 1 个 TransformerTank 仅关联 0 个或者 1 个 PowerTransformer 对象。

PowerTransformerEnd 对 TransformerEnd 进行泛化，TransformerEnd 还有其他的关系：① 与 IdentifiedObject 的泛化关系；② 与 TransformerMeshImpedance 的两个关联关系，因此 1 个 TransformerEnd 对象可以从 0、1 或多个 TransformerMeshImpedance 对象"源自（From"以及到（To）0、1 或多个 TransformerMeshImpedance 对象；③ 与 PhaseTapChanger 和 RatioTapChanger 的聚集关系，因此 1 个 TransformerEnd3 对象可以 0 或 1 个 PhaseTapChanger 对象以及 0 或 1 个 RatioTapChanger 对象与其关联。

CIM 模型提供了一种方法来给出平衡三相网络的单线等效表示或者额外可选地给出分相细节。在分相网络中，端点（Terminal）对象与物理导线的连接直接对应。在平衡三相网络中，用一个端点（Terminal）来表示一组协调的相别连接。通常分相建模主要应用在配电网建模中，而平衡的三相建模既可以用在输电网建模中，也可以用在配电网建模中。

一个端点（Terminal）可以用 Terminal.phases 属性（枚举类型 PhaseCode）来指定一个或多个协调的相别连接。PhaseCode 可能有的相别连接组合形式，包括 ABC、AB、BC、CA、A、B、C 等。每个端点上的相别详述允许了对连接不同相别的跨接线或开关进行建模。

图 4-15 所示为设备通过分相连接示例，该图显示了左侧一个隐含着 A、B、C 三相的 ConnectivityNode 实例。注意到 ConnectivityNode 并未指定它的相别内容，而是隐含连接了与 ConnectivityNode 关联的端点上的相似相。这个例子显示了一个用跨接线模型内部的 SwitchPhase 对象来详细说明相别连接通路的两相跨接线，它将左侧的 A 和 C

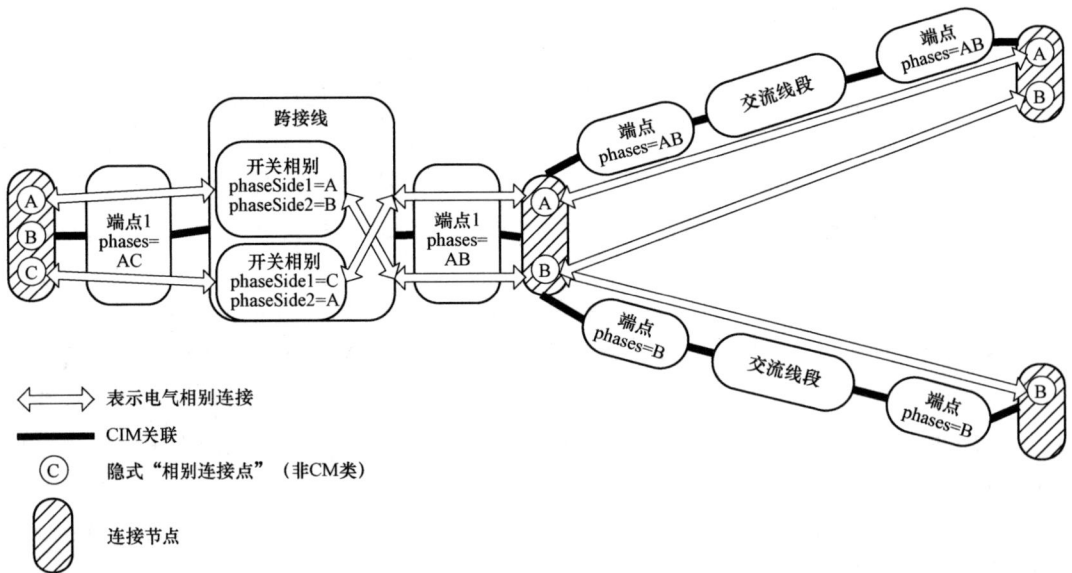

图 4-15 设备通过分相连接示例

相（Terminal.sequenceNumber＝1）连接到右侧的 A 和 B 相（Terminal.sequenceNumber＝2）。Terminal.phases 属性仅指定一个设备的外部连接。再往右连接了两条线段。上面的线段是 A 相与 B 相的双相线路。下面的线段是 B 相的单相线路。深色的线表示 CIM 关联，而浅色的箭头指明在相别这一级上的电气连接。

需要说明的是，命名为 phaseSide1 的 SwitchPhase 属性指定了任何单相（如 A、B、C 或 N）并引用了序列号（sequence Number）为 1 的 Terminal。命名为 phaseSide2 的 SwitchPhase 属性引用了序列号为 2 的 Terminal。

开关模型一般允许设备内的相别交叉连接建模。变压器模型也明确了内部器件的相别连接。与此同时，所有其他泛化的 ConductingEquipment 设备，如 ACLineSegment，在两个端点上都有类似的相别连接。

分相建模设备概览如图 4-16 所示，其中的开关类（Switch）、并联补偿器类（ShuntCompensator）、电力电子连接设备（如光伏逆变器、储能逆变器等）类（PowerElectronicsConnection）、能量消费者类（EnergyConsumer）、能量产生者类（Energy Source）、交流导线类（ACLineSegment）、辅助导线类（WireSegment）都可以根据需要分相建模。

3. 拓扑模型

对电网拓扑进行建模主要包含连接性模型类（Connectivity）和拓扑模型类（TopologicalNode）。连接性是设备如何连接在一起的物理定义，拓扑是设备怎样通过闭合开关连接在一起的逻辑定义。拓扑类与 Terminal 类一起建立连接性模型，拓扑定义与其他的电气特性无关。拓扑模型概览如图 4-17 所示，该图显示了拓扑类图建立不同类型导电设备（ConductingEquipment）之间的连接模型，同时还描述了量测与导电设备相关联的关系。

（1）连接性模型类（Connectivity）：连接节点是交流导电设备的端子以零阻抗连接在一起的点。

（2）拓扑模型类（TopologicalNode）：拓扑节点是一组连接节点，这些节点在当前网络状态下通过任何类型的闭合开关（包括跳线）连接在一起。拓扑节点随着当前网络状态的改变而改变（即断路器等改变状态）。

（3）端点模型（Terminal）：一个导电设备的交流电连接点。终端是连接节点和导电设备物理连接点处的连接。

拓扑模型是为了描述电网设备连接关系的模型，定义了类 Terminal 和 Connectivity。一个 Terminal 属于一个 ConductingEquipment，但 ConductingEquipment 可能有任意数目的 Terminals。每个 Terminal 可以连接于一个 ConnectivityNode，ConnectivityNode 是导电设备的端点通过零阻抗连接在一起的点。一个 ConnectivityNode 可以有任何数目的连接端点，而且可以是一个 TopologicalNode（即母线）的一个成员，而一个 TopologicalNode 又是一个 TopologicalIsland 的成员。TopologicalNode 和 TopologicalIsland 是由拓扑处理结果建立的，拓扑处理是根据"已建立"的拓扑关系和实际的开关位置进行的。

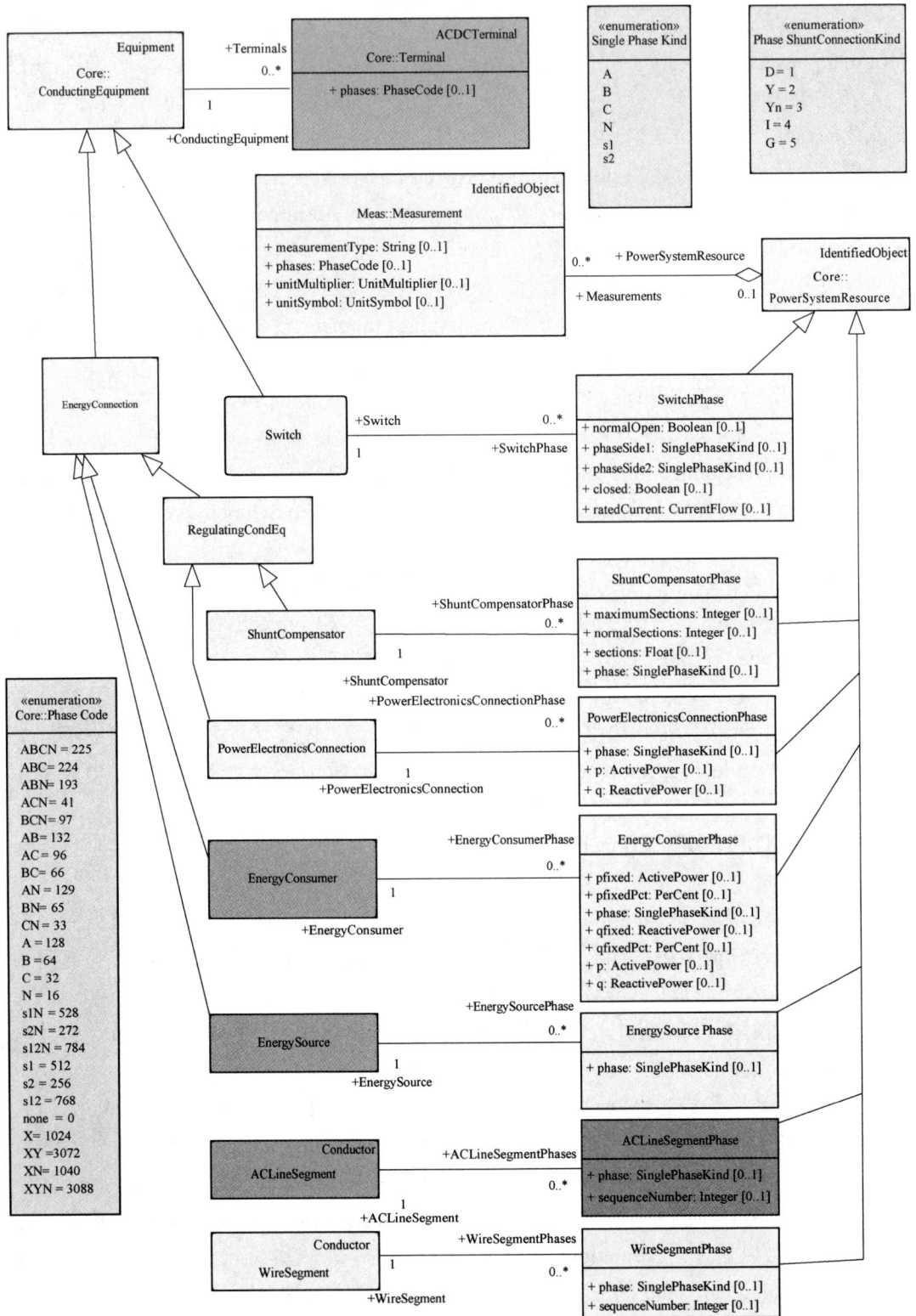

图4-16 分相建模设备概览

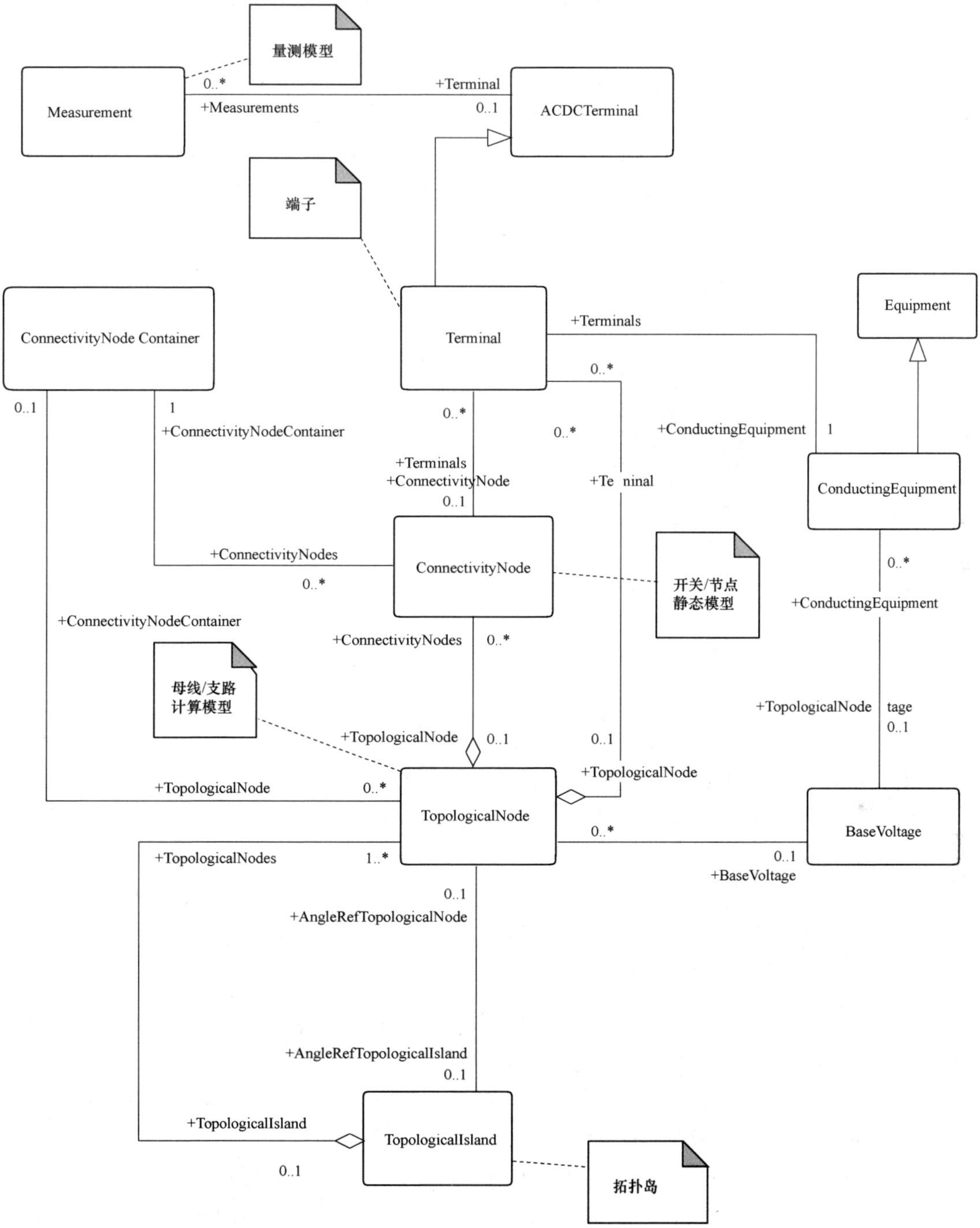

图 4-17　拓扑模型概览

EquipmentContainers 可 以 包 含 0 个 或 多 个 ConnectivityNodes 。 关 联 ConductingEquipment-Terminal 和 Terminal-ConnectivityNode 表达了实际电力系统网络已建立的拓扑关系。对于连接 ConnectivityNode 的每一个 Terminal，它与其他连接同

一个 ConnectivityNode 的 Terminals 之间的关联确定了 ConductingEquipment 对象的电气连接关系。

图 4-18 所示为简单网络示例，该图阐述了连接模型和包容模型是怎样表示成对象的，展示了一条跨越两个变电站的 T 型连接的输电线路，其中一个变电站含有通过变压器连接的两个电压等级。输电线路包括两条不同的电缆。其中一个电压等级有一个母线段，该母线段包含一条单一母线和连接到该母线的两个非常简单的开关间隔设备。

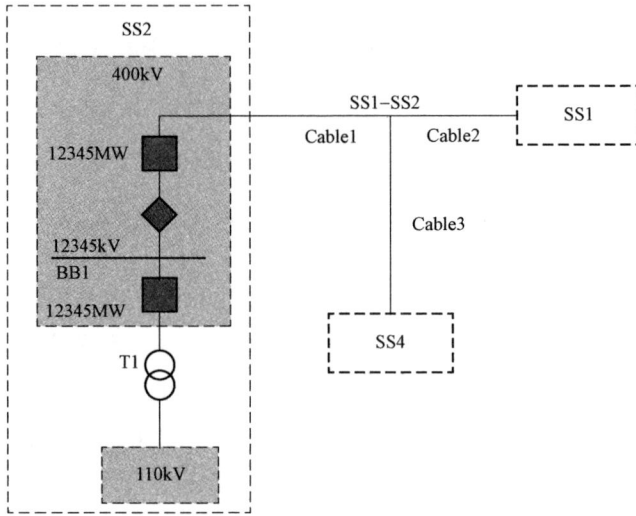

图 4-18　简单网络示例

图 4-18 显示了在 CIM 中怎样建立连接关系模型，图 4-19 所示为基于 CIM 拓扑的简单网络的连接模型，这是建立包容关系模型的方法之一（不是唯一的方法）。阴影框代表 EquipmentContainers，白框代表 ConductingEquipment。深色阴影表示 EquipmentContainer 在包容层次结构中处于较高层（也就是说，Substation 在最上层，接下来是 VoltageLevel 等）。白圈表示 ConnectivityNodes，黑色的小圈表示 Terminals。一个 Terminal 属于一个 ConductingEquipment，一个 ConnectivityNode 属于一个 EquipmentContainer。这就意味着 ConductingEquipment 之间的边界（或者说接触点）是它们通过 ConnectivityNodes 相互连接的 Terminals。

Line SS1-SS2 包含三个 ACLineSegments（Cable1、Cable2、Cable3）和关联的模拟 T 节点的 ConnectivityNode（CN2），CN2 提供了与 SS4 的连接。这仅代表对这种结构进行建模的一种方式。每个 ACLineSegment 有两个 Terminals。Cable1 通过它的 Terminal 连接到 CN3 和 CN2 上。CN3 包含于 VoltageLevel 400kV。Breaker BR1 有两个 Terminals，其中一个连接到 CN3。

Measurements 由矩形标注表示，其箭头指向一个 Terminal。P1 连接到属于 Breaker BR1 的右端 Terminal 上。注意 P1 画在了表示 BR1 的方块内。这是因为一个 Measurement 属于一个 PowerSystemResource（PSR），像本例子中的 BR1。P2 画在了 VoltageLevel 400 kV 内，意味着它属于 400kV VoltageLevel，而不属于 BR3。

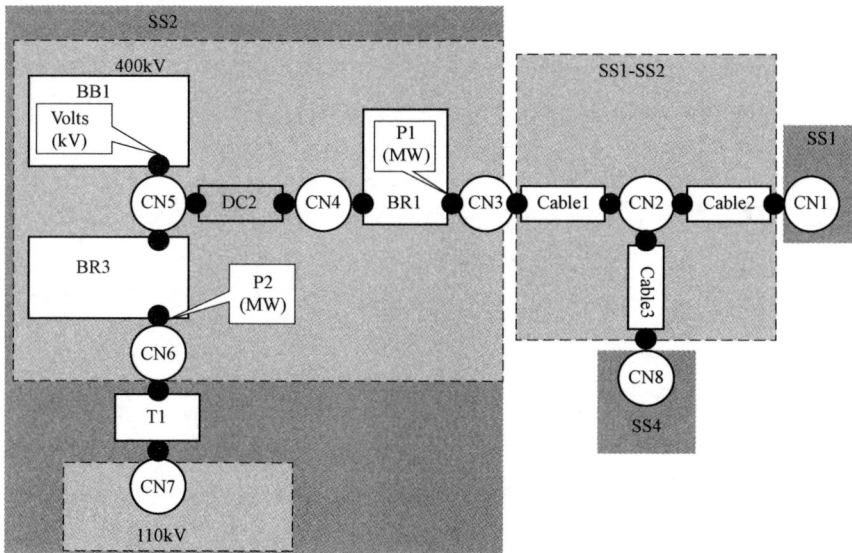

图 4 - 19　基于 CIM 拓扑的简单网络的连接模型

4．设备量测模型

设备量测模型量测用来表示存在于工业过程中的状态变量。每个工业过程具有其特定的量测类型。电力系统通常有功率潮流、电压、位置信息（如断路器、隔离装置）、故障指示（气压、过温油压等）、计量（如电能）等。

"量测"（Measurement），是指所有被测量的状态变量。这是不严格的，因为很多量测是由 SCADA 或 EMS/DMS 功能计算出来的，如状态估计或潮流计算。因此，一个量测可能有许多可供选择的值（如人工置入值、远动值、状态估计值、优化值等）。这是由 Meas 包中量测（Measurement）和量测值（MeasurementValue）模型支持的。状态变量（State Variable）包中的类已经加进 CIM 模型中，以专门支持如状态估计和潮流这样的功能所计算出来的值的交换。量测模型允许根据需要指定量测的具体相别。

控制用来表示控制变量。电力系统控制变量通常为设定点、升降命令、执行前选择命令和启/停命令。量测包使用控制（Control）模型支持控制变量。

对设备量测进行建模主要包含量测类、测量值类及控制类。设备量测模型描述了各应用之间交换的动态测量数据的实体。任何设备都可能包含测量值，如变电站可能具有温度测量值和开门指示，变压器可能具有油温和油箱压力测量值，舱室可能包含许多潮流测量值，断路器可能包含开关状态测量值。量测模型概览如图 4 - 20 所示。

（1）量测类（Measurement）：任何已度量，已计算或未度量的未计算量。

（2）量测值类（MeasurementValue）：测量的当前状态，状态值是来自特定来源的测量的一个实例，测量可以与许多状态值相关联，每个状态值代表测量的不同来源。

（3）量测数据源类（MeasurementValueSource）：更新量测数据的替代来源。

（4）控制类（Control）：用于监督/设备控制，它表示用于更改过程状态的控制输出，如闭合或断开断路器，设定点值或升高下限命令。

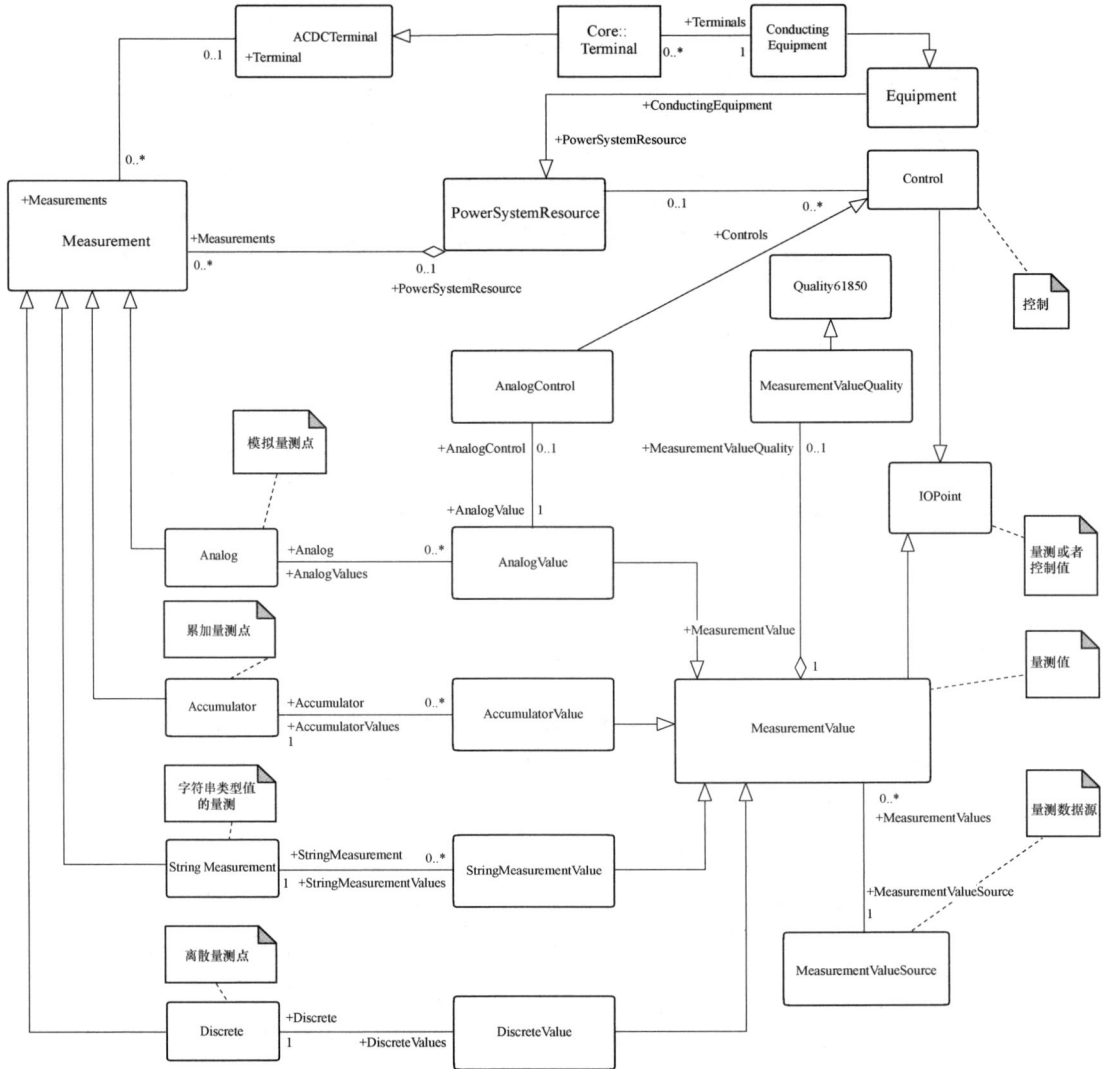

图 4-20 量测模型概览

图 4-20 描述了量测和设备间通过端子产生关联关系，并支撑测点定位；量测模型根据不同业务需求实例化为模拟量测、累加计数量测、字符型量测、离散型量测等业务实体；量测模型包含了系统间交换的信息和控制命令。

测量可以表示电网中特定传感器的位置信息，如断路器和隔离器之间的母线上的电压互感器（TV）或母线上的电流互感器（TA）。"电力系统资源—量测"的关联关系不能描述感知点的位置信息，而"量测—端点"关联关系能够描述电网拓扑中感知点的具体位置。这个位置信息是根据端点与导电设备管理关系而确定的。如果模型描述中一个量测与端点和导电设备都关联，则这个端子属于这个导电设备。比如，为了建立诸如电压和功率等模拟量的模型，每一端点都和量测类有一个关联，一个量测对象至少和一个量测值对象关联。每一个量测值对象是来自某一特定源（如一个遥测量）的量测实例，量测值也可以用一个计算源替代。

5. 分布式电源模型

对分布式电源进行建模主要包含发电机组类（GeneratingUnit）和电力电子元件类（PowerElectronicsUnit）。分布式电源模型属于电力生产模型，描述了各种类型发电机的类。这些类还提供生产费用信息，可以应用于在可调机组间经济地分配负荷以及计算备用容量。

分布式发电单元模型如图 4−21 所示，描述了分布式电源发电所需的相关类。

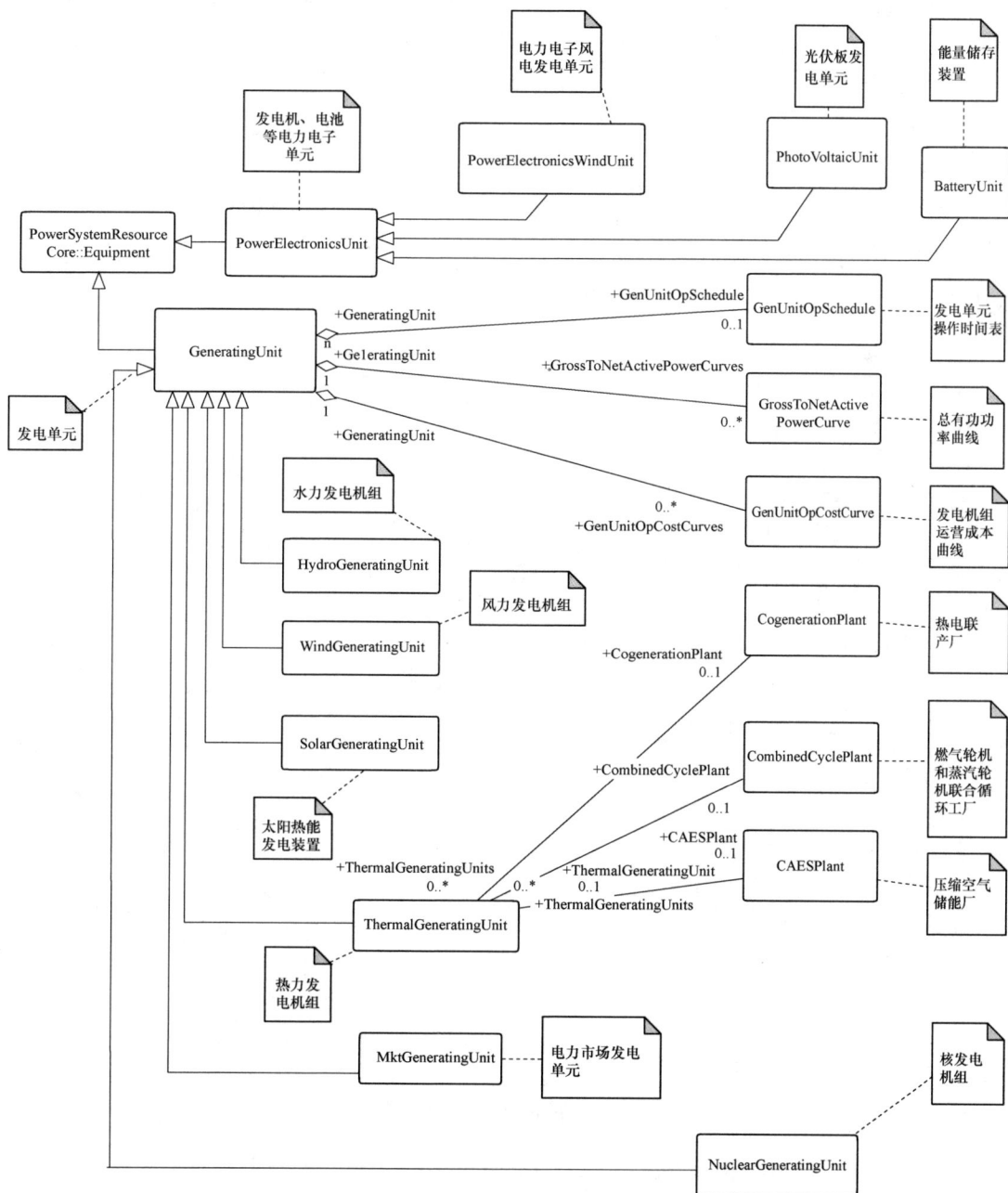

图 4−21　分布式发电单元模型

（1）发电机组类（GeneratingUnit）：将机械能转换为交流电能的单台或一组同步的电机。

（2）电力电子元件（PowerElectronicsUnit）：使用电力电子设备连接到交流电网的发电机组或电池组或机组。

采用信息模型方法构建的分布式电源的业务实体，可适用于多种分布式电源供电的业务场景中。比如，面向多类型能源的发电机组，可以业务实例化为水力发电机组、风力发电机组、太阳能发电机组、热力发电机组、电力市场发电机组、核电发电机组等模型；面向多维度的分析，可以通过发电机组操作时间、总有功功率曲线、发电机组运营成本等分析模型聚合，支撑分布式电源信息挖掘分析业务；面向不同类型的电力元件，可以业务实例化为电力电子风电发电单元、光伏单元、能量存储装置模型。

6. 潮流/状态估计模型

对潮流/状态估计进行建模主要包含状态估计类（StateVariable），潮流/状态估计模型概览如图4-22所示，该模型从状态评估类派生了面向不同实体对象的状态评估模型，描述了不同业务场景下的业务模型间的关系。

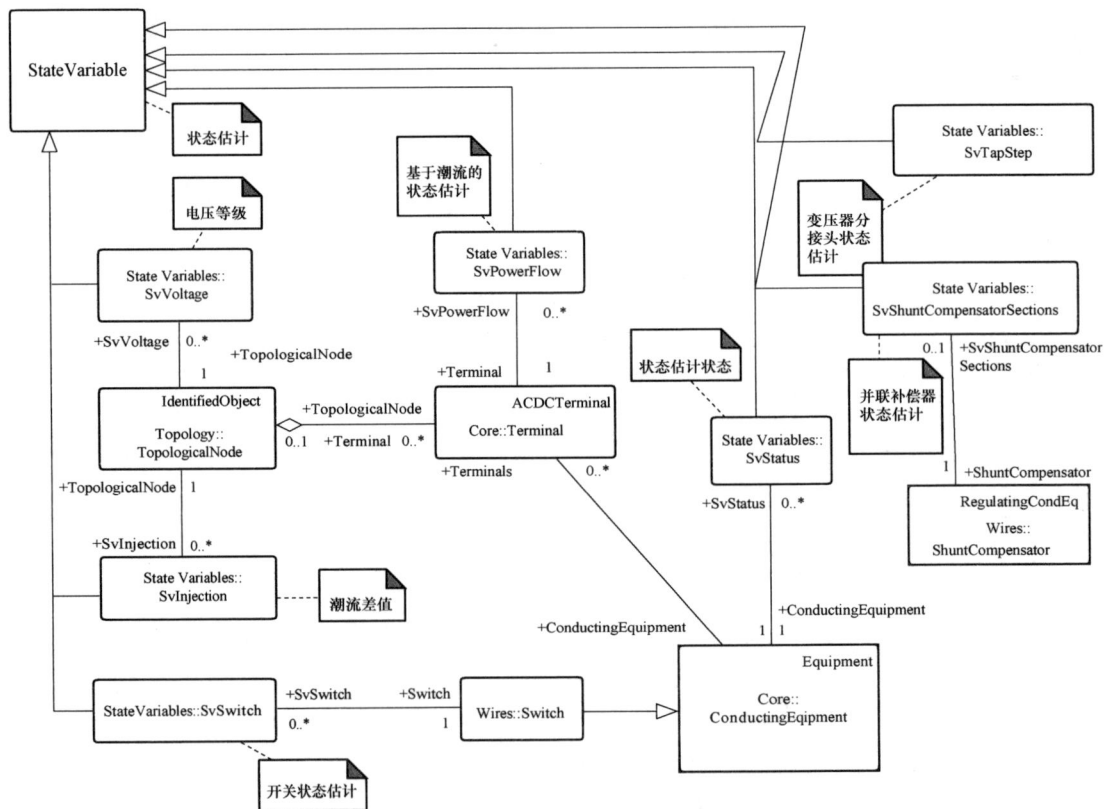

图4-22 潮流/状态估计模型概览

（1）状态估计类（StateVariable）：状态评估的基础类，可以根据业务需要派生多种业务实体模型。

（2）基于潮流的状态估计类（SvPowerFlow）：基于负载流向（潮流方向）开展状态评估，即从节点流入设备的潮流则为正。

状态评估模型与设备端点相关联，描述了状态评估与导电设备相关联关系，以及状态评估的位置信息。根据不同应用场景，可以业务实例化为开关状态估计、变压器分接头状态估计、并联补偿器状态估计。面向状态估计的基本属性，可以实例化为负荷流入流出平衡度差值、基于潮流的状态估计、电压等级、状态评估可用状态等。

7. 图形布局模型

对图形布局进行建模主要包含图表类（Diagram）、图形样式类（DiagramStyle）及可见图层类（DiagramObject）。图形布局模型概览如图 4−23 所示，该模型描述了图像如何进行布局，主要描述对象如何在坐标系中排列，而不是如何渲染。

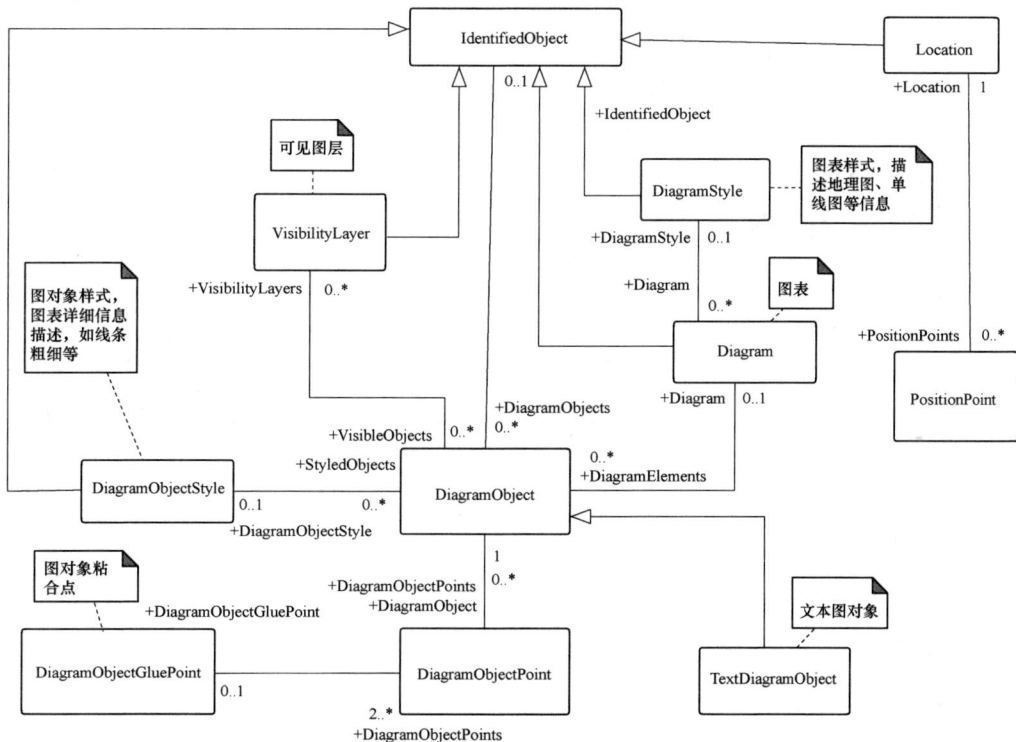

图 4−23　图形布局模型概览

（1）图表类（Diagram）：可交换图表，坐标系采用标准的笛卡尔坐标系，并可定义方位。

（2）图表对象类（DiagramObject）：在给定空间中定义一个或多个点的对象，如单线图中，图表对象通常包括诸如模拟值、断路器、隔离开关、电源变压器和传输线之类的对象。

（3）可见图层类（VisibilityLayer）：根据主题和比例对图对象进行分组，主题用于定义信息可见性（如湖泊、边界），比例尺用于根据缩放级别定义显示内容（如文字、标签），避免图像显示混乱。

（4）图形样式类（DiagramStyle）：定义了图对象的引用样式，图形对象样式描述信息可以包含线条粗细、形状及颜色等。

可以看出，图4-23描述了图形布局涉及的模型结构，以及图形与位置、坐标之间通过上层父节点产生关联关系。

4.2.3 资产管理业务 CIM

1. 资产模型

对资产进行建模主要包含资产模型类（Asset）和资产信息类（AssetInfo）。资产模型概览如图4-24所示，该模型描述了公用事业的有形资产，包括资产、资产属性、资产与资源、资产与组织角色的关系。

（1）资产模型类（Asset）：公用事业的有形资源，包括电力系统设备、各种终端的设备、机柜、车辆、建筑物等。

（2）资产信息类（AssetInfo）：资产的属性集，代表可以在不同的数据交换上下文中实例化和共享的物理设备的典型数据表信息。

（3）资产容器（AssetContainer）：资产模型的专用项模型，是多个 Asset 的容器，是由其他资产聚合而成的资产，如导体、变压器、开关设备、土地、围栏、建筑物、设备、车辆等。

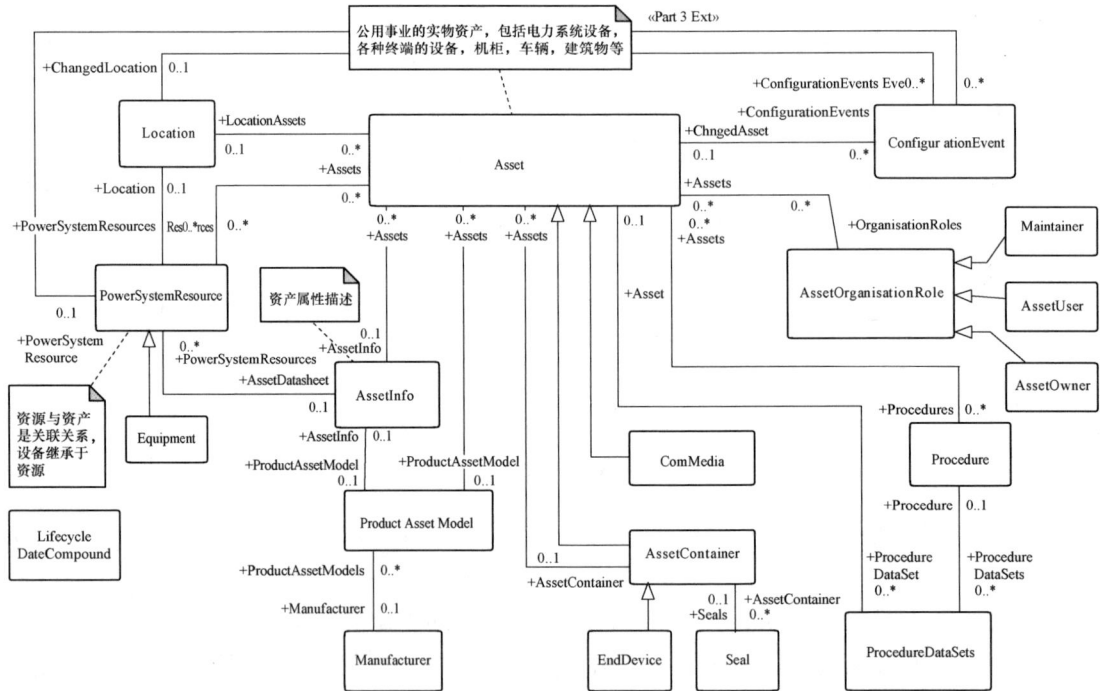

图 4-24 资产模型概览

对资产模型实例化，根据资产对象不同生命周期装填，可以是处于运行状态或库存状态的资产对象。资产模型可以通过位置和配置信息来进行描述，并通过配置事件来更新资产信息。资产对象可以有多个资产组织角色，多个资产对象可以关联多个资产组织角色，比如资产所有者、资产使用者等。

资产和资源之间的关系是一个现实对象的两个不同描述方式的模型，比如在连接关系、运行操作方面是通过资源模型对对象实例化，在物理方面（例如额定值、尺寸、资产生命周期和财务数据等方面）通过资产进行对象实例化。

2. 资产全寿命周期管理

对资产全寿命周期管理建模主要包含资产生命周期事件日期类（LifecycleDate）、资产部署日期类（DeploymentDate）及分析模型类（Analytic）3 类。资产全寿命周期管理主要是对资产从生产到报废中的全过程进行管理，即主要从资产的部署事件、使用、退役等全过程关键事件和状态进行描述，同时与资产全寿命周期过程中与资产评估、风险分析相关联。

资产全寿命模型概览如图 4−25 所示。

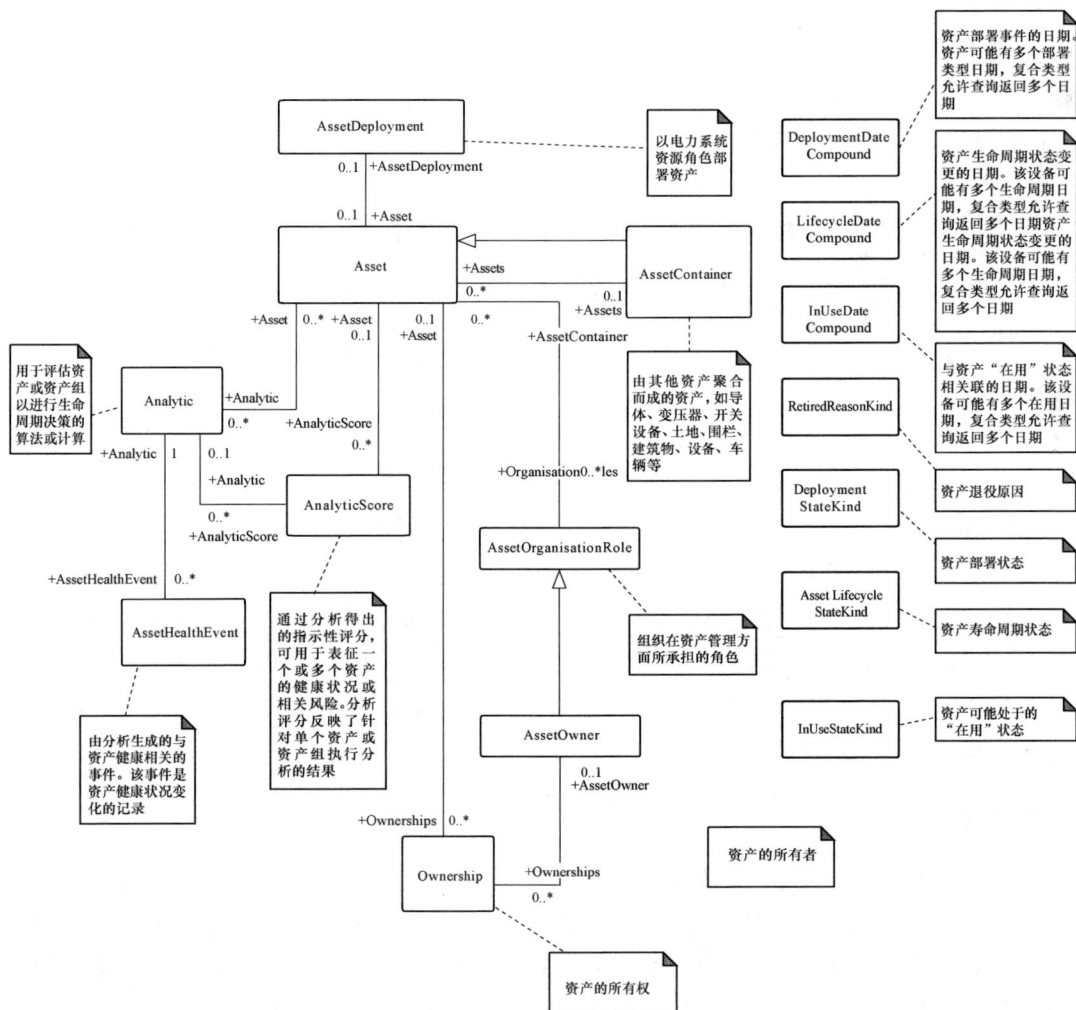

图 4−25　资产全寿命模型概览

（1）资产生命周期事件日期类（LifecycleDate）：资产出厂日期、购买日期、安装日期、接受日期、处置日期、退役日期。

（2）资产部署日期类（DeploymentDate）：生产日期、安装日期、投运日期等。

（3）分析模型类（Analytic）：评估资产或资产分组以进行生命周期决策的算法或计算。

资产全寿命周期可以从寿命状态、可用状态、部署状态 3 个维度加以描述，这些状态之间可以存在联动关系。资产全寿命状态变迁过程如图 4-26 所示。

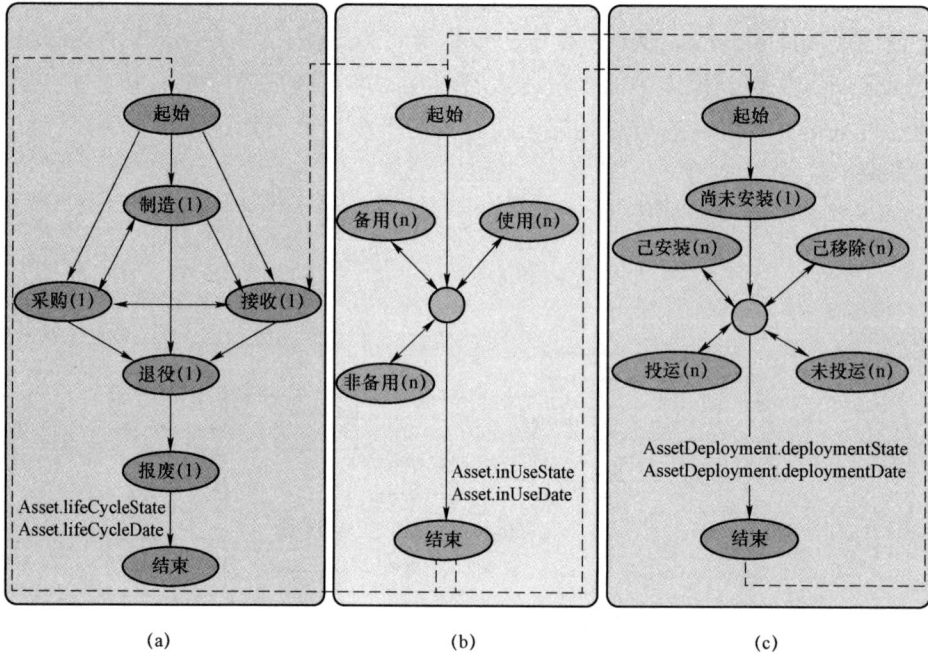

图 4-26　资产全寿命状态变迁过程
（a）寿命状态；（b）可用状态；（c）部署状态

对于电力公司所属的资产，资产全寿命状态变迁过程如下：① 当寿命状态维度处于接收状态，如果需要使用，可以暂时退出寿命状态维度，转入可用状态维度；② 当从可用状态维度变成使用状态后，则结束本次可用状态周期变化，转入部署状态维度；③ 当部署状态维度变成已移除状态后，则结束本次部署状态周期变化，转入可用状态维度；④ 当可用状态维度变为非备用状态后，可结束本次可用状态周期变化，转入寿命状态维度；⑤ 当寿命状态维度变成接收状态后，如果该资产不能使用了，可变成退役状态→报废状态，从而结束该资产的寿命。

3. 资产量测模型

资产模型对象和资源模型对象是多对多的关联关系，一个业务对象可以有资产属性，也可以有资源属性，都可能包含量测值。在通常的逻辑模型描述中，量测模型比较多用于和电力资源模型关联，即 Measurement-PSR。通过量测模型描述资产字符型、离散型、模拟量的资产量测信息，并与资产关联。同时，资产量测模型也可以是资产在被操作过程中产生记录的量测信息。

资产量测模型概览如图 4-27 所示。其中操作过程记录（ProcedureDataSet）描述资产每次操作执行过程时记录的数据集，是资产在被执行、操作过程中获得的量测值。

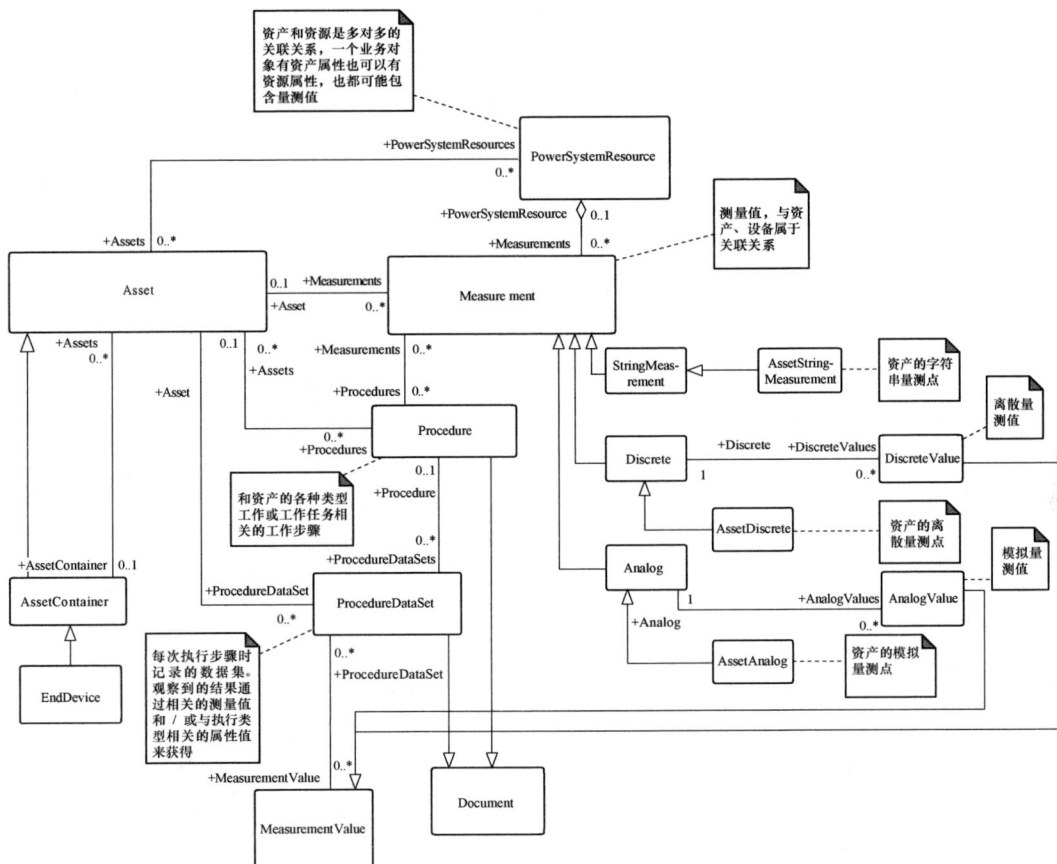

图 4-27 资产量测模型概览

对资产本体的量测既可以伴随着业务操作 Procedure（检修、诊断、维护、测试等）过程，也可以直接对资产本体进行日常监控。因此，Measurement 对象既可以直接和 Asset 对象关联，也可以和 Procedure 对象关联。

4. 资产缺陷管理

对资产缺陷管理进行建模主要包含缺陷事件。资产缺陷管理主要用于描述资产发生缺陷信息的记录，包括对缺陷事件信息、缺陷的原因（主要、次要）、缺陷模式（无法启动、无法关闭等），以及重要设备开关、变压器的故障原因。并且描述了资产缺陷的处理/隔离方式（隔离、销毁等）。

资产缺陷模型概览如图 4-28 所示。其中缺陷事件类（FailureEvent）描述资产无法按照指定的参数完成其功能的事件，该对象旨在反映故障本身。此外，可以通过资产诊断数据集（）得到全面分析产生的缺陷结论。

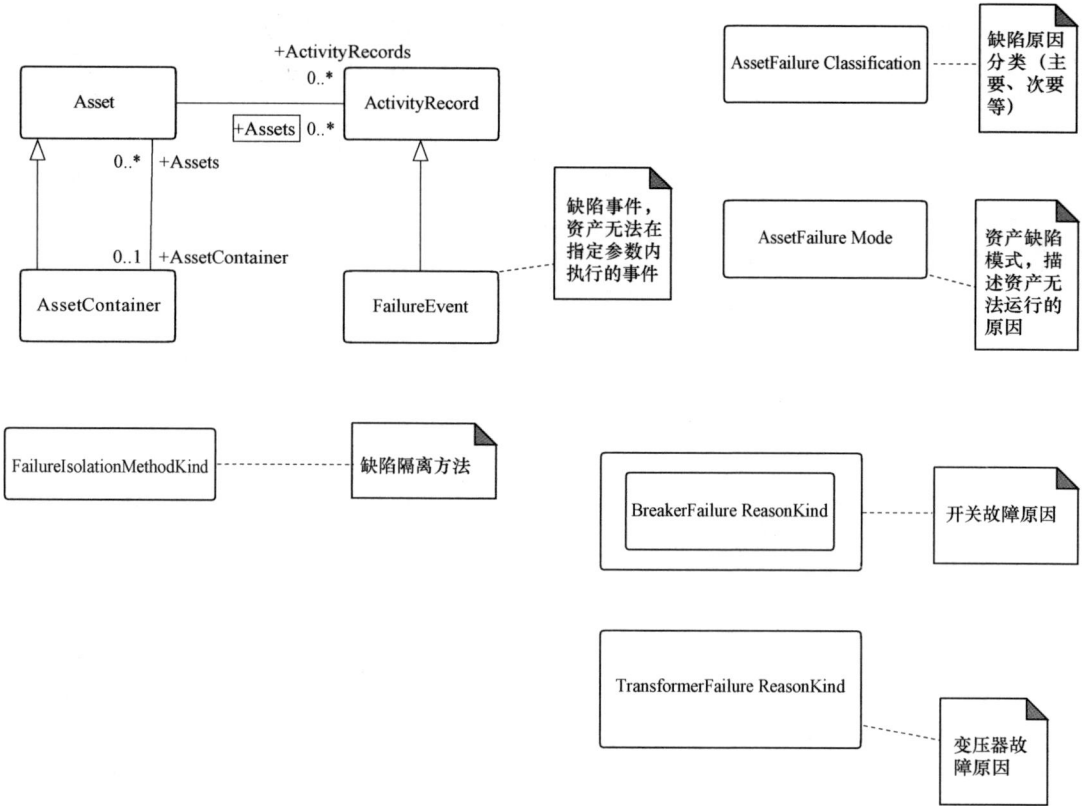

图 4-28　资产缺陷模型概览

4.2.4　客户服务业务 CIM

1. 客户合约模型

对客户合约模型进行建模，主要包含客户协议模型类（CustomerAgreement）、定价结构模型类（PricingStructure）、客户账户类（CustomerAccount）、服务类别类（ServiceCategory）及服务位置类（ServiceLocation）。

客户合约模型概览如图 4-29 所示。

（1）客户协议模型类（CustomerAgreement）：客户协议是客户与服务提供商之间在特定服务交付点支付服务费用的协议。

（2）定价结构模型类（PricingStructure）：定价结构是在创建客户费用时使用的定价组件和价格的分组，以及可以向客户提供这些条款的资格标准。

（3）客户账户类（CustomerAccount）：定价结构和客户协议都可直接或通过协议类的文档专业化。

（4）服务类别类（ServiceCategory）：所提供服务的类别（电、水、气等）。

（5）服务位置类（ServiceLocation）：不动产位置，通常称为可以向其交付一项或多项服务的前提。

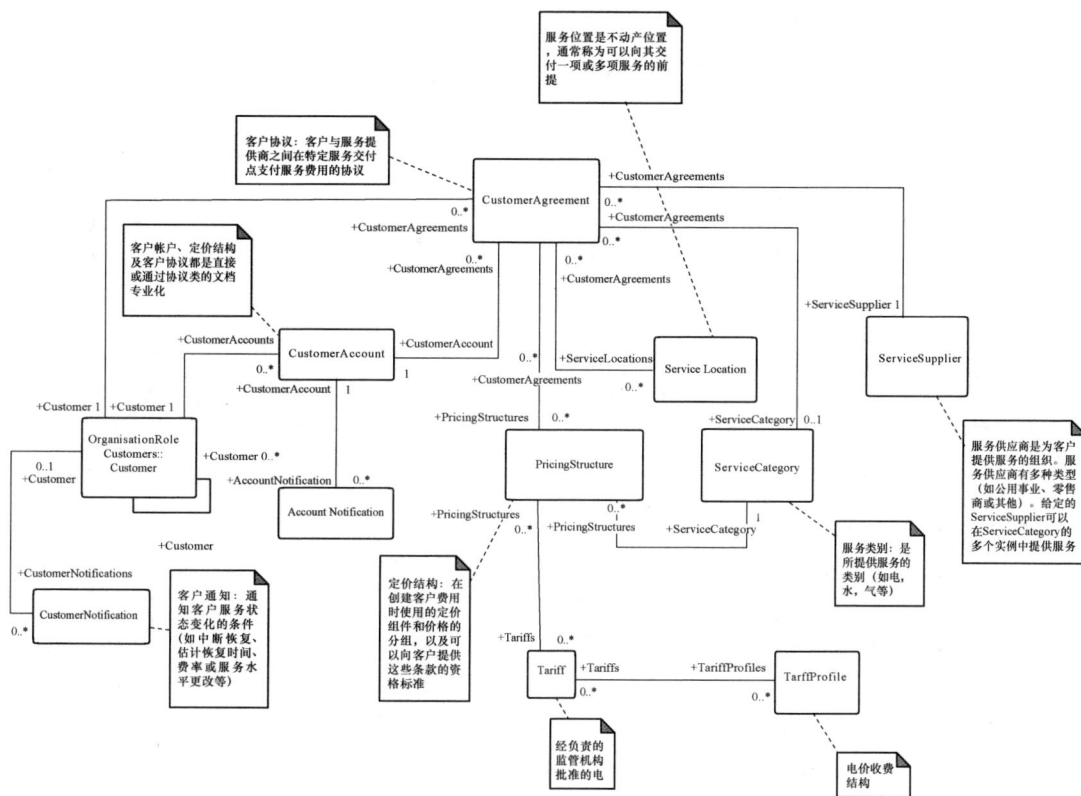

图 4-29　客户合约模型概览

客户协议模型描述了客户与服务供应商之间的在特定的服务地点付费的协议，它记录了"在服务地点提供相应服务类型的费用"付费协议。一个客户可能有多个客户账户和/或客户协议，一个客户账户可以支持多个客户协议的账单。服务供应商可以在对多种服务类型提供支撑服务。并且客户协议、客户账户，定价结构都是属于"协议"类的专业化文档。

2. 客户报修服务管理

对组织进行建模主要包含停电类（Outage）、故障报修单类（TroubleTicket）、停电研判结果类（Incident）、抢修信息类（TroubleOrder）、班组类（Crew）、工单（WorkTask）、客户通知类（CustomerNotification）。

客户报修服务模型概览如图 4-30 所示，该模型主要是用来记录由于停电事件引起的客户报修，以及抢修过程中与报修客户的交互信息描述。

（1）停电类（Outage）：停电信息，计划停电、非计划停电模型类继承于该类。

（2）故障报修单类（TroubleTicket）：非计划类停电产生的客户故障报修单信息。

（3）停电研判结果类（Incident）：来源于故障报修单或其他信息来源的问题描述，用于描述停电原因的相关信息。

（4）抢修信息类（TroubleOrder）：将故障信息向班组发送，对计划外停电进行抢修。

（5）班组类（Crew）：具有特定技能、工具的群体，可以完成抢修、检修、巡检等工作。

（6）客户通知类（CustomerNotification）：客户通知服务，发布条件是服务状态发生变化（如停电中断恢复、估计停电恢复时间、费率或服务水平更改等）。

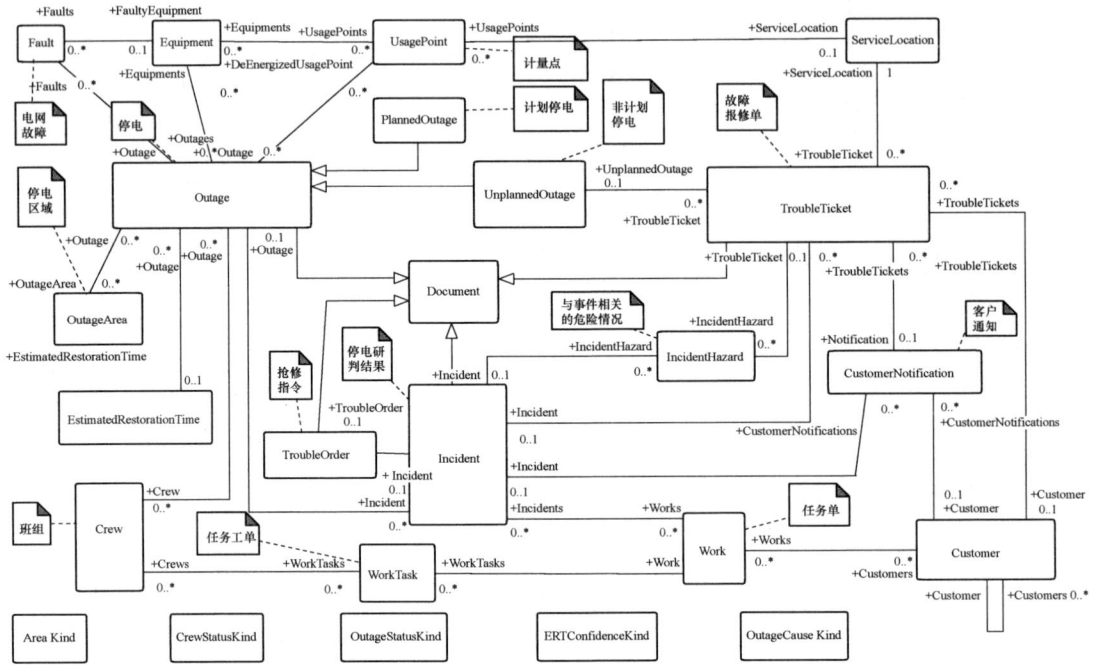

图 4-30　客户报修服务模型概览

图 4-30 描述了由于故障停电发生引起的客户报修，有故障报修工单、故障事件研判信息、客户通知信息，以及停电报修事件对应的抢修任务单、抢修班组、故障区域及设备信息。

4.2.5　计量计费业务 CIM

1. 计量业务

对计量业务进行建模主要包含计量点类（UsagePoint）、终端设备类（EndDevice）、表计类（Meter）、终端设备控制类（EndDeviceControl）及终端设备事件类（EndDeviceEvent）等。

计量业务模型概览如图 4-31 所示。

（1）计量点类（UsagePoint）：电网读数或事件的逻辑点或者物理点，用于描述存在实体或者虚拟计量表的地方，但不需要一定要有表计。计量业务模型围绕设备计量点（可以是实体或者逻辑概念），描述计量点与终端设备模型关联。

（2）终端设备类（EndDevice）：执行一个或多个终端设备功能的资产容器。终端设备（如监视和控制空调、冰箱、泳池泵的终端设备）可以由消费者、服务提供商、电力公司或其他所有者拥有，可以关联到表计。一种类型的终端设备是可以执行计量、负控管理、连接/断开连接、计费功能等的表计，可识别计量应用程序或通信系统（如水、

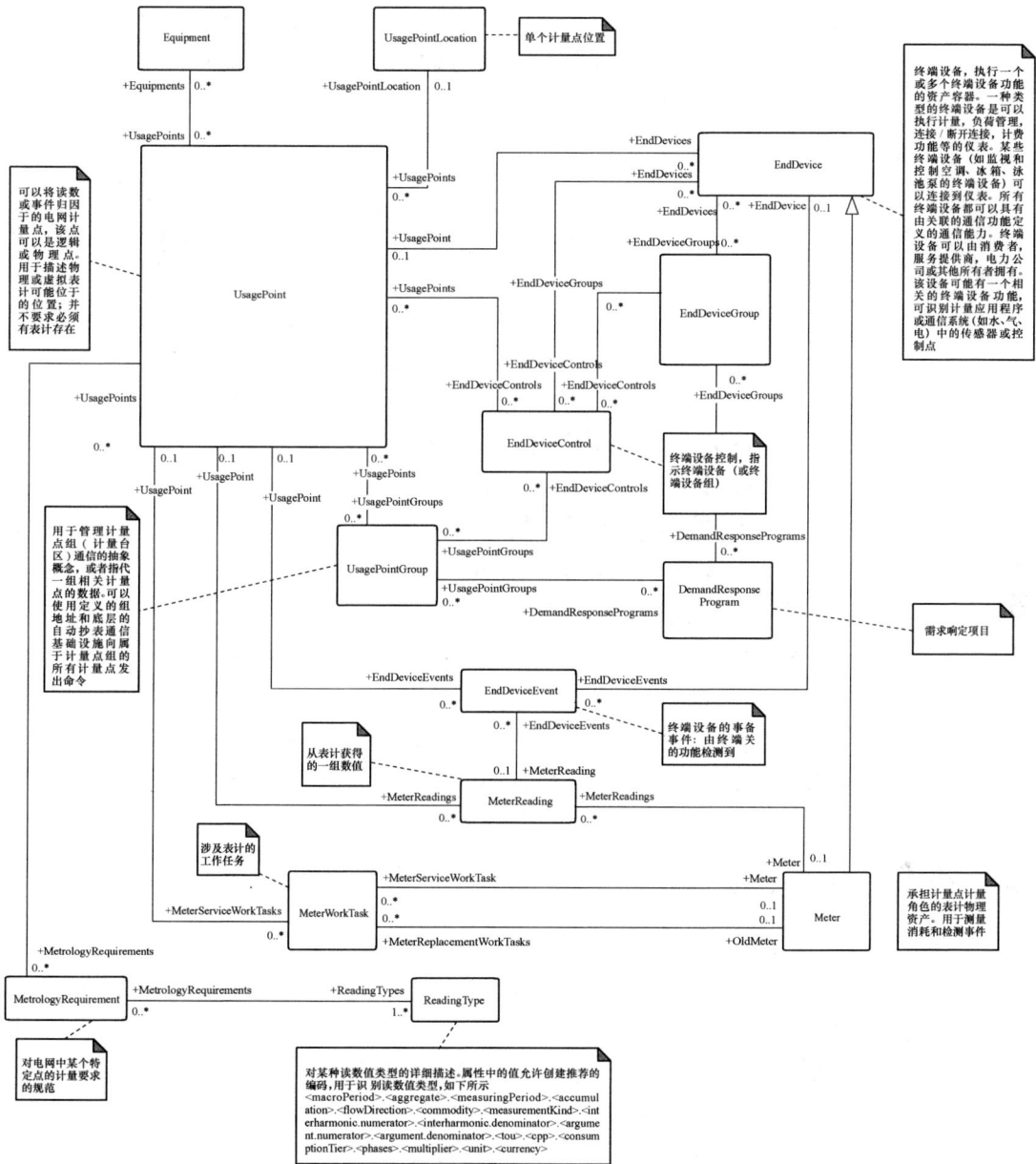

图 4-31 计量业务模型概览

气、电）中的传感器或控制点；某些终端设备（如监视和控制空调、冰箱、泳池泵的终端设备）可以连接到表计；所有终端设备都可以具有由关联的通信功能定义的通信能力、执行制定控制操作。

（3）表计类（Meter）：完成计量点的计量角色的有形资产，用于测量能耗和事件检测。

（4）终端设备控制类（EndDeviceControl）：控制终端设备（或终端设备组）执行指定的操作。

（5）终端设备事件类（EndDeviceEvent）：由与最终设备关联的设备功能检测到的事件。

（6）计量要求类（MetrologyRequirement）：网络中特定点的计量要求规范。

图 4-31 描述了计量点与终端设备时间和表计读数模型关联，并且通过计量点分组，实现需求响应支撑。

2. 计费业务管理

对计费业务进行建模主要包含交易类（Transaction）、收据类（Receipt）、辅助账户类（AuxiliaryAccount）、收费类（Charge）等。

计费业务模型概览如图 4-32 所示，该模型是计量模型的扩展，用来描述通过收集、控制服务用户而获得的收入相关。支付计量模型推行了客户与服务提供商之间的金融交易，计量计费模型描述了交易的相关信息，并与客户信息、计量信息相关联。

（1）交易类（Transaction）：服务或代币销售的付款细节记录。

（2）收据类（Receipt）：描述涉及和客户交易获得收入的模型，例如可以采取现金、支票或卡的形式交易。并通过本模型描述收入相关的属性信息。

（3）辅助账户类（AuxiliaryAccount）：辅助协议的可变部分和动态部分，通常代表与辅助协议中定义的未清余额相关的账户的当前状态。

（4）商户账户类（MerchantAccount）：由商家协议控制的运营账户，供应商可以该账户出售或收据付款。

（5）收费类（Charge）：描述与其他实体关联的收费要素，例如资费结构、辅助协议或其他收费要素。通常总费用是固定部分和可变部分的总和。

图 4-32 通过计量计费管理模型的核心类来描述计量计费的信息化方案。

4.2.6 现场作业 CIM

1. 工单管理

对工单管理进行建模主要包含工作类（Work）、工作任务单类（WorkTask）、工作活动记录类（WorkActivityRecord）。

工单管理模型概览如图 4-33 所示，该模型用于描述工作的管理和电网建设的计划工作。

（1）工作类（Work）：用于请求，启动，跟踪和记录工作的文档。

（2）工作地点类（WorkLocation）：有关各种工作形式的特定位置的信息。

（3）工作任务单类（WorkTask）：

（4）修复工作任务类（RepairWorkTask）：资产维修的工作任务。与此相关的成本被视为纠正性维护（CM）成本。

（5）工作活动记录类（WorkActivityRecord）：记录有关某个时间点的工作或工作任务状态的信息。

图 4-33 描述了工作任务单模型概览，由各类事件、业务应用、客户需求而引申，对工作内容、启动、跟踪及记录的描述；描述了工作任务单，与工作任务单具有 1：N 的关联关系，描述了工作处理任务中，维修任务、任务班组、资产工作任务相关的工器

具、材料等信息。

2. 工单归档

对工单归档进行建模，主要包含工作任务类（Work）和工作任务单类（WorkTask）。

工单归档主要是用来记录工单从请求生成到完成的全过程信息记录，作为历史数据可供调阅分析。工单归档模型概览如图 4-34 所示。

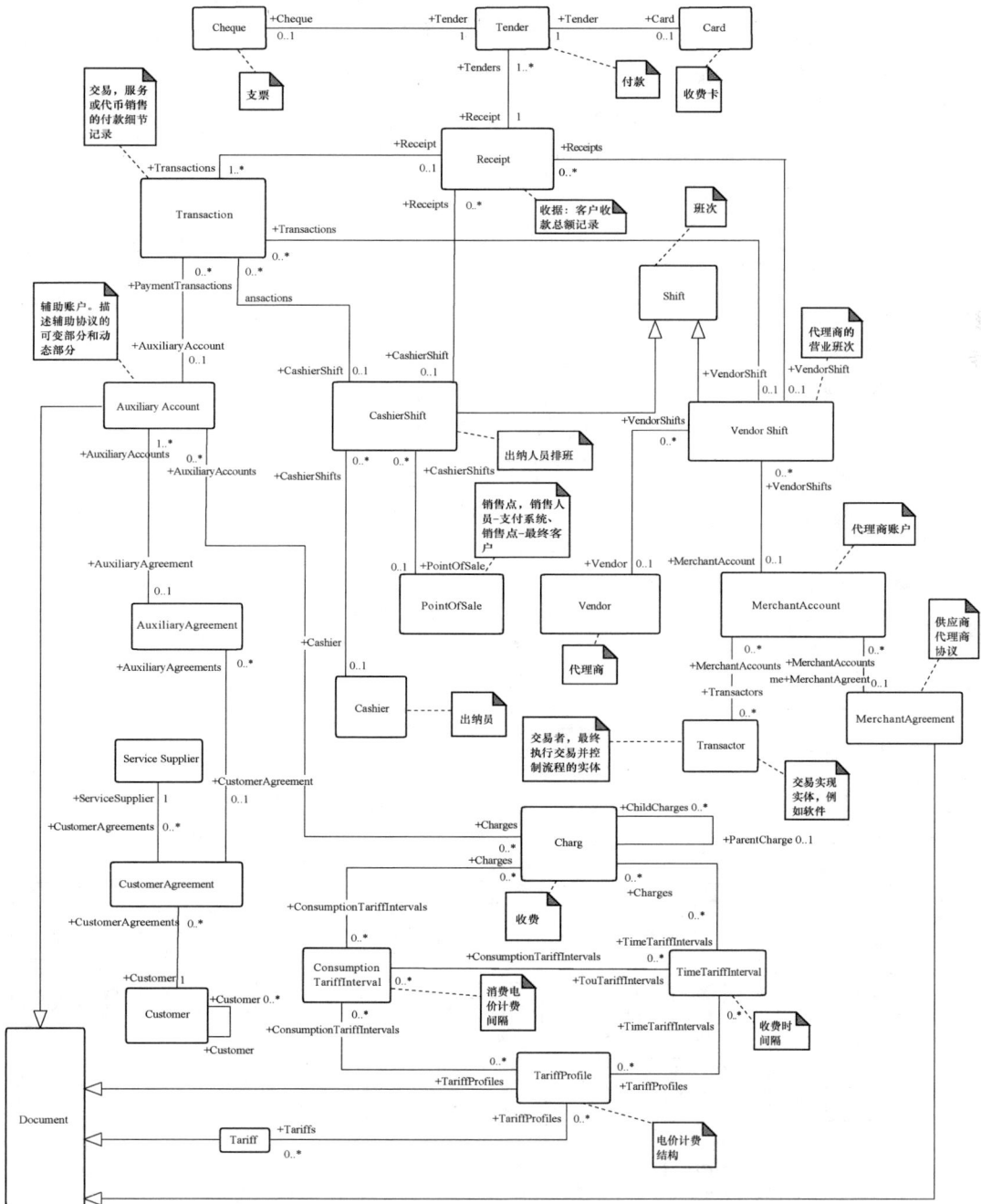

图 4-32　计费业务模型概览

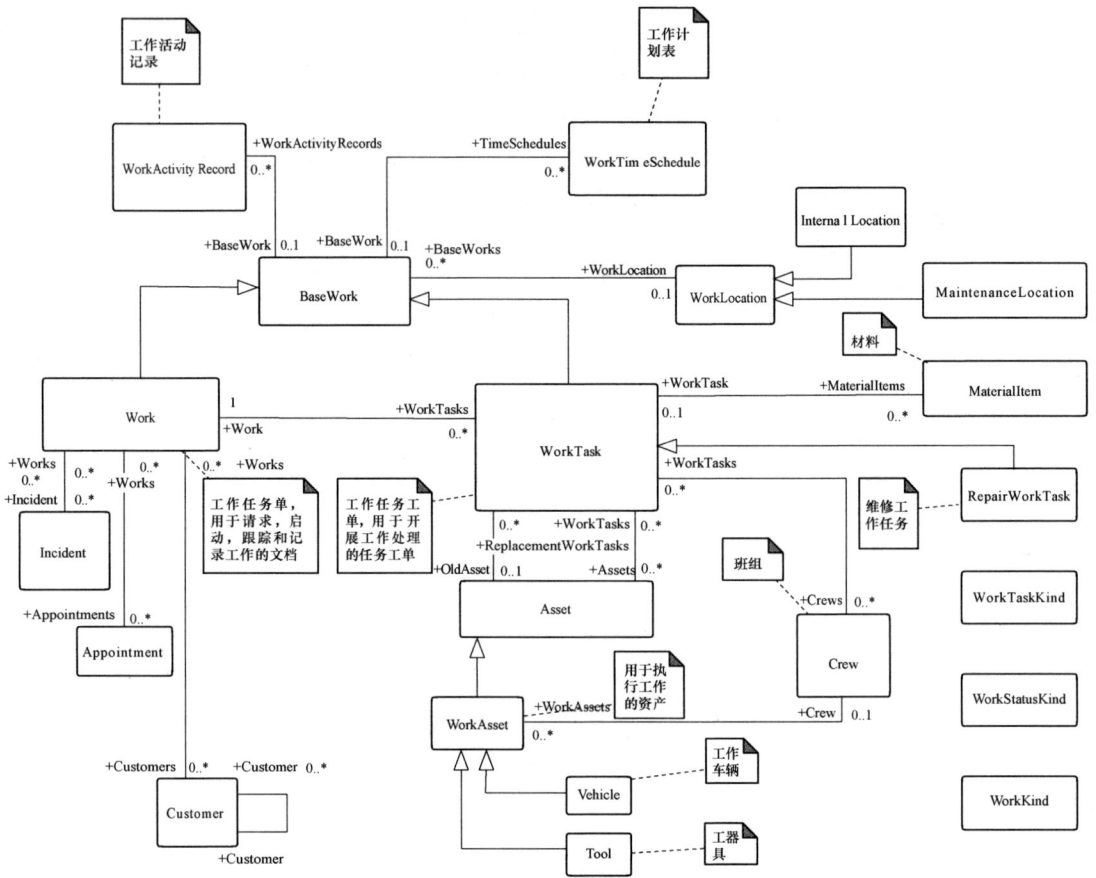

图 4-33 工单管理模型概览

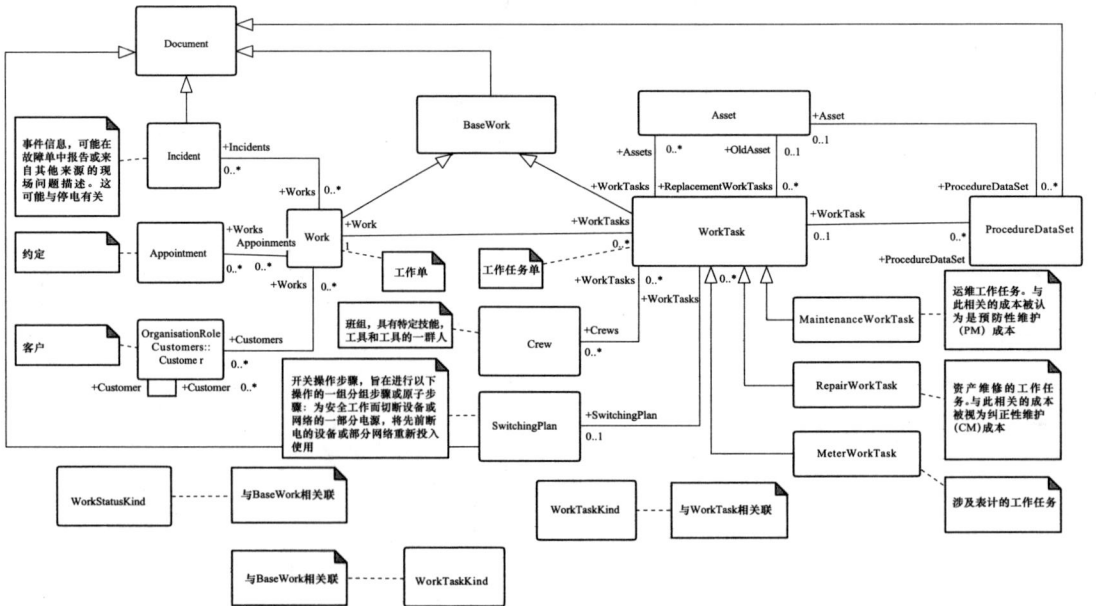

图 4-34 工单归档模型概览

工作任务类（Work）和工作任务单类（WorkTask）是一对多的关联关系，工作单归档信息记录了工单请求关联因素，如时间信息、约定、客户服务需求。归档信息还可以包含了工作单分解生成的工作任务工单记录，包含了工单执行班组、操作步骤等信息。工单归档信息具有工作单和工作任务工单的工作类型、工作状态及状态时间节点等关键信息。

4.2.7　调度业务 CIM

1. 调度操作管理

调度操作管理建模主要包含停电指令类（OutageOrder）、调度操作指令类（SwitchingOrder）、故障抢修指令类（TroubleOrder）、挂牌类（OperationalTag）。

调度操作管理主要是记录电网停电事件相关的调度操作管理，调度操作管理主要围绕面向计划停电的停电指令、开关操作指令，面向非计划停电的故障指令，并对资源在系统内进行挂牌，限制操作。调度操作与现场操作管理具有紧密的关联关系，通过调度操作指令，与现场开关操作授权、操作步骤形成相关联。工单归档模型概览如图 4-35 所示。

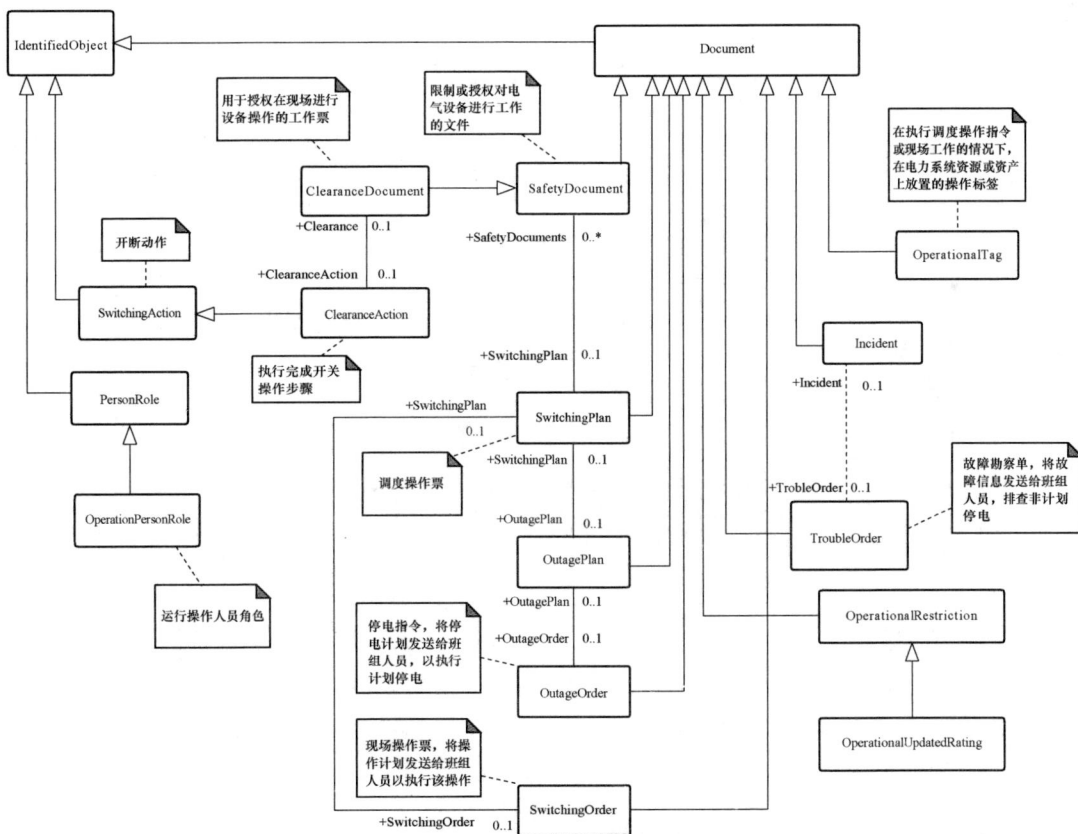

图 4-35　工单归档模型概览

（1）停电指令类（OutageOrder）：将停机计划发送给工区班组人员，以执行计划的停电。

（2）调度操作指令类（）：将开关操作计划发送给机组人员以执行该计划。

（3）故障抢修指令类（TroubleOrder）：将事件发送给班组人员，以对意外停电进行响应。

（4）挂牌类（OperationalTag）：在调度计划执行或现场其他工作的背景下，在电源系统资源或资产上放置的操作标签。

2. 停电管理

对停电管理进行建模主要包含停电类（Outage）、计划停电类（OutagePlan）、非计划停电类（UnplannedOutage）。停电信息描述与设备、计量点、异常电流信息、故障区域等模型相关联。其中计量点供电信息与客户合约关联，支撑计量计费业务；电网停电管理对停电事件分类为计划停电和非计划停电。其中，计划停电可关联停电计划、停电指令、开关操作及步骤、标志牌等信息描述；非计划停电可关联故障票、故障停电事件、抢修信息、客户通知、任务工单、处理班组等信息描述。停电管理业务通过停电类、计划停电类、非计划停电类，及其关联模型，支撑停电管理业务的实例化及应用。停电管理模型概览如图4-36所示。

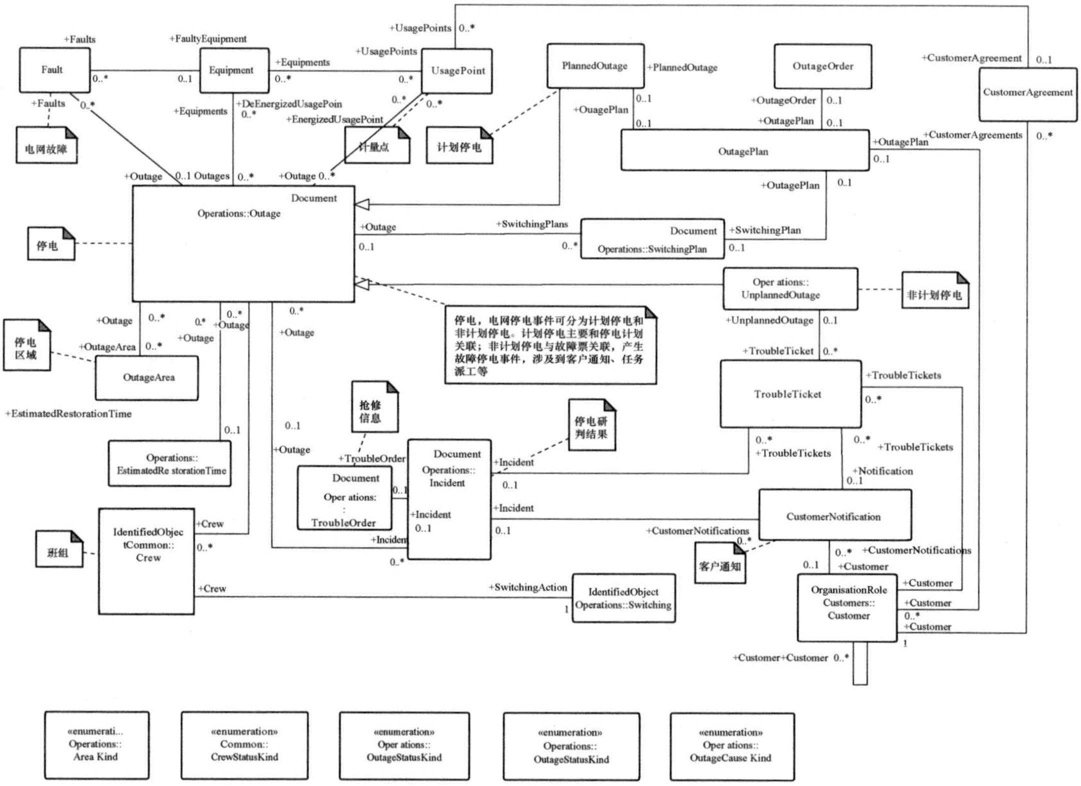

图4-36 停电管理模型概览

（1）停电类（Outage）：停电信息描述，包含计划停电和非计划停电。

（2）计划停电类（OutagePlan）：应为检修等需要预先计划的电网停电，涉及计划停电的设备或者用户。

（3）非计划停电类（UnplannedOutage）：描述部分电网意外停电后的信息。此模型描述的计划外停电是指未交付能源的状态，如客户服务中断、不提供路灯等。计划外停电可能是故障指示器状态更改、用户电能表感知到的客户停电事件、接到一个或多个客户故障电话、操作员从现场工作人员获得的信息等。

3. 电网故障处理

对电网故障处理建模主要包含故障类（Fault）、故障设备类（EquipmentFault）、故障线路类（LineFault）。

电网故障模型主要围绕电网故障描述故障关联的停电信息、故障设备、故障线路、故障区域等信息。电网故障的处理业务实例化应用，主要围绕电网故障引起的停电事件处理及开关操作、客户服务，实现对电网故障的闭环管理。电网故障出力模型概览如图 4-37 所示。

（1）故障类（Fault）：由于异常情况导致的电流流过导电设备，比如由设备故障或由于通常未建模的物体（如跌落在线上的树）引起的短路等。

（2）故障设备类（EquipmentFault）：点状设备类的故障。此类不用于描述设备内部的故障。

（3）故障线路类（LineFault）：在交流线段上某个点发生的故障。

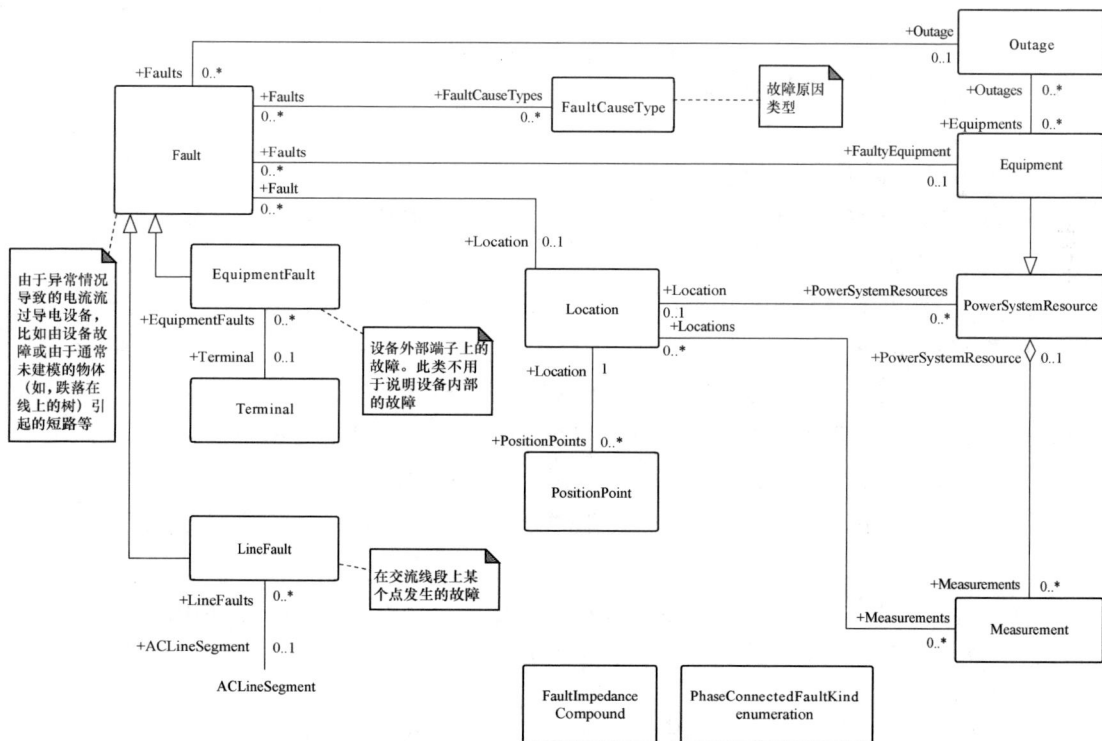

图 4-37　电网故障出力模型概览

第 5 章
IEC 61850 模型

    IEC 61850 标准是以美国 UCA2.0（Utility Communication Architecture 2.0）为基础，由国际电工技术委员会 IEC（International Electrotechnical Commission）组织，协同美国电气与电子工程师协会 IEEE（Institute of Electrical and Electronics Engineers）和美国电科院（EPRI）制定的变电站自动化系统最为完善的通信标准，也是国际电工委员会第57 技术委员会（IEC TC57）近年来发布的最重要的国际标准。它在分析变电站自动化技术发展的历程和趋势的基础上，吸收了多种国际最为先进的技术，实现了设备之间的互操作。

5.1 IEC 61850 概述

    IEC 61850 标准第 1 版包括 10 个部分，14 个分册。我国电力行业的 DL/T 860 系列标准即由 IEC 61850 标准翻译而来。第 2 版已从变电站推广至发电厂、分布式能源及配电自动化等领域。

    根据内容可将 IEC 61850 标准划分为系统部分、配置部分、信息模型部分及一致性测试部分四大部分。

    （1）系统部分。该部分包括 IEC 61850－1（概述）、IEC 61850－2（术语）、IEC 61850－3（总体要求）、IEC 61850－4（系统和项目管理）及 IEC 61850－5（功能和设备模型的通信要求）5 个分册。该部分说明了 IEC 61850 标准制定的初衷，并从项目管理、质量要求、试验工程要求、装置模型以及通信要求等方面描述，使标准具有系统适用性。

    （2）配置部分。IEC 61850－6（配置描述语言）定义了变电站内的 IED 的通信配置语言，用于描述变电站系统通信配置、设备参数配置、信息结构及协作关系信息的可扩展标记语言。

    （3）信息模型部分。信息模型、服务模型以及服务映射板块包括 7 个分册，分为信息模型与服务模型部分，IEC 61850－7－1（原理和模型）、IEC 61850－7－2（抽象通信服务接口 ACSI）、IEC 61850－7－3（公共数据类）、IEC 61850－7－4（兼容逻辑节点和数据类）；特定通信服务映射 SCSM 部分，IEC 61850－8－1（对 MMS 和 ISO/IEC 8802－3

的映射)、IEC 61850 - 9 - 2(通过 ISO/IEC 8802 - 3 传输采样值)、IEC 61850 - 80 - 1(IEC 60870 - 5 - 101/104 的映射)、IEC 61850 - 9 - 2(通过 ISO/IEC 8802.3 传输采用值)。该板块定义了 IEC 61850 的数据模型、通信服务接口模型以及数据服务的具体映射实现方法,是标准实现的技术核心,建立了一致的数据模型和服务模型,规范了底层通信协议栈的映射。

(4)一致性测试部分。IEC 61850 - 10(一致性测试)部分规定了实现一致性测试的方法、等级、设备要求等,验证系统和电子设备的互操作能力。

本书所涉及的主要内容是配电自动化系统的信息模型,包括配置部分和信息模型部分。除此之外,在进行特定通信服务映射时,是根据 IEC 61850 - 9 - 2(通过 ISO/IEC 8802 - 3 传输采样值)或其他类似发布/订阅协议完成实时数据及就地通信,IEC 61850 - 80 - 1 映射至 IEC 60870 - 5 - 104 作为一个过渡性标准,不宜作为最终目标。

5.2 IEC 61850 标准的技术特点

与传统的通信协议不同,IEC 61850 标准是一个庞大的标准体系,而通信协议只是其中的一部分,相对于已有的通信协议(如 IEC 60870 - 5 系列标准),IEC 61850 标准具备以下明显的技术特征。

5.2.1 分层分布式体系结构

IEC 61850 标准采用信息分层的方法,实现了变电站内通信数据的划分,变电站自动化系统从逻辑及物理上可划分为变电站层、间隔层及过程层 3 个层次,同时还定义了层与层之间的以及层内部的通信接口,通信接口实现了通信双方各类数据的交换。变电站自动化系统的分层结构如图 5 - 1 所示。

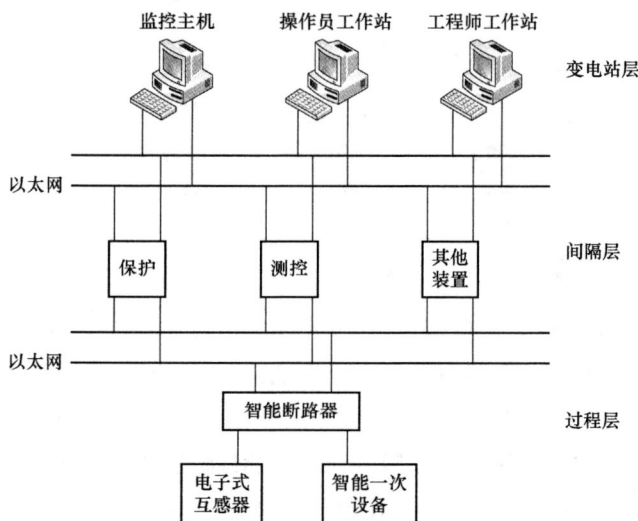

图 5 - 1 变电站自动化系统的分层结构

1. 过程层

过程层由智能化一次设备组成（如电子式互感器合并单元、智能断路器等），主要完成模拟量、数字量的采集和开关量的输入/输出、操作控制命令发送等与一次设备相关的功能。

2. 间隔层

间隔层由变电站内相关二次设备组成（如线路保护设备、间隔测控单元等），主要实现承上启下的数据传输功能，将本间隔收集到的过程层实时数据传送到变电站层，并接收变电站层设备下发的控制命令，完成对过程层设备的操作。

3. 变电站层

变电站层由站级计算机、工作站等装置组成（如监控主机、操作员工作站、工程师工作站等），主要完成对整个变电站的监控管理功能，包括通过人机接口，实现对间隔层和过程层设备的控制，并通过电力数据网与调度或集控中心通信等。

5.2.2 面向对象的信息统一建模

IEC 61850 标准采用面向对象的思想实现对物理世界的抽象，这种建模技术使得数据模型具有继承机制。根据 IEC 61850 标准，变电站内功能所需交互的数据模型为分层思想下的类模型，类模型的每一层都包含了相应的对象和服务。变电站中主要以智能电子设备 IED（Intelligent Electronic Device）为单位进行信息建模，根据信息分层的概念，每个 IED 包含一个或多个服务器（Server），每个服务器本身又包含一个或多个逻辑设备（Logical Device），逻辑设备包含逻辑节点（Logical Node），逻辑节点包含数据对象（Data Object），数据对象则是由数据属性（Data Attribute）构成的公共数据类（CDC）的命名实例。IED 的分层信息模型如图 5-2 所示。

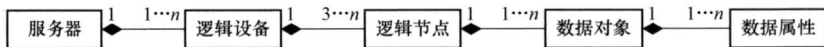

图中：服务器 $\xrightarrow{1 \quad 1\cdots n}$ 逻辑设备 $\xrightarrow{1 \quad 3\cdots n}$ 逻辑节点 $\xrightarrow{1 \quad 1\cdots n}$ 数据对象 $\xrightarrow{1 \quad 1\cdots n}$ 数据属性

图 5-2 IED 的分层信息模型

IEC 61850 标准通过采用面向对象建模技术，构建起分层的信息模型，并通过采用实例化的逻辑节点类（兼容逻辑节点类）和数据类（兼容数据类）对变电站自动化语义进行了明确约定，为提高智能电子设备 IED 的互操作性提供了技术支撑。

5.2.3 信息模型与底层通信协议独立

IEC 61850 标准通过抽象通信服务接口（Abstract Communication Service Interface，ACSI）定义了信息模型及其传输的网络服务。ACSI 只是概念上的接口，本身无法实现通信。实际的通信需要与具体的网络接口，通过采用特定通信服务映射（Specific Communication Service Mapping，SCSM），由 SCSM 映射到具体的底层通信协议实现通信，比如映射到制造报文规范（Manufacturing Message Specification，MMS）、GOOSE、SV、XMPP、IEC 60870-5-101/104 等应用层协议上。随着网络通信技术的发展，底层通信协议可能会出现更迭。若出现底层通信协议的替换，只需重新制定具体的 SCSM，对于 ACSI 已定义的信息模型和服务模型没有影响。因此 SCSM 实现了 ACSI 和底层通信协议的分离，使得 IEC 61850 具有足够的开放性和稳定性。

5.2.4　数据自描述

传统的通信规约（IEC 60870 - 5 系列标准）都是面向数据传输的，不关心数据的含义及其相互联系，变电站内的主站端和终端需要根据数据点表完成数据的一一对应。实际工程中信息的正确性必须通过信息点的动作来确定。变电站自动化系统建成后，收发端数据点的对应关系就会确立，以后无论是间隔升级改造，还是一次设备更新换代，站内监控系统和调度中心相应的数据点都必须进行更换，将会耗费大量的时间和资金。不同于面向传输的数据描述方法，IEC 61850 标准采用面向对象的数据自描述方法，使数据源本身具有自我描述，突破事先约定的限制，接收方根据接收到的具有自描述的数据，可马上建立数据库，无须完成数据的对号入座，大幅减少了管理维护的工作量。

5.3　IEC 61850 标准的逻辑节点建模原则

IEC 61850 标准以建立智能电子设备（IED）的面向对象的、分层的信息模型为基础，来实现设备间的互操作。其中面向对象的思想完成了对物理世界的抽象，分层信息体现了功能交互信息的层次化、结构化。根据 IEC 61850 标准的信息建模思想，其建模步骤可分为逻辑节点建模、逻辑设备建模、服务器建模、物理装置建模。

逻辑节点为 IEC 61850 标准下模块化分解的最小功能单元，是信息建模的基本组件。根据功能所需交互的数据选取逻辑节点为信息建模的第一步，信息建模一般采用 IEC 61850 - 7 - 4 已有定义的兼容逻辑节点类和兼容数据类，若满足不了功能需求，可进行扩展和新建逻辑节点类，或采用通用逻辑节点类（如 GGIO 或 GAPC）选取逻辑节点的原则。

（1）根据功能所需交互的数据选取标准中已经定义的能完全满足要求的 LN 类。

（2）标准中已经定义的 LN 类不能完全满足要求，则选取核心功能满足要求的 LN 类，同时向该 LN 类添加缺失部分的数据。

（3）标准中现有 LN 类不能满足核心功能需求，则需要根据规则扩展 LN 类。扩展逻辑节点类的原则为：① 逻辑节点的首字母须与标准中相关逻辑节点组的首字母相同；② 逻辑节点的后续字母能够代表相应的功能，一般选取功能英文名称的相关字母；③ 逻辑节点的名称具有唯一性，不能与现有逻辑节点名称重复。

5.4　面向配电业务的配电逻辑节点结构

5.4.1　SCADA 功能信息模型

SCADA 功能主要包括遥测、遥信、遥控（"三遥"），根据 SCADA 功能所需要交互的数据，IEC 61850 标准现有逻辑节点的数据基本可以实现其功能交互信息的映射。典型的"三遥"所需交互的数据及标准已有逻辑节点数据对象见表 5-1。

表 5-1 　　　　　　　　　　　SCADA 功能信息映射

量测分类	数据	逻辑节点及属性
遥测	线路电压（线电压）	MMXU.PPV
	线路电压（三相电压）	MMXU.Phv
	线路电流（三相电流）	MMXU.A
	线路有功功率	MMXU.Tot W
	线路无功功率	MMXU.Tot var
	线路视在功率	MMXU.Tot V・A
	线路功率因数	MMXU.Tot PF
	频率	MMXU.Hz
	不平衡电压	MSQI.Imb V
	不平衡电流	MSQI.Imb A
	线路有功电度	MMTR.Tot W・h
	线路无功电度	MMTR.Tot var・h
	开关动作次数	XSWI.Op Cnt
	断路器动作次数	XCBR.Op Cnt
	电池电压	ZBAT.Vol
	电池放电电流	ZBAT.Amp
	电池温度	ZBAT.In Bat Tmp
	内部电池电压	ZBAT.In Bat V
	内部电池电流	ZBAT.In Bat A
	电池充电电压	ZBTC.Cha V
	电池充电电流	ZBTC.Cha A
	变压器抽头位置	YLTC.Tap Pos
	变压器温度	YPTR.HP Tmp
	谐波测量	MHAI
遥信	开关位置信号	XSWI.Pos
	断路器位置信号	XCBR.Pos
	开关储能状态	XSWI.Sw Op Cap
	断路器储能状态	XCBR.CBOp Cap
	SF$_6$气体压力信号	SIMG.Pres
	SF$_6$气体异常信号	SIMG.Pres Alm
	蓄电池过压信号	ZBAT.Bat VHi
	电池活化中	ZBAT.Bat Test
	充电器充电模式	ZBTC.Bat Cha St
	电容器状态	ZCAP.Cap DS

量测分类	数据	逻辑节点及属性
遥调	线路开关	CSWI.Pos
	电容器组投切	ZCAP.Cap DS
	电池活化	ZBAT.Bat Test

　　SCADA 功能数据交互的逻辑节点映射包括：MMXU（测量）、MSQI（不平衡测量）、MMTR（计量）、MHAI（谐波测量）、XSWI（隔离开关）、XCBR（断路器）、ZBAT（电池）、ZBTC（充电管理）、SIMG（气体绝缘介质监视）、ZCAP（电容器组）、YPTR（变压器）、YLTC（分接开关）。ZBAT、ZBTC 涉及电池管理功能（电池管理功能信息建模中介绍），SIMG、ZCAP、YPTR、YLTC 涉及电容器组、配电变压器相应功能。馈线终端（FTU）SCADA 功能的逻辑节点配合映射如图 5-3 所示。

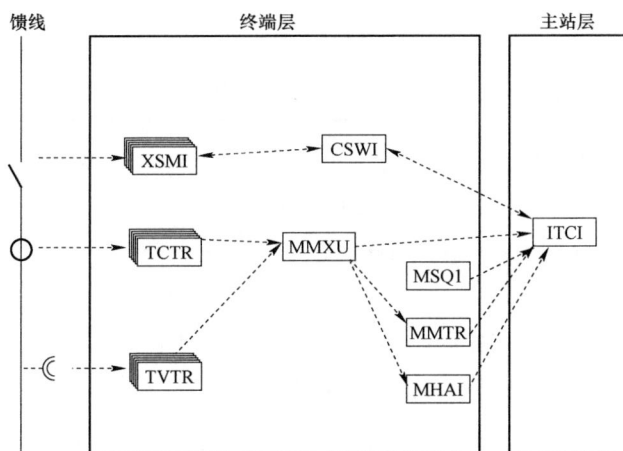

图 5-3　馈线终端（FTU）SCADA 功能的逻辑节点配合映射

　　图 5-3 中，馈线与终端层之间的箭头代表一次设备逻辑节点映射，终端层内部及其与主站层的箭头代表逻辑节点的配合关系与信息流向，下同。

5.4.2　馈线自动化功能的信息模型

　　FA 功能由故障检测、故障定位、故障隔离、故障恢复构成，其中，故障检测（故障指示功能）是 FA 功能的实现基础，其不同于保护装置动作出口子跳闸，是通过检测故障后线路电流、电压，判断产生并上报一个指示故障的持续性信号完成，需新定义逻辑节点实现建模。根据 FA 应用场景分析以及 IEC 61850-90-6 技术报告中的故障类型定义，通过新定义的故障指示类逻辑节点，同时与保护类逻辑节点建模完成故障指示功能，分为故障检测与故障指示两部分，包括 PTOC（带时限过电流保护）、PTUC（带时限欠电流保护）、PTOV（带时限过电压保护）、PTUV（带时限欠电压保护）、SCPI（电流指示）、SVPI（电压指示）、SFPI（故障指示）逻辑节点。

1. 故障检测逻辑节点

由 FA 信息交互分析可知，永久性短路故障可根据故障后故障点上游配电终端检测到的故障电流次数以及断路器重合跳开后相关配电终端检测到线路电压、电流消失来判断确认。可用 PTOC 来检测故障电流产生过电流信号（当故障为方向性故障等其他故障时，可选用其他的保护逻辑节点），同时采用 PTOV、PTUV、PTOC、PTUC 来检测电压、电流存在与否并输出动作信号。

2. 故障指示逻辑节点

用于检测电压、电流存在与否的保护逻辑节点输出的动作信号为暂态性脉冲控制信号，并在故障消失（电压、电流存在与否）后复归，不属于指示事件的持续性置位信号，不满足故障指示应用需求，因此需要 SCPI、SVPI 将其输出信号转变为指示事件的持续性置位信号。

SCPI（电流指示）逻辑节点属于监视逻辑节点组，其相关部分数据对象定义见表 5-2。其中，公共逻辑节点指定数据由所有的逻辑节点继承包括 Mod、Beh、Health、Nameplt 等。

表 5-2 　　　　　　　　　　　SCPI 相关部分数据对象定义

类型	属性名	属性类型	说明	M/O/C
状态	Prs	ACT	电流存在	M
信息	Abs	ACT	电流消失	M

注：M 为必选属性，O 为可选属性，C 为一定条件下选择的属性，下同。

SVPI（电压指示）逻辑节点亦属于监视逻辑节点组，其相关部分数据对象定义见表 5-3。其数据定义部分与电流指示逻辑节点 SCPI 相似。

表 5-3 　　　　　　　　　　　SVPI 相关部分数据对象定义

类型	属性名	属性类型	说明	M/O/C
状态	Prs	ACT	电压存在	M
信息	Abs	ACT	电压消失	M

SCPI.Prs 是由 PTOC.Op 置位，并由 PTOC.Str 复归，SCPI.Abs 是由 PTUC.Op 置位，并由 PTUC.Str 复归；SVPI.Prs 是由 PTOV.Op 置位，并由 PTOV.Str 复归，SVPI.Abs 是由 PTUV.Op 置位，并由 PTUV.Str 复归。图 5-4 所示为集中式 FA 信息交互中检测线路电流消失在此种建模方式下，PTUC 与 SCPI 信号配合输出指示电流消失的持续性置位信号。

当配电线路上发生永久性短路故障并由出线保护动作切除后，线路上电流消失，PTUC 检测到电流采样值低于定值后先后输出 Str 与 Op，PTUC.Op 将 SCPI 置位 Abs，出线保护重合闸后线路上再次出现故障电流，PTUC 检测到电流后复归，出线保护再次动作后，线路上电流再次消失，PTUC 再次先后输出 Str 与 Op，其中 SCPI.Abs 是由 PTUC.Str 复归，继而由 PTUC.Op 置位，最终输出指示电流消失的持续性置位信号。

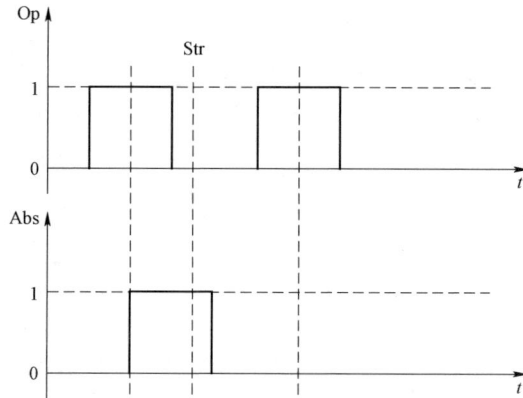

图 5-4　PTUC 与 SCPI 信号配合输出指示电流消失的持续性置位信号

SFPI（故障指示）的功能是对检测故障电流的 PTOC，监测电压、电流存在与否的 SCPI 和 SVPI 所输出的信号进行逻辑判断并输出故障持续类型（逻辑可根据具体情况配置），并对故障进行计数。SFPI 逻辑节点亦属于监视逻辑节点组，其相关部分数据对象定义见表 5-4。

表 5-4　　　　　　　　　　　SFPI 相关部分数据对象定义

类型	属性名	属性类型	说明	M/O/C
状态信息	FltInd	ACD	故障指示结果	M
	FltPmTyp	ENS	故障类型枚举	O
	TrsFltInd	SPS	瞬时故障指示	O
	PmFltInd	SPS	永久故障指示	O
	Str	ACD	启动	O
控制	FltIndRs	SPC	故障指示复位	O
定值	AutoRsMod	SPG	自动复位设置	O
	MaxTmms	ING	故障后允许自动重合闸的最大时间（ms）	O
	FltConfmod	ENG	故障确认模式	O
	PmFltRsTms	ING	永久故障指示自动复位时间	O
	TrFltRsTms	ING	瞬时故障指示自动复位时间	O

SFPI 不仅能够指示永久性故障，还可指示其他持续类型故障包括瞬时性故障、间歇性故障、自熄性故障、半永久性故障、演变性故障。其中 MaxTmms 为检测到故障后最长等待时间即有效时间（包括重合闸时间），FltConfmod 为故障确认模式，包括电压模式、电流模式、电压与电流模式。

5.4.3　集中式馈线自动化的信息模型

根据集中式 FA 信息交互需求分析，其逻辑节点映射包括 XSWI（隔离开关）、TCTR（电流互感器）、TVTR（电压互感器）、CSWI（开关控制器）、MMXU（测量）、PTOC

（带时限过电流保护）、PTUC（带时限欠电流保护）、PTOV（带时限过电压保护）、PTUV（带时限欠电压保护）、IHMI（人机接口）、RDRS（扰动记录）、SCPI（电流指示）、SVPI（电压指示）、SFPI（故障指示）。其中，集中式 FA 功能实现过程的逻辑节点之间配合的映射如图 5−5 所示。

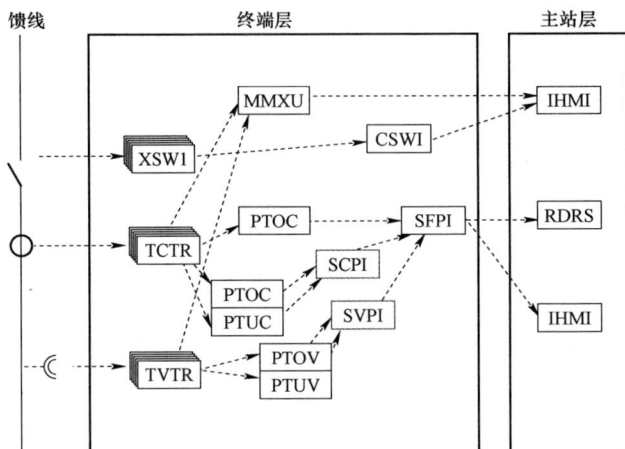

图 5−5　集中式 FA 的逻辑节点映射

5.4.4　分布式馈线自动化的信息模型

集中式 FA 与分布式 FA 功能实现的信息交互过程，既有相同之处，也存在不同的地方。两者具有相同的故障检测过程，但故障定位、隔离及恢复有所差异，前者由主站 FLISR 算法在收到各终端的故障检测信息后完成故障定位、隔离及恢复，后者由对馈线分段开关进行监控的配电终端之间的故障检测信息交互，完成故障检测、定位、隔离及恢复。主要通过 AFSL（分布式故障定位）、ASFI（故障隔离）及 ASRC（供电恢复控制）逻辑节点来构成分布式 FA 功能的信息模型。其中，SFPI 负责提供馈线在各监控终端处的故障信号检测情况，并将检测结果提供给 AFSL；AFSL 根据相邻终端 SFPI 的检测结果，判断出故障区段并指示故障是否发生在该监控点下游区段，并利用故障定位结果启动 ASFI；ASFI 负责故障隔离的启动和完成，其隔离启动信号将触发相关的开关动作，隔离完成信号将启动 ASRC；ASRC 负责提供本馈线可转供给联络馈线的容量裕度、供电恢复的完成情况，并输出对指定开关的控制指令等。

AFSL、ASFI 及 ASRC 属于 A 开头的自动控制类逻辑节点，主要数据对象分别见表 5−5 和表 5−6。

表 5−5　　　　　　　　　　　　　　AFSL 的主要数据对象

数据对象名称		公共数据类	解释说明	M/O/C
状态信息	FltLocStr	SPS	故障定位启动	O
	FltLocInd	ACD	故障定位的指示结果	M

续表

	数据对象名称	公共数据类	解释说明	M/O/C
控制	FltLocRs	SPC	故障定位指示复位	O
	Auto	SPC	自动控制器使能，继承自动控制逻辑节点	O
定值	RsTmms	ING	自动复位超时（ms）	O
	FltIndRef1	ORG	需接收的故障指示信号的数据对象索引，可根据应用场景多次实例化	O

注：数据对象包括继承公共逻辑节点的所有数据对象；SPS 为单点状态信息；ACD 为方向保护激活信息；SPC 为单点控制量；ING 为整数状态值；ORG 为对象索引定值。

表 5-6　　　　　　　　　　　AFSI 的主要数据对象

	数据对象名称	公共数据类	解释说明	M/O/C
状态信息	FltIsoStr	ACT	故障隔离动作指令	M
	FltIsoEnd	SPS	故障隔离完成标识	M
控制	FltIsoRs	SPC	故障隔离指示复位	O
	Auto	SPC	自动控制器使能，继承自动控制逻辑节点	O
定值	RsTmms	ING	自动复位超时（ms）	O
	FltLocRef1	ORG	需接收的故障定位信号的数据对象索引，可根据应用场景多次实例化	O

注：ACT 为非方向性保护激活信息。

　　分布式 FA 故障恢复包括故障上游的供电恢复和故障下游的供电恢复，其中故障上游由变电站出线保护完成恢复控制，故障下游由安装在对联络断路器进行监控的配电终端内的 SRC 完成恢复控制，SRC 需根据备用电源的容量、故障下游非故障区段的负荷总量等信息，完成故障下游部分或全部负荷的供电恢复。基于故障下游供电恢复过程，新定义供电恢复控制逻辑节点 ASRC，其功能是完成故障下游非故障区段的供电恢复，并指示供电恢复结果。ASRC 的相关部分数据对象定义见表 5-7。

表 5-7　　　　　　　　　　ASRC 相关部分数据对象定义

类型	属性名	属性类型	说明	M/O/C
状态	SrEnd	ENS	供电恢复结果	M
测量	DeLodCap	WYE	健康区段失电负荷总量	O
	RstLodCap	WYE	供电恢复的负荷总量	O
	RsvCap	WYE	备用电源可用容量	O
控制	RstRs	SPC	重置供电恢复	O
	RstCntRs	SPC	重置供电恢复计数器	O
	RstCntRs	INC	供电恢复计数器	O
定值	RstRsTmms	ING	超时时间	O
	CapLim	ASG	备用电源容量限制	O

供电恢复结果 SrEnd 可由下面几种状态表示：① 供电恢复失败、负荷全部恢复、负荷部分恢复；② 超时时间 RstRsTmms 以 ms 计，超时后供电恢复自动重置；③ 备供电源的容量限制 CapLim 取决于系统状态。

分布式 FA 故障定位逻辑节点映射如图 5-6 所示，故障指示中的故障确认模式为电压模式下，当馈线上开关 S1、S2 之间故障后，出线保护、馈线终端 1 中 SFPI 检测到故障并指示，馈线终端 2 中 SFPI 未作出故障指示，出线断路器 CB1 切除故障后，出线保护、馈线终端 1、馈线终端 2 中的 SFLI 基于就地和其他相邻 SFPI 提供的故障指示信息，判断出故障区段位于 S1 与 S2 之间，做出故障定位指示。

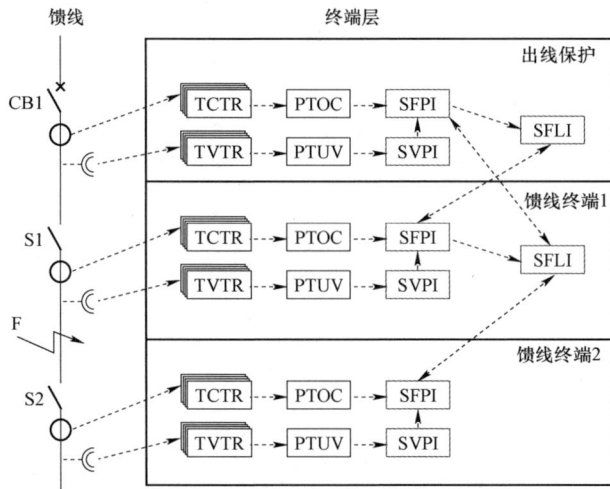

图 5-6　分布式 FA 故障定位逻辑节点映射

分布式 FA 故障隔离恢复逻辑节点映射如图 5-7 所示，确定故障区段后，SFLI 通过 CSWI 和 XSWI 控制开关 S1、S2 隔离故障区段，指示故障隔离成功，并进行下一步故障恢复。变电站出线保护在接收到馈线终端 1 中 SFLI 发出的故障隔离成功消息后，

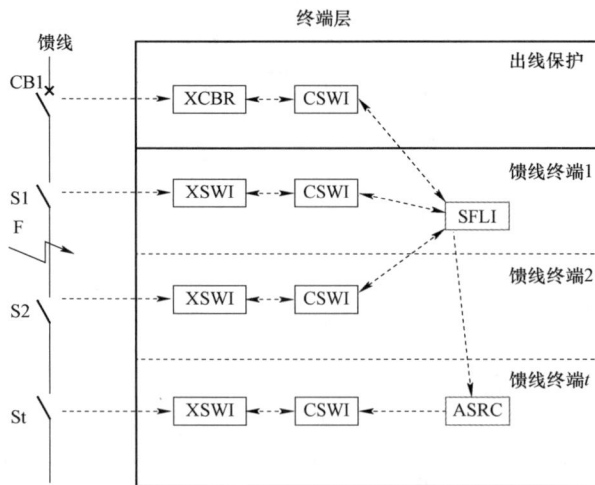

图 5-7　分布式 FA 故障隔离恢复逻辑节点映射

闭合断路器恢复故障上游非故障区段供电，联络断路器处的馈线终端 t 中 ASRC 收到故障隔离成功消息，在确定故障上游开关 S1 不是其相邻开关后，控制闭合联络断路器 St，恢复故障下游非故障区段供电。

5.4.5　小电流接地故障选线、定位功能的信息模型

小电流接地故障选线、定位功能由故障选线与故障定位构成，其中故障选线为该功能的实现基础，可通过故障指示功能来实现，亦可分为故障检测与故障指示两部分。小电流接地故障选线功能中的故障检测需新定义逻辑节点与标准已定义的保护类逻辑节点完成建模，故障指示可采用前述 FA 所使用的故障指示类逻辑节点完成建模。

1. 故障检测逻辑节点

由小电流故障处理信息交互分析可知，小电流接地故障可根据故障后选线装置检测到故障馈线的暂态零序电流超过定值、稳态零序电流低于定值以及母线电压升高来判断确认，并指示故障馈线。其中对于暂态零序电流的检测，目前标准中尚未定义相关逻辑节点，需新定义 PTCC（暂态零序电流检测）逻辑节点，稳态零序电流的检测可采用标准已定义的 PSDE（灵敏方向接地故障）逻辑节点，母线电压升高可采用标准已定义的 PTOV（带时限过电压保护）逻辑节点。PTCC 属于保护逻辑节点组，其相关部分数据对象定义见表 5－8。

表 5－8　　　　　　　　　　PTCC 相关部分数据对象定义

类型	属性名	属性类型	说明	M/O/C
状态	Str	ACD	启动	M
信息	Op	ACT	动作	O
控制	TransVClc	MV	暂态零序电压	O
	TransAClc［n］	MV	暂态零序电流	O
定值	GndStr（3U）	ASG	零序电压（3U）	O
	GndOp（3I）	ASG	零序电流（3I）	O
	StrDlTmms	ING	启动延时	O
定值	OpDlTmms	ING	动作延时	O
	SFBHigh	ING	选定频段上限	M
	SFBLow	ING	选定频段下限	M

PTCC 可以检测暂态零序电流，在暂态零序电流超过定值后产生过电流信号，其中 Trans VClc 为测量的母线暂态零序电压，Trans AClc［n］为测量的馈线暂态零序电流（采用数组定义），测量信息用于记录故障波形，SFBHigh 与 SFBLow 为选定频段的上下限，一般选取的频段区间为 150～2000Hz，大部分能量保存于此频段区间。

2. 故障指示逻辑节点

小电流接地故障选线可用故障馈线的故障指示实现，与 FA 中的故障指示有相似之处，可采用故障指示类逻辑节点完成建模，包括 SCPI（电流指示）、SVPI（电压指示）、

SFPI（故障指示）逻辑节点。

小电流接地故障定位功能需要配电终端将测量的暂态零序电流、暂态零序电压上送配电主站，由配电主站运行算法完成故障定位，并且需要配电终端在故障后对暂态零序电流的初始周期波形进行记录。

小电流接地故障定位功能中测量暂态零序电流、电压可采用 PTCC（暂态零序电流检测）逻辑节点完成建模，故障定位波形需新定义 REFW（故障定位波形）逻辑节点进行建模。REFW 属于保护相关功能逻辑节点组，其相关部分数据对象定义见表 5-9。

表 5-9　　　　　　　　　　REFW 相关部分数据对象定义

类型	属性名	属性类型	说明	M/O/C
状态	Str	ACD	启动	M
故障信息	KpTmms	INS	故障持续时间	O
	numSAV	INS	暂态记录点数	O
	FltWav	CSD	暂态数据记录	O
定值	volStrVal	ASG	接地启动值（3U）	O
	curStrVal	ASG	接地启动值（3I）	O
	StrDlTmms	ING	启动延时	O
	numPre	ING	故障前记录点数	O
	numTotal	ING	记录总点数	O

REFW 可以对小电流接地故障的零序电流初始周期波形进行记录，需要记录的故障信息包括故障持续时间、暂态数据记录点数、暂态数据记录，用于故障录波，需要设置的定值信息包括零序电压、电流启动值、故障前数据记录点数以及记录总点数等。

3. 小电流接地故障选线的信息模型

根据小电流接地故障选线信息交互需求分析，其逻辑节点映射包括 TCTR（电流互感器）、TVTR（电压互感器）、PTOV（带时限过电压保护）、PSDE（灵敏方向接地故障）、IHMI（人机接口）、SVPI（电压指示）、SFPI（故障指示），PTCC（暂态零序电流检测）、REFW（故障定位波形）。图 5-8 所示为小电流接地故障选线逻辑节点映射示例。

4. 小电流接地故障定位的信息模型

由小电流接地故障定位信息交互需求分析，可得逻辑节点映射包括 TCTR（电流互感器）、TVTR（电压互感器）、IHMI（人机接口）、PTCC（暂态零序电流检测）、REFW（故障定位波形）。图 5-9 所示为小电流接地故障定位逻辑节点映射示例。

5.4.6　分布式能源监控的信息模型

大量地接入、监视和控制分布式能源设备是清洁低碳、安全高效的新型电力系统的一个突出特点。与此同时，这些分布式能源设备制造厂家正面临着这样的一个老问题：当它们接入电力企业系统的时候，为用户提供什么样的通信标准和协议，用于监视和

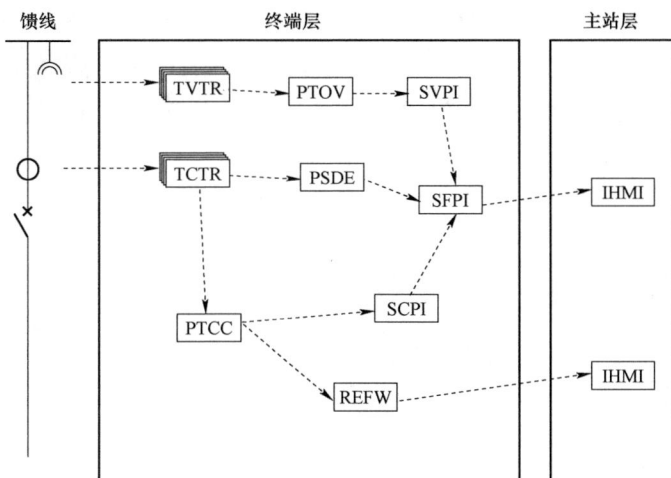

图 5-8　小电流接地故障选线逻辑节点映射示例

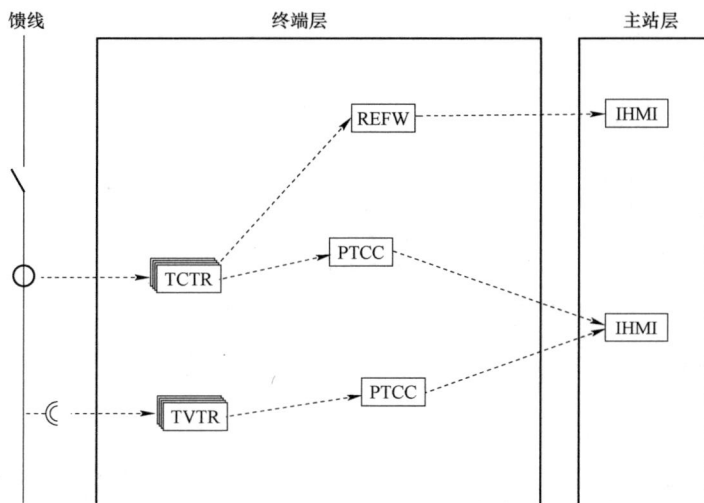

图 5-9　小电流接地故障定位逻辑节点映射示例

控制分布式能源设备。过去，分布式能源设备制造厂开发自己专有的通信技术。然而，当电力企业、电能聚合商（Aggregators）以及其他能源服务提供商开始管理与电力系统互联的分布式能源设备时，他们会发现，处理不同的通信技术时存在许多技术困难，增加实施成本和维护成本。于是，电力企业和分布式能源设备制造厂都认识到，需要一个为所有分布式能源设备规定通信和控制接口的国际标准。这样的标准，连同相应的操作指南和统一的处理步骤，将简化实施过程，降低安装成本和维护成本，改善电力系统运行的可靠性。分布式能源电厂的通信配置示例如图 5-10 所示。

　　分布式能源设施的通信不仅包括分布式能源单元与电厂管理系统之间的局部通信，也包括分布式能源设备与运营者或电能聚合商之间的通信，将分布式能源设备作为一个虚拟的能量源和/或辅助服务设施来管理。分布式能源的逻辑设备和逻辑节点的概念性组成如图 5-11 所示。

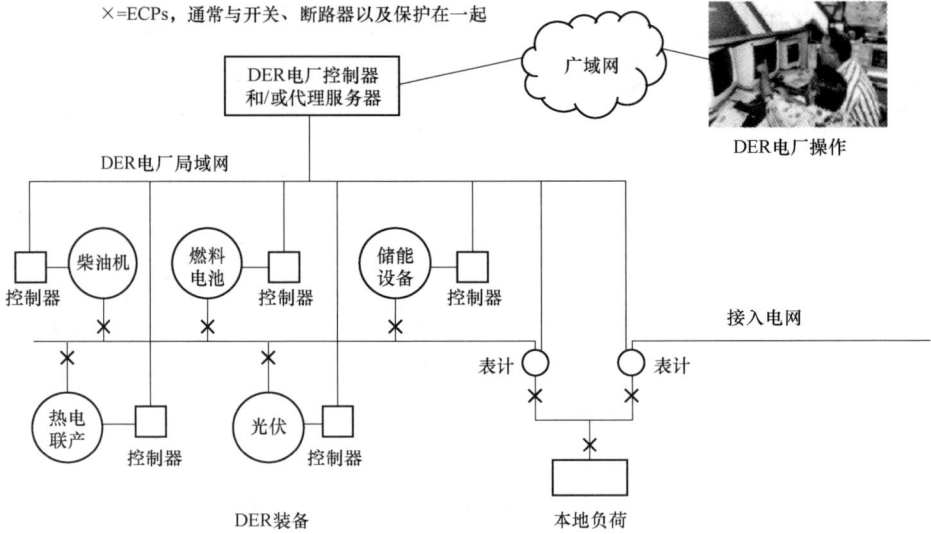

图 5-10　分布式能源电厂的通信配置示例

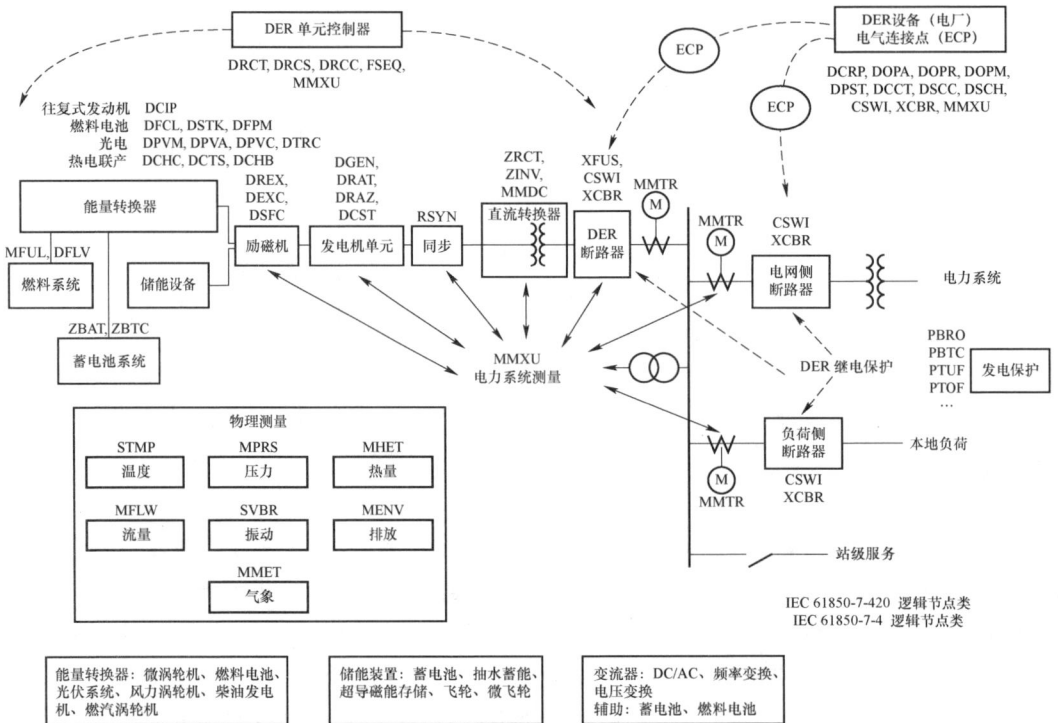

图 5-11　分布式能源的逻辑设备和逻辑节点的概念性组成

1. 分布式能源电厂电气连接点逻辑设备

分布式能源设备电气连接点逻辑设备定义一个或多个分布式能源单元与任何电力系统（EPS）的电气连接点处的分布式能源设备的特性，电力系统可以包括独立负载、微电网及公用电网。通常在该连接点处有一个开关或电力断路器。电气连接点可以是分层次的。每个分布式能源（发电或储电）单元有一个电气连接点连接到它的本地电力系统中，多组分布式能源单元有一个电气连接点在一个特定的位置或电厂处接入电力系统。一组分布式能源单元加上本地负载有一个电气连接点接入公用电力系统。

在一个分布式能源配置中，在一个单独的分布式能源单元和公用电力系统之间有一个电气连接点，在更复杂的分布式能源设施中可以有更多的电气连接点。分布式能源设备的电气连接点示意图如图 5－12 所示，在图中，电气连接点存在于：① 每一个单独的分布式能源单元和本地母线之间；② 每一组分布式能源单元和本地电网之间（带有负载）；③ 多组分布式能源单元和公用电网之间。

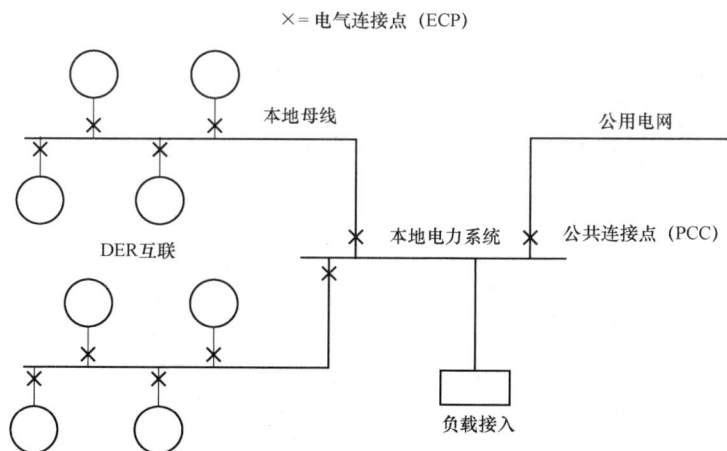

图 5－12　分布式能源设备的电气连接点示意图

在本地分布式能源电网和公用电网之间的电气连接点就定义为在 IEEE 1547《分布式资源接入电力系统标准》中所描述的公共连接点（PCC）。虽然一般来讲 PCC 是公用和非公用能源设备之间的电气连接点，但并不总是如此，比如分布式能源设备可以由公网企业所有或运行，以及/或者 EPS 可以由非公网企业所有或运行，比如校园电力系统或楼宇电力系统。

分布式能源系统有与它们的运行相关的经济调度参数，这些参数对于高效运营很重要，并且将越来越多地、直接或间接地用在市场化运营中，包括需求响应，实时电价，高级配电网自动化，以及能源市场辅助服务竞价。

（1）包含有多个电气连接点的设施。

1）一个分布式能源装置通过一个开关仅仅连接到一个本地负载，这种连接点是电气连接点。

2）多组相似的分布式能源装置连接到一个向本地负载供电的母线。如果一组分布式能源装置总是被当作一个单一的发电机对待，那么只需要一个电气连接点将该组接入母线。如果在母线和负载之间有一个开关，那么该母线在该连接点处就有一个电气连接点。

3）多个分布式能源装置（或多组相似的分布式能源装置）的每个都连接到一个母线。该母线连接到一个本地负载。在这种情形，每个分布式能源装置/组都有一个电气连接点将其接入该母线。如果在母线和负载之间有一个开关，那么，该母线在该连接处就有一个电气连接点。

4）多个分布式能源装置单独连接到一个母线。该母线连接到一个本地负载。同时，该母线还接入公用电力系统。在这种情形，每个分布式能源装置都有一个电气连接点将其接入该母线。该母线有一个电气连接点将其与本地负载相连接。该母线还有一个电气连接点将其与公用电力系统相连。这最后一个电气连接点等同于 IEEE 1547 中的 PCC。

（2）电气连接点逻辑设备主要包含的逻辑节点。在电气连接点逻辑设备的一个具体实现中，可以包含其中也可以不包含其中的部分逻辑节点，是否包含取决于特定的需要和实现的情形。无论如何，这些逻辑节点处理电气连接点的如下事宜。

1）DCRP：分布式能源设备在每个电气连接点处的公共特性，包括直接或间接连接到该电气连接点的所有分布式能源设备的所有者，运行权限，约定的职责和许可，位置，以及标识。

2）DOPR：分布式能源设备在每个电气连接点处的运行特性，包括在该电气连接点处的所有分布式能源设备的设备类型、连接类型、运行模式、组合额定参数，电力系统在电气连接点处的运行约束。

3）DOPA：分布式能源设备在每个电气连接点处的运行控制权限，包括断开电气连接点开关、闭合电气连接点开关、改变运行模式、启动分布式能源单元、停止分布式能源单元的权限。该逻辑节点也可以用于指示目前正在起作用的是什么样的权限许可。

4）DOPM：分布式能源设备在每个电气连接点处的运行模式。该逻辑节点可以用于设置可用的运行模式和实际的运行模式。

5）DPST：电气连接点处的实际的状态，包括分布式能源设备的连接状态、告警。

6）DCCT：用于分布式能源运行的经济调度参数。

7）DSCC：对发电和辅助服务安排的控制。

8）DSCH：分布式能源设备提供电能和/或辅助服务的安排。

9）XFUS、XCBR、CSWI：在电气连接点处或在负载连接点处的开关或断路器。

10）MMXU：在每个电气连接点处的电力系统的实际测量值，包括（可选）总的或单相的有功功率、无功功率、频率、电压、电流、功率因数及阻抗。

11）MMTR：每个电气连接点处在一定时间间隔内的计量信息（根据需要），包括时间间隔长度、单位时间间隔的读数（参见 DL/T 860.74，包括统计值和历史统计值）。

2. 分布式能源单元控制器逻辑设备

分布式能源装置控制器逻辑设备定义单独一个分布式能源装置的运行特性，而不考虑发电机或原动机的类型。

分布式能源装置可以包含以下逻辑节点。

（1）DRCT：分布式能源单元控制器特性，包括分布式能源的类型、电气特性等。

（2）DRCS：分布式能源单元的状态。

（3）DRCC：分布式能源单元的控制动作。

（4）MMXU：分布式能源单元自用电的有功功率和无功功率测量。

（5）CSWI：分布式能源单元与电力系统之间的开关闭合和断开。

3. 分布式能源发电系统逻辑设备

每一个非储能的分布式能源单元都有一个发电机。虽然每一种类型的分布式能源单元为其发电机提供不同的原动机,从而需要不同的描述原动机的逻辑节点,但是这些发电机的公共的运行特性对于所有类型的分布式能源都是一样的。因此,只需要一个分布式能源发电机模型。

分布式能源发电机逻辑设备描述分布式能源单元的发电机特性,分布式能源装置的类型不一样,这些发电机的特性也可以很不一样。

分布式能源发电机逻辑设备可以包括以下逻辑节点。

（1）DGEN：分布式能源发电机运行。

（2）DRAT：分布式能源发电机的基本额定参数。

（3）DRAZ：分布式能源发电机的高级特性。

（4）DCST：与发电机运行有关的成本。

（5）RSYN：同期。

（6）FPID：PID 调节器。

4. 分布式能源励磁部分逻辑设备

分布式能源励磁由操控（用于启动发电机的）励磁系统的分布式能源部件组成。

分布式能源励磁部分逻辑设备包括 DREX（励磁额定参数）和 DEXC（励磁操作）逻辑节点。

5. 分布式能源的速度/频率控制器

某些分布式能源发电机能够控制它们的速度/频率以改变它们的能量输出。

用在速度/频率逻辑设备中的逻辑节点为 DSFC（速度/频率控制器）。

6. 分布式能源的逆变器/变流器逻辑设备的逻辑节点

图 5-13 所示为逆变器/变流器结构。

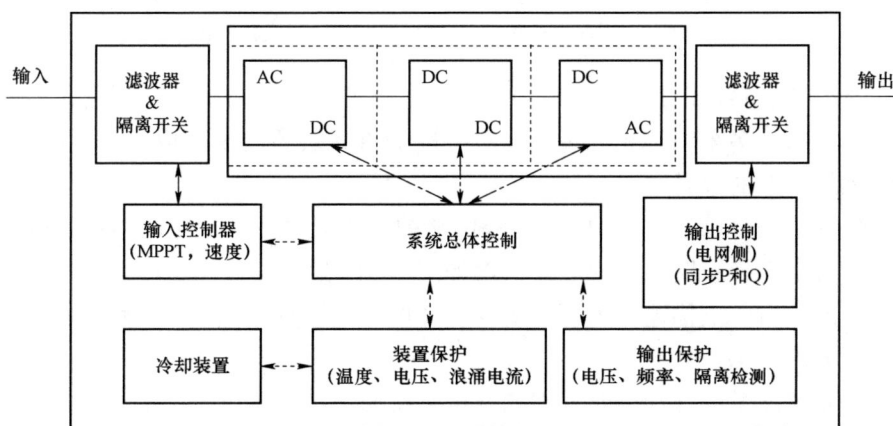

图 5-13　逆变器/变流器结构

某些分布式能源发电机需要整流器、逆变器及其他类型的变流器去改变其电力输出,以便接入终端用户交流电网。逆变器/变流器逻辑设备可以包括以下逻辑节点。

（1）ZRCT：将交流电转换为持续不断的直流电的整流器（AC/DC）。

（2）ZINV：将直流电转换为交流电的逆变器。

（3）DRAT：逆变器铭牌数据。

（4）MMDC：中间级直流电的测量。

（5）MMXU：输入级交流电的测量。

（6）MMXU：输出级交流电的测量。

（7）CCGR：对冷却风扇的成组冷却控制。

7. 燃料电池逻辑设备的逻辑节点

燃料电池是电化学能量转换装置。它通过由外部供给的燃料（在阳极侧）和氧化剂（在阴极侧）在电解液中发生的化学反应产生电流。通常，电池中保持有电解液，参与反应的物质不断流入、反应的生成物则不断流出。只要维持必须的物质流，燃料电池就可以持续不断地工作。已经开发出的燃料电池超过了 20 种。图 5-14 所示为燃料电池——氢/氧质子交换膜燃料电池（PEM）结构。

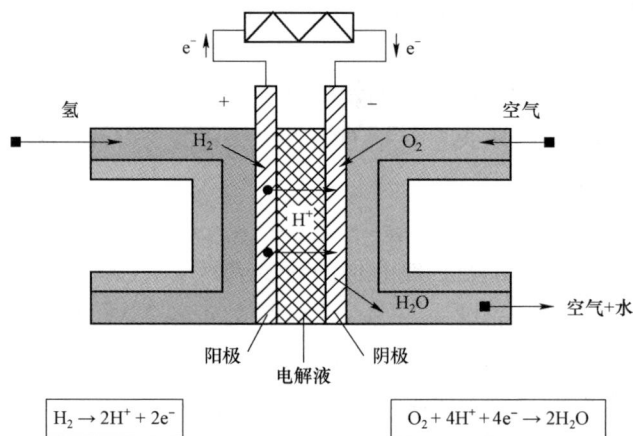

图 5-14　燃料电池——氢/氧质子交换膜燃料电池（PEM）结构

一个典型的燃料电池的电压为 0.8V，为了产生足够大的电压以满足许多需要较高电压场合的应用，多个电池单元以串联和并联的方式层叠起来形成"燃料电池堆"，其所使用的燃料电池的数目通常超过 45 个，并以不同的方式设计。在温度为 25℃时，燃料电池的理论电压可以达到 1.23V。燃料电池的电压取决于所使用的燃料、质量以及电池的温度。质子交换膜燃料电池工作机理如图 5-15 所示。

本节中的逻辑节点描述作为原动机的燃料电池的信息模型，用于燃料电池系统的逻辑节点示例如图 5-16 所示。

除了分布式能源管理和分布式能源发电系统所需的逻辑节点之外，燃料电池逻辑设备也可以包含以下逻辑节点。

（1）DFCL：燃料电池控制器特性。这些特性没有包含在 DRCT 中，是燃料电池特有的特性。

（2）DSTK：燃料电池堆。

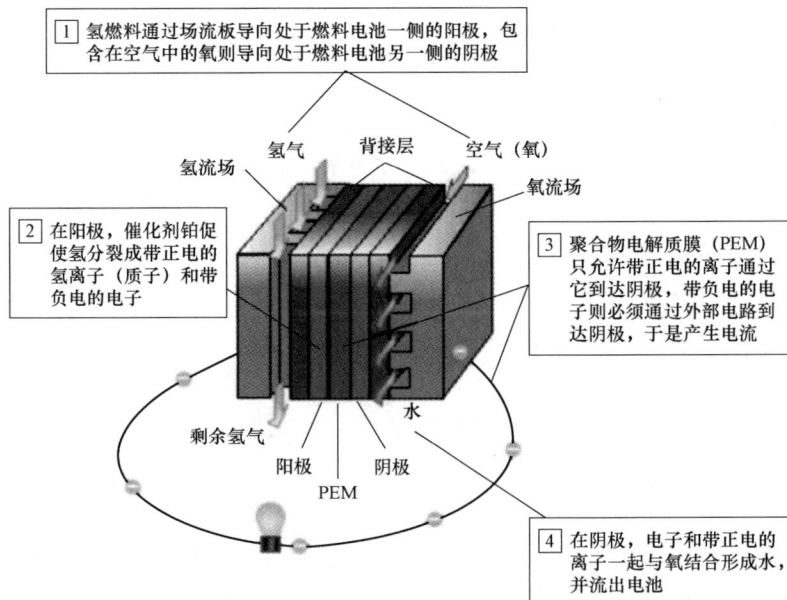

图 5-15 质子交换膜燃料电池工作机理

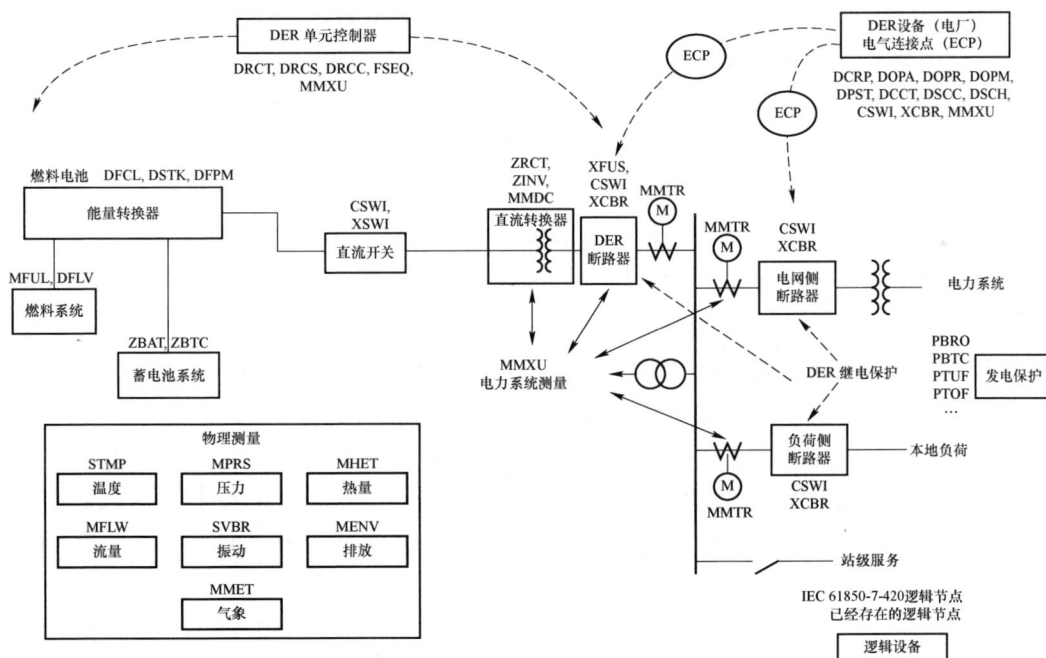

图 5-16 用于燃料电池系统的逻辑节点示例

（3）DFPM：燃料处理模块。

（4）CSWI：在燃料电池和逆变器之间的开关。

（5）ZRCT：整流器。

（6）ZINV：逆变器。

（7）MMXU：输出电气量测量。

（8）MMDC：中间直流电的测量。

（9）MFUL：燃料特性。

（10）DFLV：燃料输送系统。

（11）MFLW：流动特性，包括空气、氧、水、氢，以及其他用作燃料或用于燃料电池处理的气体或液体。

（12）ZBAT：辅助蓄电池。

（13）ZBTC：辅助蓄电池充电器。

（14）STMP：温度特性，包括冷却剂（如空气、水）进口、排放口（出口）、歧管、发动机、润滑剂（油）、后冷却器等。

（15）MPRS：压力特性，包括冷却剂（如空气、水）进口、排放口（出口）、歧管、发动机、涡轮机、润滑剂（油）、后冷却器等。

8. 光伏系统逻辑设备的逻辑节点

光伏发电系统，一般称为光伏系统，可将太阳能直接转变为电能。这个过程不使用热能产生电能，因此，不包含涡轮机或发电机。事实上，光伏组件没有活动部件。

光伏系统是模块化的——构件（组件）组合在一起提供范围很宽的电能容量。这些组件可以以不同的配置方式连接在一起，组成的电力系统能够提供若干兆瓦电能。不过，大多数已安装的光伏系统容量要小得多。一种分类方法（能够影响需要监视的特性和状态的数量，以及需要使用哪些逻辑节点）是将其分为：① 小型光伏系统（最高达 10kW），监视总的功率、电压、电流、环境温度，以及（阳光）对太阳能板的辐照量；② 中型光伏系统（10~200kW），监视光伏组件个体的一些值；③ 大型光伏系统（高于 200kW），监视单个光伏串，以及类似熔断器这样的辅助设备。

光伏转换的基本单元是一种被称为太阳能电池的半导体设备。多个太阳能电池可以互相连接形成光伏组件。光伏组件是由太阳能电池互相连接装配、完全密封防护而成的最小单元。本标准将使用术语"组件"描述具有各自额定值的设备。这些光伏组件使用并联和串联相结合的方式互相连接形成一个光伏阵列。图 5-17 所示为典型光伏阵列的组成结构。首先几个光伏组件以串联的方式互相连接形成光伏串，然后几个光伏串使用组合器（或汇流箱 JB）以并联的方式结合构建成为光伏阵列。在一个大的系统中，光伏阵列经常被划分成为单独控制的多组子阵列，这些子阵列由串联的光伏组件和并联的光伏串组成。

单独的光伏阵列被认为是一个单独的直流电源。两个或多个组装在一起的光伏阵列如果没有在功率调节装置的发电侧并联在一起，则被认为是独立的光伏阵列。

由于电力系统与发电设备需要以交流电的方式连接，所以需要功率调节装置（PCU）或逆变器将光伏阵列输出的直流电转换为交流电。在光伏系统中使用的逆变器还有另外一个任务：根据不同的太阳辐射和温度条件（这两者都影响输出功率），调整直流侧电流和电压的大小，以获得最大的效率。对于一个光伏组件而言，最优的工作点定义为在 $I-U$ 曲线上称为最大功率点（MPP）的那个点。

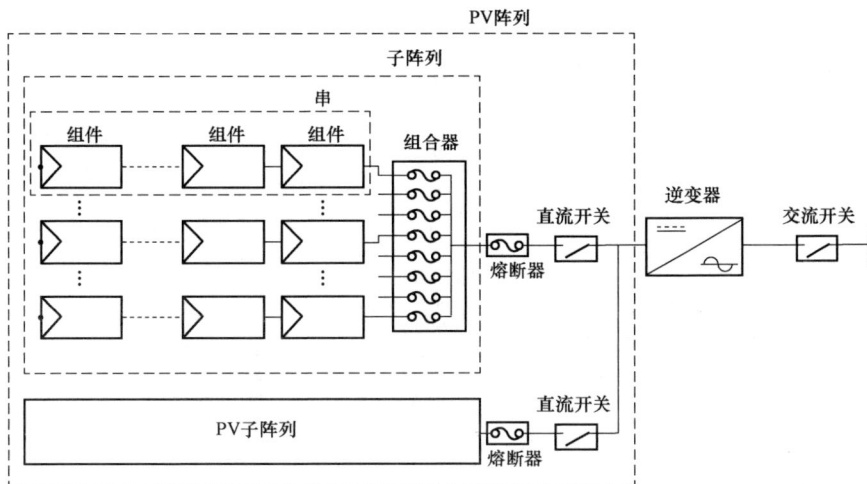

图 5-17　典型光伏阵列的组成结构

一个小型互联光伏系统可以是两个光伏子阵列接入同一个与电网连接的逆变器，每个光伏子阵列由几个串联的光伏组件和并联的光伏串组成。对于更大、更复杂的光伏设施，光伏系统可以由接入不同逆变器的多个阵列组成。带有两个阵列若干个子阵列的大型光伏电站原理如图 5-18 所示。每一个子阵列由 10 个光伏串并联构成，每个串由 12 个组件构成。

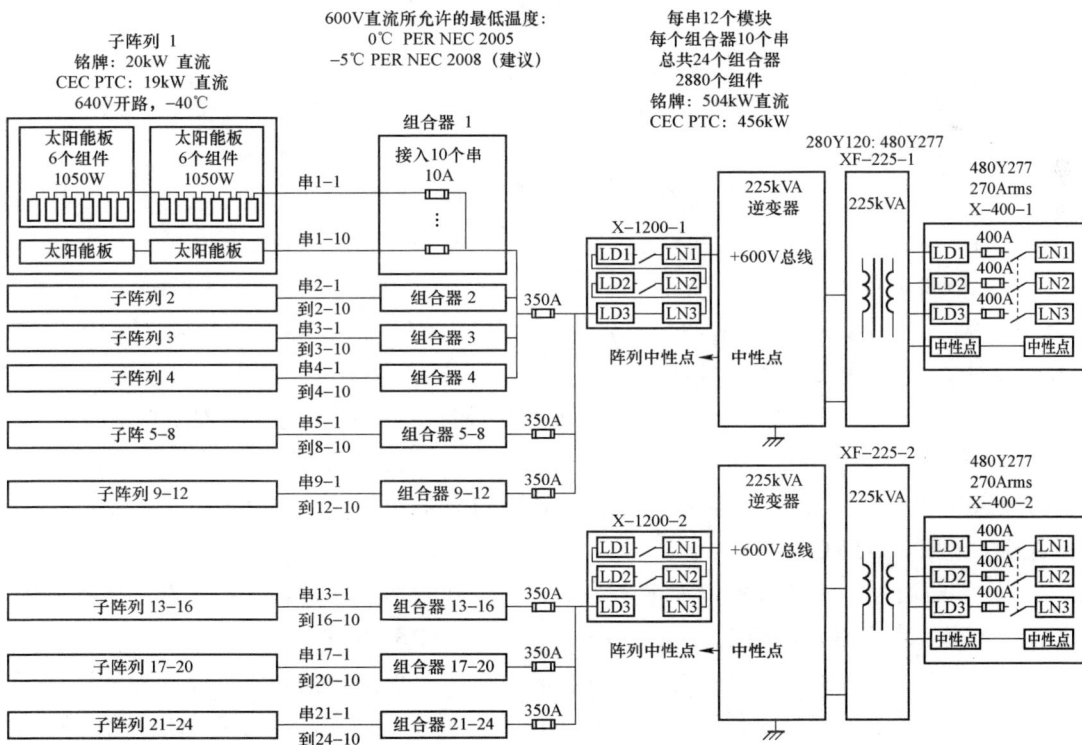

图 5-18　带有两个阵列若干个子阵列的大型光伏电站原理

本节中的逻辑节点描述作为电源的光伏系统的信息模型。图 5－19 所示为与光伏系统某种配置相关的逻辑节点示例，实际的实现可以不同，取决于系统需求。

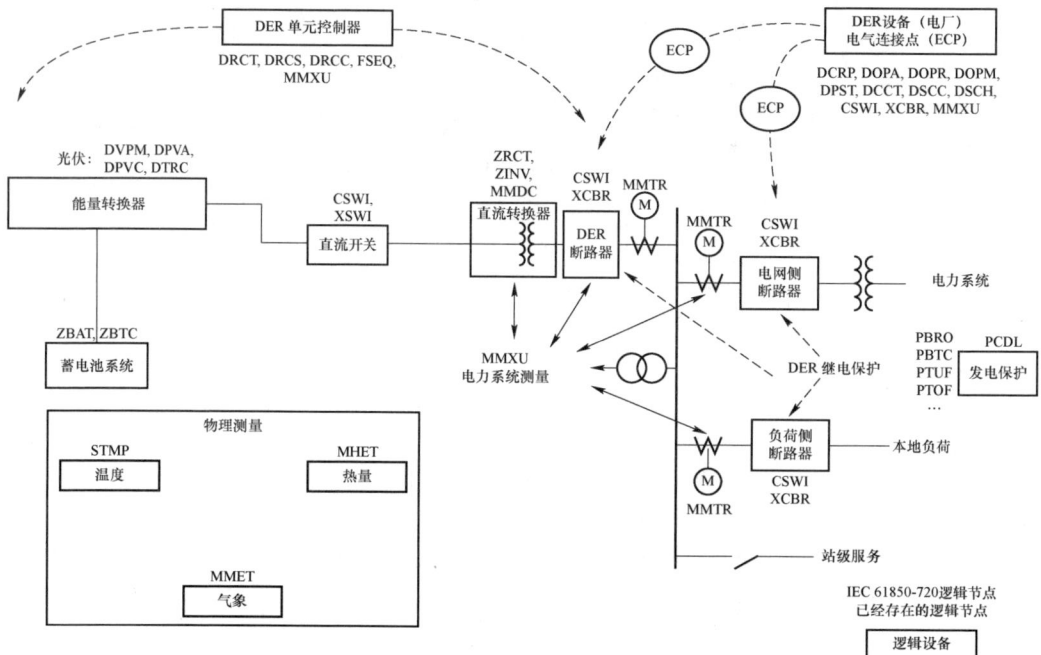

图 5－19　与光伏系统某种配置相关的逻辑节点示例

（1）为了光伏系统可以自动化运行，建立的逻辑设备需要以下功能。

1）开关设备操作：控制和监视断路器和隔离设备的功能。已经包含在 XCBR、XSWI、CSWI 等中。

2）保护：在故障情况下保护电力设备和人身安全的功能。已经包含在 PTOC、PTOV、PTTR、PHIZ 等中。许多光伏系统还要求具备"直流接地故障保护"这一特殊功能，以减少火灾危险并提供电力冲击保护。该功能已包含在逻辑节点 PHIZ 中。

3）测量和计量：获得诸如电压和电流等电气测量值的功能。交流测量包含在 MMXU 中，直流测量包含在 MMDC 中。

4）直流到交流的变换：用于控制和监视逆变器的功能。这些包含在 ZRCT、ZINV 中。

5）阵列运行：使阵列的输出功率最大化的功能。包括调整阵列电流和电压水平以获得最大功率点（MPP），以及操控跟踪系统跟随太阳的移动。本功能特别用于光伏，包含在 DPVC、DTRC 中。

6）孤岛运行：使光伏系统和电力系统同步运行的功能。包含互联标准中所提到的反孤岛运行要求。这些功能包含在 DRCT、DOPR 和 RSYN 中。

7）储能：存储由系统产生的多余电能的功能。在小型光伏系统中储存能量通常使用蓄电池，在较大的光伏系统中则可以使用压缩空气或其他方法，用 ZBAT 和 ZBTC 表示。目前压缩空气还没有建模。

8）气象监测：获得太阳辐射和环境温度等气象测量值的功能。这些包含在 MMET

和 STMP 中。

（2）除了分布式能源管理所需的逻辑节点之外，光伏逻辑设备也可以包含如下逻辑节点。

1）DPVM：光伏组件额定参数。为光伏组件提供额定参数。

2）DPVA：光伏阵列特性。提供光伏阵列或子阵列的一般信息。

3）DPVC：光伏阵列控制器。用于控制阵列的功率输出最大化。光伏系统中的每一个阵列（或子阵列）对应有此逻辑节点的一个实例。

4）DTRC：跟踪控制器。用于跟随太阳的移动。

5）CSWI：描述操作光伏系统中各种开关的控制器。CSWI 总是与 XSWI 或 XCBR 联合使用，XSWI 或 XCBR 标识是用于直流还是交流。

6）XSWI：描述在光伏系统与逆变器之间的直流隔离开关，也可以描述位于逆变器和电力系统物理连接点处的交流隔离开关。

7）XCBR：描述用于保护光伏阵列的断路器。

8）ZINV：逆变器。

9）MMDC：中间级直流电的测量。

10）MMXU：电气测量。

11）ZBAT：蓄电池。

12）ZBTC：蓄电池充电器。

13）XFUS：光伏系统中的熔断器。

14）FSEQ：在启动或终止自动顺序操作中顺控的状态。

15）STMP：温度特性。

16）MMET：气象测量。

9. 热电联产逻辑设备的逻辑节点

热电联产（CHP）覆盖多种类型的发电系统，包括在发电的同时也产生可供使用的热量的系统。热电联产有以下几种不同的用途。

首先是热，其次是电。工业过程可能产生热，或者建筑物需要用蒸汽供暖。其中多余的热量可以用于发电，通常是通过蒸汽轮机或燃气轮机发电。与耗费能量去冷却已被加热的媒质（水或其他流体）相比，更好的用途是：用余热驱动涡轮机（如蒸汽涡轮机），涡轮机则连接到发电机以产生电能。

首先是电，其次是热。普通的发电厂把热量作为发电产生的副产品，或通过冷却塔，或作为废气，或通过其他手段，散发到环境中。热电联产则获取这些多余的热量，作为居民或工业加热之用。要么这些居民区或工业区非常接近电厂，要么通过蒸汽管道输送热量以加热居民住宅（"区域加热"）。这些多余的蒸汽也可用于大型空调设备，通过驱动蒸汽轮机，带动压缩机、冷却水，并将冷却后的水输送到分处不同建筑物内的空调设备中。

利用可用的副产品燃料（如由垃圾或生物产生），它们可以燃烧以产生电和/或热。

这些课题有许多不同的方面（不同类型的发电机、不同的热源、设备的不同的所有权、关于热和电的市场交互机制、关于供热或发电的约束等）。热电联产配置示例如图 5-20 所示。

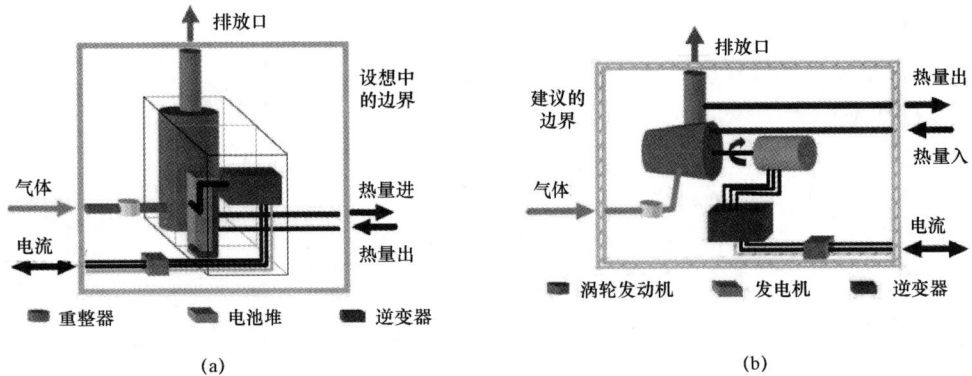

图 5-20　热电联产配置示例

（a）基于燃料电池的热电联产图；（b）基于内燃机装置的热电联产图

除了其他原因之外，定义一个通用的热电联产模型的困难来自：① 热电联产系统的类型、用途以及运行特性是多种多样的；② 不同的热电联产系统的成熟程度差别巨大。

由于目前用在热电联产组合中的热设施方案和原动机种类繁多，因此不可能建立热电联产系统的一个唯一的模型。与其试图建立一个完整的热电联产系统自身的模型，倒不如对热电联产系统的各个部件建模，然后这些部件可以像建筑构件一样用于对不同类型的热电联产系统构建多种多样的组合。这些不同部件中的每一个都可以创建信息模型。

图 5-21～图 5-23 所示为 3 个简单的热设施方案的例子。图 5-21 为包括民用热水和加热两个循环的热电联产单元，从加热系统中流出的热水/蒸汽直接用于发电系统。图 5-22 为包括民用热水但没有混合储水罐的热电联产单元，从民用加热系统中返回的水用于发电，如果从附加锅炉和建筑物中返回的（水的）温度对于热电联产而言过低，则可能需要预加热储存装置。相反，如果从加热系统中返回的（水的）温度对于热电联产装置而言太高，这需要先冷却这些返回的水。图 5-23 为包括民用热水以及混合储水罐的热电联产单元，也可以使用混合储热装置，不是使用两个不同的储水罐，而是使用带有两个热交换器的同一个储水罐。附加电加热功能也可以增添加热设施的灵活性。

除了不同的组合之外，热电联产系统还依赖于不同的原动机（如燃气轮机、燃料电池、微型涡轮机以及柴油发动机）。不同的结合方式处于不同的发展阶段（从原形到商用成品）。因此，确定随着时间的推移将使用哪一种结合技术是困难的。

这些事实再一次导致这样一个结论：应该对热电联产系统的每一个部件单独建模，由不同的热电联产系统的实现者按照需要将这些部件组合在一起。由于这个原因，在一个热电联产系统中可以使用许多不同的发电逻辑节点，它们中的大部分已经存在并用于其他的分布式能源系统中。热电联产独有的逻辑节点是那些处理热电联产的热的方面以及"结合"的方面的逻辑节点，包括：① 热量生产和锅炉系统；② 热交换系统；③ 烟囱和排放系统；④ 冷却系统；⑤ 组合运行管理。

本节中的逻辑节点描述热电联产系统的非发电机的方面，因为发电机的类型的描述与它们在热电联产系统中的使用无关（参见往复式发动机、蒸汽轮机、燃气轮机、微型涡轮机等）。图 5-24 所示为与热电联产系统（CHP）相关的逻辑节点示例。

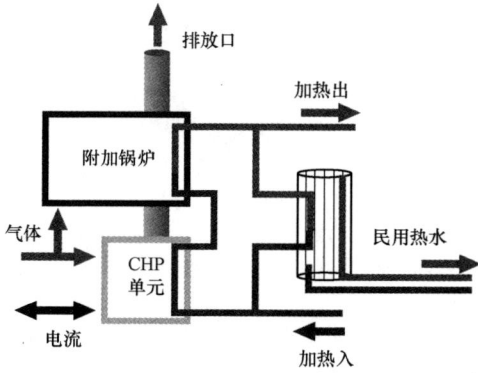

图 5-21　包括民用热水和加热
两个循环的热电联产单元

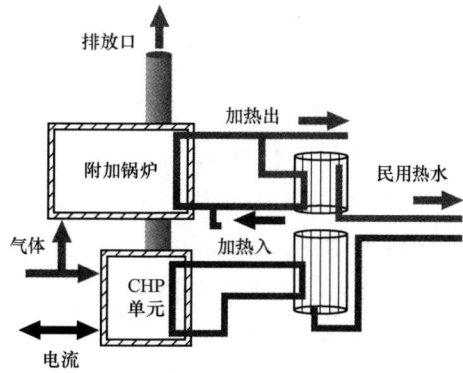

图 5-22　包括民用热水但没有混合
储水罐的热电联产单元

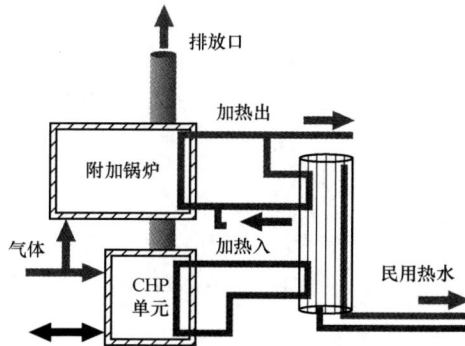

图 5-23　包括民用热水以及混合储水罐的热电联产单元

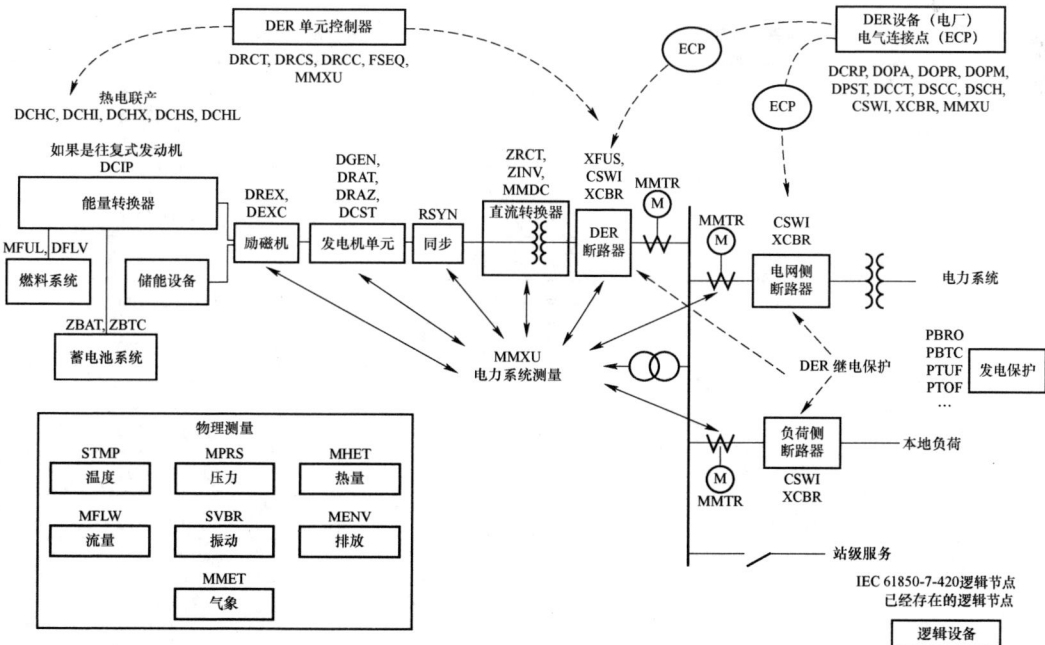

图 5-24　与热电联产系统（CHP）相关的逻辑节点示例

除了分布式能源管理、分布式能源发电机以及分布式能源原动机所需的逻辑节点之外，热电联产逻辑设备也可以包含以下逻辑节点。

（1）DCHC：整个热电联产系统的热电联产控制器，其所包含的信息没有包含在分布式能源单元控制器逻辑设备中。

（2）DCTS：热电联产蓄热器。

（3）CCGR：冷却系统。

（4）MMXU：电气测量。

（5）XSWI：电气开关。

（6）STMP：温度特性。

（7）MPRS：压力测量。

（8）MHET：加热和冷却测量。

（9）MFLW：流量测量。

（10）SVBR：振动测量。

（11）MENV：排放测量。

（12）MMET：气象测量。

5.4.7 电池管理功能的信息模型

根据电池管理信息交互需求分析，电池管理功能分为电池和充电管理两部分，可采用 IEC 61850 标准现有逻辑节点映射。电池管理所需交互的数据及标准已有逻辑节点数据见表 5－10。

表 5－10　　　　　　　电池管理所需交互的数据及标准已有逻辑节点数据

量测分类	数据	逻辑节点及属性
遥测	电池温度	ZBAT.In Bat Tmp
	电池外部电压	ZBAT.Vol
	电池泄漏电流	ZBAT.Amp
	电池内部电压	ZBAT.In BatV
	电池内部电流	ZBAT.In BatA
	电池充电电压	ZBTC.ChaV
	电池充电电流	ZBTC.ChaA
遥信	电池过电压信号	ZBAT.BatVHi
	电池欠电压信号	ZBAT.BatVLo
	电池活化结果	ZBAT.BatestRsl
	充电模式状态	ZBTC.BatChaSt
配置	充电类型	ZBTC.BatChaTyp
	充电模式	ZBTC.BathaMod
	最大放电流	ZBAT.MaxBatA

续表

量测分类	数据	逻辑节点及属性
配置	最大充电电压	ZBAT.MaxChaV
	过电压定值	ZBAT.HiBatVAlm
	欠电压定值	ZBAT.LoBatVAlm
控制	电池接入	ZBAT.Bat St
	电池活化	ZBAT.Bat Test

根据表可知，电池管理功能数据交互的逻辑节点映射包括 ZBAT（电池）和 ZBTC（充电管理）。其中 ZBTC.BatChaMod（电池充电模式）包括 Operational mode（运行模式）、Test mode（测试/活化模式）；ZBTC.BatChaTyp（电池充电类型）包括 Constant voltage（恒电压）、Constant current（恒电流）及 Other（其他类型）；ZBAT.Bat Test Rsl（电池测试/活化结果）包括 Not applicable（不可用）、All good（状态良好）、Bad（状态差）等。

IEC 61850 标准采用面向对象的统一建模原则，具有良好的继承性与可扩展性，其中部分标准已定义的功能 LN 可满足配电自动化系统部分功能的建模需求，如 SCADA 功能、电池管理功能；对于配电自动化系统中特有功能，通过新定义故障指示类 LN、故障定位隔离指示 LN、供电恢复控制 LN、暂态零序电流检测 LN、故障定位波形 LN，并协同标准已有 LN 完成信息建模，包括 FA、小电流接地故障选线与定位功能；基于此给出了 SCADA、集中式与分布式 FA、小电流接地故障选线与定位等功能应用场景的逻辑节点配合关系映射，为下一步建立终端信息模型提供依据。

第6章
模型间的映射

IEC 61850 标准现在正扩展到其他控制领域，如水力发电厂或控制分布式能源等领域。IEC 61968/61970 标准，主要涉及控制中心中的应用系统集成，主要包括 DMS 系统和 EMS 系统。这两个项目处理电力系统的信息模型和数据交换服务从不同的角度来看。

目前，配电终端和控制中心之间的通信，主要基于 IEC 60870-5 标准，未来 TC57 的演进路线基于 IEC 61850 标准从变电站、发电厂、配电终端等现场设备获取信息。统一 IEC 61850 和 IEC 的信息和服务模型建议使用 IEC 61968/61970。

6.1 CIM 模型和 IEC 61850 模型映射的意义

IEC 61970/61968 标准以公共信息模型（Common Information Model）作为其核心信息模型。CIM 由统一建模语言（UML）描述，使用面向对象建模方法，对电力系统领域内的各种抽象概念和实体对象等进行了建模，描述了各个对象类的属性以及类间的关联、聚集、继承等关系。CIM 模型分为不同的包，如前述的 SCADA 包、保护包、量测包、资产包、线路包等，不同包中的类用于描述 EMS/DMS 中不同的业务领域。CIM 模型为电力系统内数据的交互提供了统一的语义模型，使得不同系统和应用能够以统一格式交互数据，减小了重复建模的可能性和数据识别的难度。

传统的 IEC 61850 信息模型主要是指变电站配置模型（SCL Model）。SCL 模型中包含了变电站及功能关联模型、通信网络配置模型以及 IED 模型。变电站功能关联模型主要包含了变电站的单线图一次拓扑连接信息以及 IED 内的逻辑节点与单线图内设备的关联关系（如保护 IED 内的 XCBR 逻辑节点与实际断路器的关联关系）；通信网络配置模型主要包含 IED 与通信子网的连接信息以及 IED 的通信参数（如 IP 地址等）；IED 模型主要包含变电站内所有 IED 内的逻辑节点（LN）、数据对象（DO）、数据属性（DA）的层次从属关系，IED 的初始化配置参数（如量测 IED 中的数据上送设置为周期上送或变化上送）以及 IED 之间的数据流信息（如保护 IED 的电压电流信息来源于采集 IED）。

CIM 模型与 SCL 模型的交集为变电站内的电网模型和量测模型。其根本区别主要在于 CIM 模型主要对变电站的一次设备进行建模，着重描述一次设备的参数属性以及拓扑连接关系等，对变电站内的实际功能模型则基本不涉及。而 SCL 模型则主要描述变电站内的二次智能电子设备模型以及其与一次设备的关联关系，并通过逻辑节点给出了反映变电站内保护、控制、采集等众多功能的功能模型。另外，CIM 模型是一个类间具有大量双向关联关系的网状模型，而 SCL 模型则是一个严格的层次状模型。但是，即便是二者共有的部分，如拓扑模型及量测模型等，也存在较大差异。

6.2　IEC 61850 模型和 CIM 模型映射的方法及原则

从长期目标看，IEC 有如下建议。

（1）研究将 CIM 模型转换为 SCL 的映射。可以使用直接从适当的 CIM 子集或子集生成的 XML 模式来生成 SCL Process/Line/Substation 部分。可能需要考虑扩展到 CIM，对其他类型的资产、功能和设备建模，并考虑 IEC 61850 模型特性，如逻辑节点等。

（2）应扩展 IEC 61850-6 中的设备类型代码列表，以便与 IEC 61970/IEC 61968 CIM 更加一致，特别是支持与配电网相关的应用。可以使变电站部分来更全面地描述电力系统设备及其连接性，而不需要任何逻辑节点的细节。其目的是类型代码表示物理设备的本质特性，而和具体应用软件无关。

6.2.1　静态拓扑模型融合

需要融合的静态拓扑模型主要分为两个部分，一部分是变电站外的静态拓扑模型，另一部分是变电站内的静态拓扑模型。

1. 变电站外的静态拓扑模型

变电站外的部分由于 IEC 61850 静态拓扑模型无法表达，因此需要将 IEC 61970 的站外拓扑相关类，如馈线、负荷开关、等效负荷等，以及本文构建的主动配电网自治控制区域和分布式能源的拓扑信息，都融合到 IEC 61850 的静态拓扑模型当中去。

站外需要融合的模型可分为非设备类、导电/普通设备类和类间关系 3 部分，其中 IEC 61970 站外的非设备类和类间关系是 IEC 61850 中原本不包含的，因此需要新建，而站外的普通设备和导电设备，则需要增补到 IEC 61850 已有的普通设备和导电设备枚举类型当中去，对于一些中间抽象类如 Connector、Conductor 等，它们仅仅是对设备的更精确分类，在融合时可以忽略，只把最终的实体设备类如 DERInverter、PVArray 等分别添加到 IEC 61850 的导电设备或普通设备枚举类型中。

2. 变电站内的静态拓扑模型

变电站内需要分为 4 个部分进行融合，其中对象与容器的类间关系以及 IEC 61968 和 IEC 61850 共同建模的对象类，在两个标准中都涉及，但是 IEC 61968 CIM 模型对于电网拓扑的表达更为完整和成熟，IEC 61850 的拓扑模型只是 IEC 61968 拓扑模型的一个子集，因此这部分需要以 IEC 61968 的模型为准，将模型融合到 IEC 61850 中，修改 IEC 61850 中与之有差异的部分；功能、子功能、子设备模型以及逻辑节点和电力系统资源之间的关联关系，是 IEC 61850 模型中特有的部分，它们在 IEC 61968 模型中没有涉及，而未来主动配电网信息集成应用中，如果所有的现场终端都实现了 IEC 61850 标准化，那么所有的 SCADA 数据都会来源于 IEC 61850 的逻辑节点，基于 IEC 61968 标准的主动配电网主站能量管理系统的高级应用必须获得逻辑节点在电网拓扑中的更精确定位，以便于分析数据来源和解析数据，防止信息集成过程中发生信息误读，因此需要将 IEC 61850 的这部分模型融合到 IEC 61968 中，依照 IEC 61968 的类命名与类间关联构建风格新建这部分模型。

因为端子的建模在 IEC 61850 标准中属于特例，它虽然没有直接和连接节点进行关联，但是却通过该类的 connectivitynode 属性对连接节点的唯一路径名进行了对象引用，事实上是建立了端子和连接节点的关联，只不过表达方式不同而已，故无须进行融合。

6.2.2　量测模型融合

IEC 61970 量测模型和 IEC 61850 量测模型在量测值数据结构及数据类型，时间戳、品质、单位类型，量测与静态拓扑模型的关联等 3 个主要方面存在差异。由于量测量是从终端层的 IEC 61850 装置中，通过实时 SCADA 通道上送给主站，或者通过 Web 服务上送到主站的 IEC 61850/IEC 61970 模型转换服务上转换成 IEC 61970 消息后接入主站总线，因此，量测量是单向上行的信息，只需保证 IEC 61970 的量测模型能够支持 IEC 61850 的量测模型，使得量测量在主站能够容易地被识别或转换成 IEC 61970 消息即可，即应将 IEC 61850 的量测模型融合到 IEC 61970 的量测模型中，而 IEC 61850 的量测模型则不需要改变，即单向融合。

融合步骤如下。

（1）基于 IEC 61850 量测值的数据类型，修正 IEC 61968 中类 AnalogValue、DiscreteValue、AccumulatorValue（IEC 61850 中暂时没有 String 类型的量测值，因此 IEC 61968 的 StringMeasurementValue 类暂不做调整）。

（2）基于 IEC 61850 的 SIUnit 和 multiplier 属性枚举，扩展 IEC 61968 中类 UnitSymbol、UnitMultiplier 的枚举值。

（3）基于 IEC 61850 的类 TimeStamp，修正 IEC 61968 中类 DateTime 的精度。

（4）基于 IEC 61850 的类 Quality，扩展 IEC 61968 的类 Quality61850、Validity。

6.3　IEC 61850 模型和 CIM 模型主要映射内容

IEC 61968 标准的 CIM 模型对于电网的静态拓扑描述主要是针对电网一次网架及相关的一次设备、设备容器（如变电站等）进行建模。IEC 61968 标准的静态拓扑模型是 CIM 模型的一个子集，由 IEC 61970-452 部分（CPSM 子集）完成输电网拓扑的建模，由 IEC 61968-13 部分（CDPSM 子集）完成配电网拓扑的建模，而事实上 CDPSM 是在继承 CPSM 基础上扩展了配电网的三相不平衡设备等特有设备，因此可以认为 IEC 61968 标准的静态拓扑模型就是由 CDPSM 子集表达的。针对主动配电网的特殊需求，在标准 CIM 模型的基础上，扩展了分布式光伏发电系统、电池储能系统以及主动配电网自治控制区域的模型，可以与 CDPSM 一起构成主动配电网的 IEC 61968 静态拓扑模型。主动配电网 IEC 61968 静态拓扑模型核心类如图 6-1 所示（为显示清晰，对所有类属性和关联标签都进行了隐藏）。

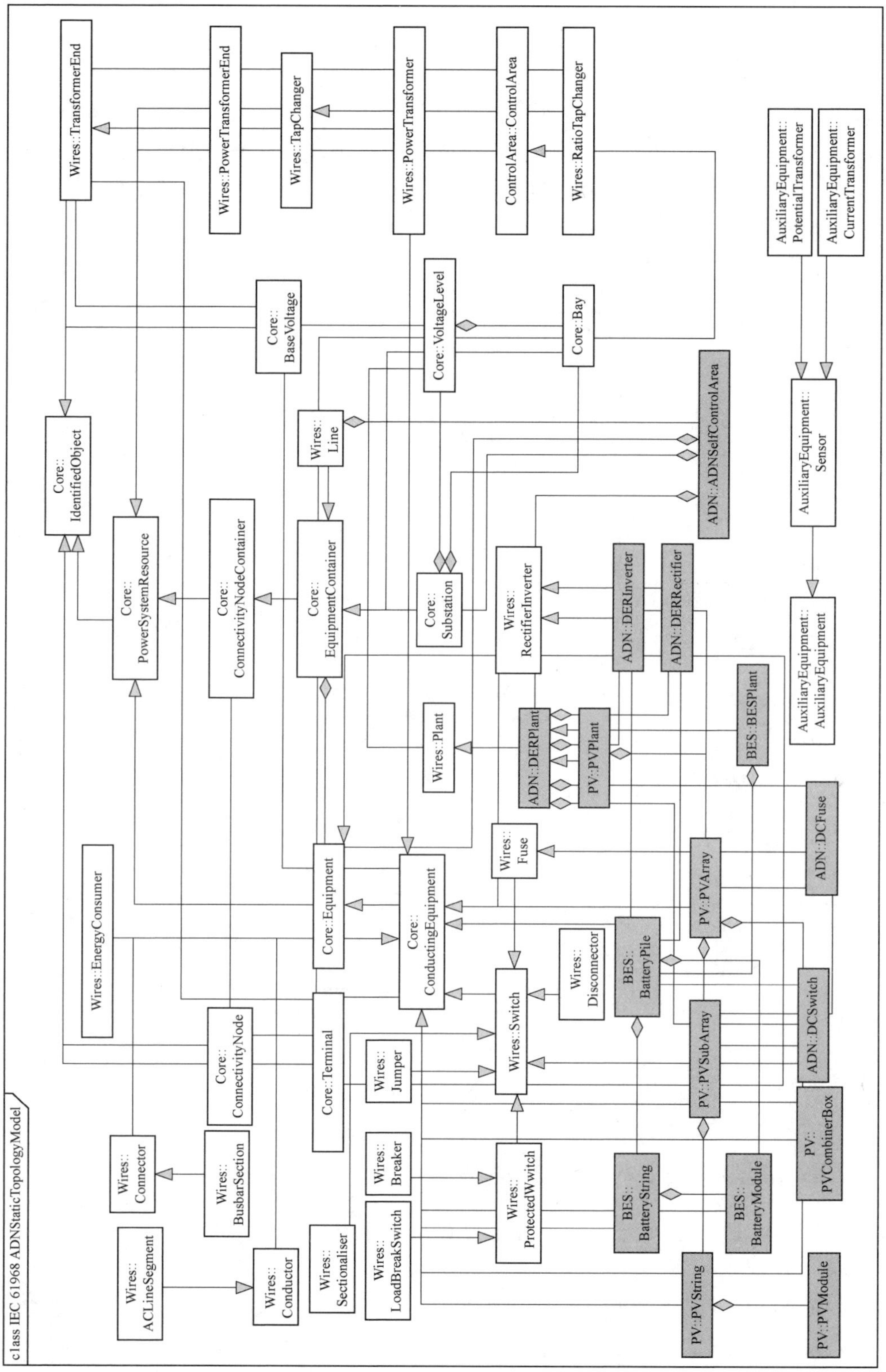

图 6-1　主动配电网 IEC 61968 静态拓扑模型核心类

IEC 61850 标准的静态拓扑模型就是指 SCL 变电站模型（对应 SCL 配置文件的 Substation 部分），即描述变电站内设备、逻辑节点、功能、容器之间的关联关系。目前，IEC 61850 标准还不能描述变电站外的电网静态拓扑模型，但是未来在整个电力自动化领域进行延伸应用时，IEC 61850 必须支持对站外拓扑的描述，以保证诸如分布式能源电站内的逻辑节点和 IED、配电自动化的馈线 IED 设备等能够被准确地与一次网架和设备进行关联，便于数据来源的自动识别与定位。IEC 61850 的变电站内静态拓扑模型可以用 UML 进行表述，如图 6-2 所示。

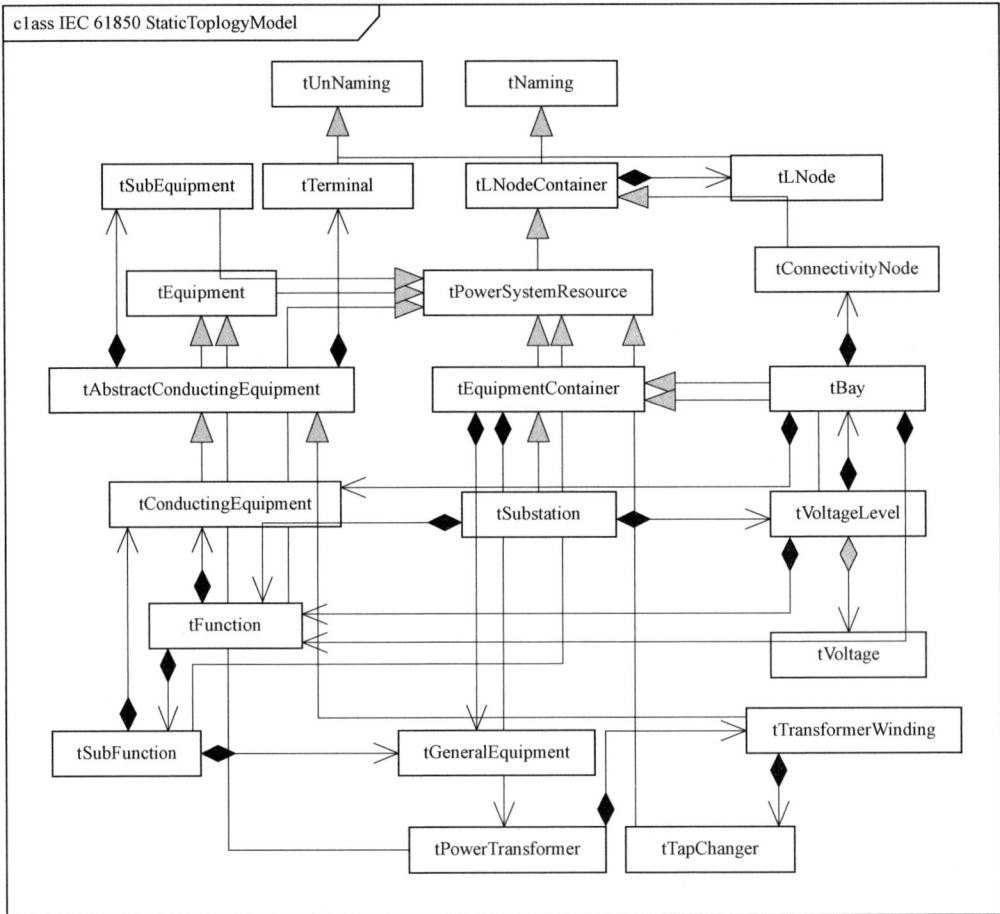

图 6-2　IEC 61850 变电站静态拓扑模型核心类

6.3.1　CIM 模型和 IEC 61850 模型差异分析

ICIM 模型和 IEC 61850 模型的差异主要有以下 4 个方面。

1. 建模范围差异

IEC 61968 的静态拓扑模型不仅包含配电网变电站内的网架及设备，还包括站外的如馈线（Line）等对象，经过扩展还包含了主动配电网自治控制区域、分布式能源的模型，而 IEC 61850 的静态拓扑模型还仅包含了变电站内模型，因此 IEC 61850 的拓扑建模范围是 IEC 61968 的子集，即 IEC 61968 具备了描述变电站拓扑的能力，但是 IEC 61850 却并不具备描述整个主动配电网拓扑模型的能力，某种程度上说 IEC 61850 静态拓扑模型是 IEC 61968 静态拓扑模型的子集。

当然，IEC 61850 静态拓扑模型中也有少数信息是 IEC 61968 静态拓扑模型无法表达的。

（1）IEC 61850 的逻辑节点与电力系统资源的关联。逻辑节点是 IEC 61850 标准特有的概念，IEC 61850 静态拓扑模型中，所有的电力系统资源 tPowerSystemResource 都被作为一种逻辑节点容器 tLNodeContainer，即所有电力系统资源的实例子类对象，都可以包含逻辑节点对象。逻辑节点的定位对于主站层信息集成时明确数据来源非常重要，但是 IEC 61968 标准目前无法描述这一信息。

（2）IEC 61850 的功能、子功能与子设备建模。IEC 61850 的 tFunction、tSubFunction 表达了一种功能的划分，功能可以由一系列设备构成；tSubEquipment 则是导电设备的组成部分，一般来说是为了将导电设备按照相别分为几个部分，以更精确地定位逻辑节点的位置。这些信息 IEC 61968 的静态拓扑模型目前都不支持。

2. 同一对象的定义方法差异

对于两者重合的部分，即变电站内的拓扑模型，同一对象的建模存在不同的命名方式、泛化方式，即定义不一致，因此造成了部分模型语义冲突，为主动配电网信息集成过程带来互操作障碍。有冲突的对象类主要如下。

（1）IEC 61968 的类 IdentifiedObject 和 IEC 61850 的类 tNaming/tUnNaming。IEC 61968 的类 IdentifiedObject 和 IEC 61850 的类 tNaming/tUnNaming 都是用于对象命名和标识的基类。IEC 61968 的对象标识主要通过基类 IdentifiedObject 的"mRID"属性完成。mRID 是全局唯一的主资源标识符，因此可以准确定位对象。而 IEC 61850 的命名基类 tNaming 和 tUnNaming 却仅支持对象名的指定或描述，并不包含一个全局唯一的 ID。这在单个变电站自动化系统中应用时并没有什么问题，但是主动配电网涉及大范围的信息集成，如果对象没有全局唯一的 ID，那么信息集成时会造成许多数据识别方面的问题。因此在这方面两个标准存在差异。

（2）IEC 61968 的类 PowerTransformer 和 IEC 61850 的类 tPowerTransformer。IEC 61968 的 PowerTransformer 类和 IEC 61850 的 tPowerTransformer 类都是指变电站内的电力变压器。IEC 61968 CIM 模型的变压器类 PowerTransformer 从第 15 基础版本开始进行了重大改动，即从原来泛化于设备类 Equipment 改为了现在的泛化于导电设备类 ConductingEquipment。对于拓扑连接而言，只有导电设备才具备端子 Terminal，才可以与连接节点 ConnectivityNode 关联，进而顺次连接成电网拓扑。原本 IEC 61968 的变压器的拓扑连接关系是通过它的绕组 TransformerWinding 来关联端子的，而目前则改成变压器本身就可以直接关联端子。然而 IEC 61850 的变压器类 tPowerTransformer，还和 CIM 的早期版本一样由 Equipment 泛化而来，没有直接关联端子，因此与目前 IEC 61968 的变压器类有明显差异。

（3）IEC 61968 的类 TransformerEnd 和 IEC 61850 的类 tTransformerWinding。

IEC 61968 TransformerEnd 和 IEC 61850 tTransformerWinding 都是指变压器绕组。IEC 61968 的 TransformerEnd 也是从第 15 基础版本中才出现的,将原来 TransformerWinding 的类名修改为 TransformerEnd,并且语义上也发生了一定变化,可以通指各类变压器的绕组端子,原来的电力变压器绕组则作为 TransformerEnd 的子类 PowerTransformerEnd,包含了原来 TransformerWinding 的各个属性如正序电阻、零序电抗等。TransformerEnd 由 IdentifiedObject 泛化而来,并关联了端子 Terminal,事实上它关联的端子就是该绕组所在的变压器关联的端子,CIM 的这种冗余设计也是为了使得变压器和绕组模型的表达更为灵活,满足不同场合下的拓扑搜索需求。但是,IEC 61850 暂时还没有跟进 CIM 模型的这个更新,绕组类的命名依然是 tTransformerWinding 而没有改成 tTransformerEnd,并且特指电力变压器的绕组,由 tAbstractConductingEquipment 泛化而来,因此与 IEC 61968 目前的绕组类命名和泛化关系上都存在明显差异。

(4)IEC 61968 的类 TapChanger 和 IEC 61850 的类 tTapChanger。IEC 61968 的 TapChanger 和 IEC 61850 的 tTapChanger 都是指变压器的分接头。IEC 61968 的 TapChanger 并不专指一般的变比分接头,变比分接头类(RatioTapChanger)和可调相位分接头类(PhaseTapChanger)等都是 TapChanger 的子类。而 IEC 61850 的 TapChanger 是专指一般的变比分接头,即和 IEC 61968 的 RatioTapChanger 是等价的。因此此处存在建模不一致。

(5)IEC 61968 的类 ConductingEquipment 和 IEC 61850 的类 tConductingEquipment。IEC 61968 的 ConductingEquipment 和 IEC 61850 的 tConductingEquipment 都是指导电设备。IEC 61968 导电设备类 ConductingEquipment 是一个由设备类 Equipment 泛化而来的抽象类,是一般具备导电能力的电力一次设备的父类。实际的导电设备,如隔离开关类(Disconnector)、交流电缆段类(ACLineSegment)、断路器类(Breaker)、母线段类(BusbarSection)、负荷开关类(LoadBreakSwitch)等,都是 ConductingEquipment 的直接或间接子类。而 IEC 61850 的 tConductingEquipment 则由抽象导电设备类 tAbstractConductingEquipment 泛化而来,导电设备类通过一个枚举类型的"type"属性来表征该导电设备的具体类型,如 type = "CBR"表示该导电设备是断路器、type = "DIS"代表该导电设备是隔离开关,type = "VTR"代表电压互感器、type = "CTR"代表电流互感器等。其中有部分是和 IEC 61968 吻合的,比如断路器在 IEC 61968 模型中也是一种导电设备,只不过是作为导电设备类的子类,而不是仅仅以一个枚举类属性来标明类型。这并不影响拓扑关系的表达,因为 IEC 61968 的拓扑模型在主站层还需要依靠各个设备的自有属性来进行潮流计算等高级应用,而 IEC 61850 的拓扑模型仅仅用于建立一种概念上的拓扑关系。但同时,也有部分和 IEC 61968 有差异的,比如电压互感器和电流互感器,在 IEC 61968 中是由辅助设备类(AuxiliaryEquipment)泛化来的,辅助设备类是设备类的一种特殊子类,它与端子有关联关系;IEC 61968 的母线类(BusbarSection)也是一种导电设备,而在 IEC 61850 里导电设备不存在母线这个类型,母线被直接作为一种间隔 Bay 对待。另外,本文第 3 章扩展的许多主动配电网中特有的导电设备,如光伏阵列、DER 逆变器、直流开关、直流熔断器等,在 IEC 61850 导电设备 type 属性的枚举类中都是不支持的。另外，少数特殊的导电设备并没有作为该枚举类中的值，而是单独从 tAbstractConductingEquipment 泛化而来，如 tTransformerWinding，这是因为绕组对于变电站内拓扑而言是一种较为特殊的重要导电设备，为了明确表达拓扑将其建模成了实体类。

（6）IEC 61968 BaseVoltage 和 IEC 61850 tVoltage。IEC 61968 的 BaseVoltage 类和 IEC 61850 的 tVoltage 类都是指基准电压，但是命名方式不同。

3. 类间关系差异

类间关系的差异，是导致 IEC 61968 和 IEC 61850 静态拓扑模型不一致的关键因素。类间关系的差异主要如下。

（1）类间关系的建模风格差异。IEC 61968 静态拓扑模型当中，类间除了泛化（Generalization）关系之外，一般均使用聚集（Aggregation）关系或普通关联（Association）关系，且关系的导航型（Navigability）一般不强制规定，可在生成与具体场景对应的子集时再进行限定。而 IEC 61850 除了泛化关系之外，较多地使用了组合（Composition）关系来表达类间的关联，并且导航性一般为单向，即只能从目标类的对象导航到源类的对象，而不能从源类的对象导航到目标类的对象。

（2）对象与容器关系的差异。IEC 61968 的设备抽象类（Equipment）与设备容器抽象类（EquipmentContainer）之间存在聚集关系，而所有的一般设备、导电设备，都是 Equipment 的直接或间接子类，变电站、间隔、电压等级等都是 EquipmentContainer 的子类，因此理论上所有的变电站内设备都可以直接通过聚集关系关联到变电站、间隔或电压等级。然而 IEC 61850 的设备抽象类（tEquipment）和设备容器抽象类（tEquipmentContainer）之间，并没有直接的关系，而是通过其子类与容器建立关联。具体来说，tEquipment 的子类 tGeneralEquipment 与 tEquipmentContainer 有组合关系，即普通设备与 tEquipmentContainer 的子类 tSubstation、tBay、tVoltageLevel 可以直接关联，而 tConductingEquipment 却只和 tBay 有组合关系，不能直接关联到 tSubstation 或 tVoltageLevel，即所有导电设备与变电站或电压等级无直接关联，只能通过与间隔的关联进一步关联到变电站或电压等级。类似地，IEC 61968 的连接节点类（ConnectivityNode）与连接节点容器类（ConnectivityNodeContainer）有关联关系，而 EquipmentContainer 是 ConnectivityNodeContainer 的子类，因此理论上 ConnectivityNode 可以关联到任意 EquipmentContainer 的子类，如 Substation、Bay 和 VoltageLevel。而 IEC 61850 的连接节点类（tConnectivityNode）却并未直接与 tEquipmentContainer 有关联，而仅仅只和 tBay 有组合关系，即所有连接节点与变电站或电压等级无直接关联，只能包含在间隔当中。因此 IEC 61968 和 IEC 61850 的静态拓扑模型在对象与容器的关系上存在差异。

（3）端子与连接节点关联关系的差异。IEC 61968 的端子（Terminal）类与连接节点（Connectivity Node）之间存在直接的普通关联关系，这也是描述 CIM 拓扑的关键所在。然而，IEC 61850 的端子 tTerminal 类却与连接节点 tConnectivityNode 没有直接关联关系，而是通过另一种方式来表达这种关联，即在 tTerminal 类内使用 connectivitynode 属性引用连接节点实例的路径名（Path Name）。两者在该关联关系的表达方式上有差异，

IEC 61968 是显式表达，而 IEC 61850 则是隐式表达。

4. 量测模型差异分析

IEC 61968 的量测模型完全继承于 IEC 61970，主要类包含在 Meas 包内。其中的核心类如图 6-3 所示。

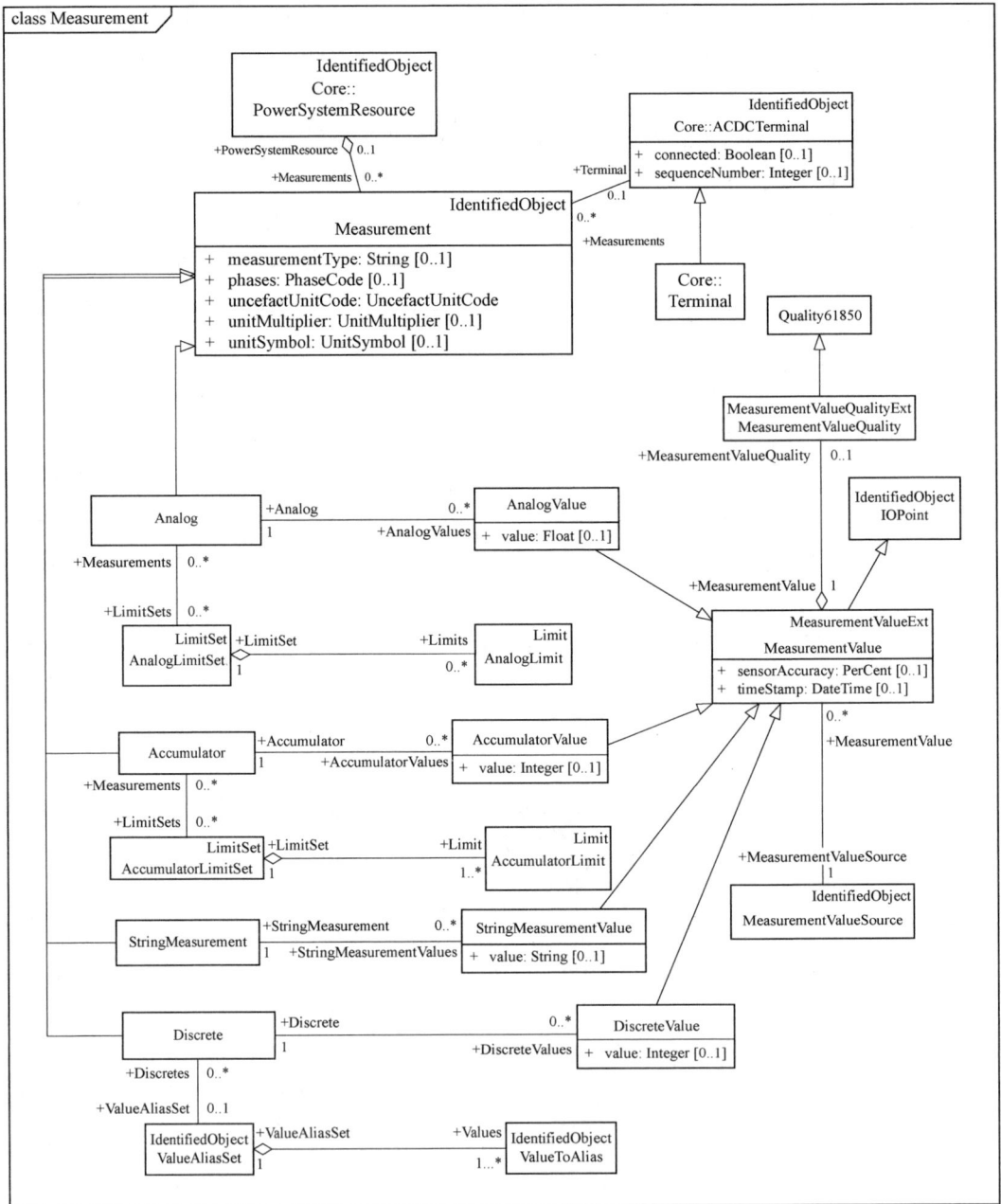

图 6-3　IEC 61968 量测模型核心类

量测类（Measurement）由 IdentifiedObject 类泛化而来，与电力系统资源（Power System Resource）是多对一聚集关系，与端子（Terminal）是多对一关联关系。这是量测与电网拓扑关联的两种方式，即直接与电力系统资源（包括其各种子类设备）或通过端子再关联到导电设备。后者可以更精确地描述量测的位置，但多数情况下与电力系统资源的直接关联就足够，国内的 EMS/DMS 中也一般使用这种关联方式。量测类有 4 种子类，分别是模拟量量测类（Analog）、离散量量测类（Discrete）、累积量量测类（Accumulator）及字符串量测类（StringMeasurement）。量测本身仅包含量测类型、相别、单位及其乘子，各 个 子 类 中 也 仅 扩 展 了 一 些 限 值 类 属 性，实 际 的 量 测 值 是 通 过 量 测 值 类（MeasurementValue）来表达的。量测值类的 4 个子类分别与量测的 4 个子类有多对一的关联关系，如多个模拟量量测值（AnalogValue）关联一个模拟量量测。量测值本身还与量测值来源（MeasurementValueSource）、量测值品质（MeasurementValueQuality）有关联关系。也就是说，通常在 IEC 61968 范畴中，设备包含量测，量测关联量测值，量测值关联品质和来源，以此建立一个完整的导航关系。需要特殊说明的是，IEC 61968 量测模型中还有一类特殊的量测量，即表计计量量（在 IEC 61850 中一般包含在 MMTR 逻辑节点内），在模型中计量值 BaseReading 是作为 MeasurementValue 类的第五个子类的。但是，由于计量量通常可以被认为是累积量，因此在实际使用时可以直接作为 Accumulator 处理。

IEC 61850 的量测模型是 IEC 61850 的 IED 模型（对应 SCL 配置文件的 IED 部分和 DataTypeTemplates 部分）的一部分，描述了量测数据在 IED 中的存放路径、整体结构和数据类型，它是一个分层模型。IEC 61850 量测值表述结构示例如图 6-4 所示。

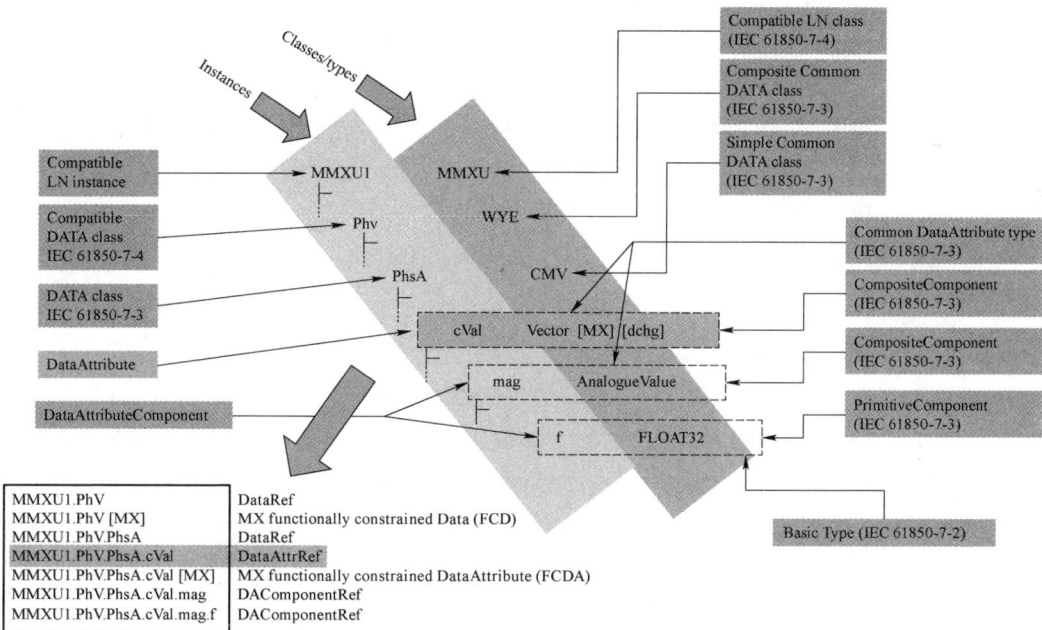

图 6-4　IEC 61850 量测值表述结构示例

MMXU1 是 MMXU（电气量量测）逻辑节点的一个实例，它包含一个数据对象（DO）PhV（相对地电压），该数据对象是公共数据类 WYE（三相系统量测）的一个实例。该对象又包含一个公共数据类 CMV（复量测）的实例 phsA（A 相对地电压）。phsA 数据对象包含一个数据属性（DA）cVal（复量测值），数据属性类型为 Vector（向量）。该数据属性还可以继续再分，包含一个 mag（幅值）数据属性，类型为 AnalogValue（模拟量测值）。该属性最后还可以再分为最原子的数据属性，可以是 INT32 类型的 i，也可以是 FLOAT32 类型的 f。可以看到，从逻辑节点直到最原子的数据属性，一共嵌套了 6 个层次。另外，IEC 61850 以对象引用的方式唯一标识对象，所有的 IEC 61850 ACSI 服务，都需要通过对象引用来定位逻辑设备中的数据对象或数据属性。MMXU1.PhV 是 MMXU1 逻辑节点中 PhV 数据对象的引用，MMXU1.PhV.PhsA.cVal.mag.f 则是对 MMXU1 逻辑节点中 A 相对地电压的幅值数据属性的引用。通过这种方式可以唯一地搜索到 IEC 61850 树形数据结构的任意一个节点。

IEC 61850 的所有公共数据类（CDC）的实例（即数据对象 DO），可以根据其功能约束（FC），分成六大类，构成功能约束数据对象（FCD）。6 类 FCD 分别是状态数据对象、模拟量测数据对象、控制数据对象、状态定值数据对象、模拟定值数据对象以及描述信息数据对象，其中状态数据对象和模拟量测数据对象，属于 IEC 61850 的量测模型范畴（即对应 SCADA 中的"二遥"概念，遥信和遥测），对应的功能约束 FC 为 ST（状态）和 MX（模拟量测）。FCD 可以再分为 FCDA，即功能约束数据属性 FCDA。状态数据对象和模拟量测数据对象中，并不是所有数据属性的功能约束都是 ST 和 MX，

也包含许多的辅助类数据属性，如命名空间等，这部分数据属性并不需要在系统运行阶段上送给主站。对于 IEC 61850 的量测模型而言，需要上送给主站的量测数据，一般只有状态数据对象和模拟量测数据对象中的量测值（即实际的状态值、模拟量测值，一般属性名后缀为"Val"，如 stVal，cVal 等）、量测值品质（q）和量测值时间戳（t）等几个属性，这些属性的 FC 也均为 ST 或 MX，并且都是必选属性。例如 MMXU 逻辑节点的 PhV 数据对象就是 FC＝MX 的 FCD，PhV 数据对象内的 cVal 数据属性就是 FC＝MX 的 FCDA，表示量测值。另外模拟量测值的数据对象中有时还会包含量测值的单位（units）属性，该属性虽然功能约束并不是 MX，但也需要上传给主站。

IEC 61850 的量测模型中，状态数据对象和模拟量测数据对象对应许多种公共数据类，这些公共数据类与 IEC 61968 量测类的对应关系如图 6－5 所示。

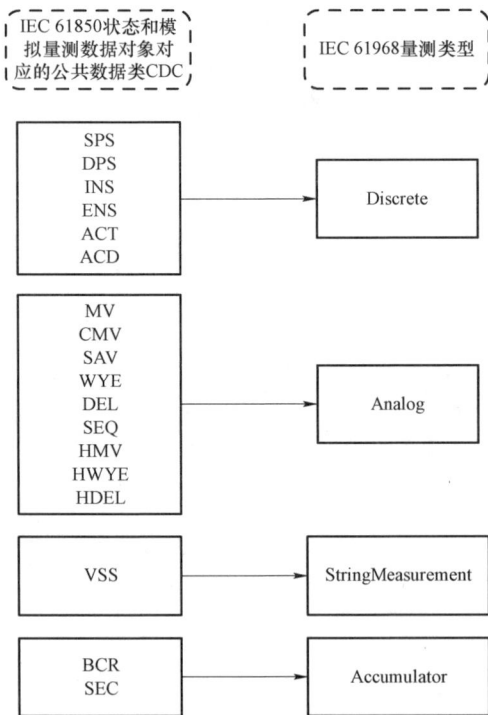

图 6－5　IEC 61850 量测类 CDC 与 IEC 61968 量测类对应关系

6.3.2　IEC 61968 和 IEC 61850 的量测模型差异

1. 量测值数据结构及数据类型的差异

IEC 61968 的 4 种量测值类都包含 value 属性，模拟量量测值的 value 属性是浮点数（Float）类型，累积量和离散量量测值 value 属性是整型（Integer）类型，但未标明其值域范围，字符串量测值的 value 属性是字符串（String）类型。不存在由多种基本数据类型再组成一个新的数据类型，甚至继续嵌套封装的情况。量测值的类型、单位（包括乘子）都不在量测值类中表述，而是在量测类中；4 种量测值的时间戳属性从量测值类中继承，同时继承量测值类与量测值品质、量测值来源类的关联。

IEC 61850 的量测值数据类型则比 IEC 61968 复杂许多，这主要是由于数据对象可以再分为数据对象，数据属性又可以再分为数据属性，即一个数据对象可以展开成一个树形的数据结构，位于"叶子"部分的才是不可分的数据属性，类型都是 IEC 61850 的基本数据类型（在 IEC 61850-7-2 部分定义）。而事实上，IEC 61850 的量测值基本数据类型和 IEC 61968 量测值的基本数据类型也存在差异。其对应关系如图 6-6 所示。

IEC 61850 中，量测值一般由布尔型（Boolean）、整型、枚举型（Enumeration）、单精度浮点型、可见字符串（Visble String）等几大类基本数据类型的基本数据属性组成。其中整型、枚举型都还有多个子类。相应的，在 IEC 61968 中，IEC 61850 的布尔型、整型、枚举型，都只能对应整型，单精度符点型则对应 IEC 61968 的浮点型

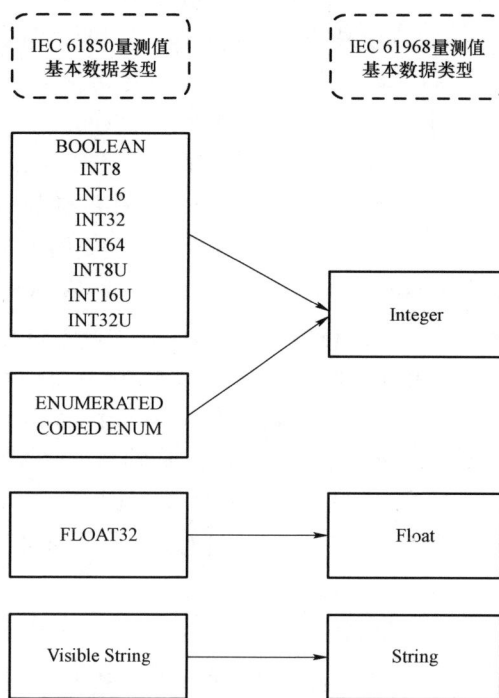

图 6-6　IEC 61850/IEC 61968 量测值基本数据类型对应关系

（IEC 61968 浮点型无位数限制，IEC 61850 的 FLOAT32 类型是它的子集），可见字符串型对应字符串型（IEC 61850 可见字符串型是 IEC 61968 字符串型的子集）。其中 IEC 61850 布尔型、整型、枚举型与 IEC 61968 整型的对应比较复杂，在本文 4.3.2 节中会再详细叙述；IEC 61850 的可见字符串类型只在公共数据类可见字符串型状态 VSS 的实例数据对象中使用，其量测值 stVal 属性的类型是 Visble String。

2. 单位、时间戳、品质类型差异

量测的单、量测值的时间戳及品质是除了量测值本身之外最重要的数据。在这 3 个数据上，IEC 61850 和 IEC 61968 的表述也存在差异。

（1）单位的差异。IEC 61850 的单位类型（Unit）是一个单独的数据属性类，但并

不是基本数据类型。它由两个枚举型（Enumerated）的子数据属性组成，即 SIUnit 和 multiplier。SIUnit 代表标准单位符号，为必选属性；multiplier 代表乘子，为可选属性。SIUnit 包含 83 个枚举值，均为国际标准单位，除了电气量单位之外也包括光强、流量等其他物理量单位，可以囊括主动配电网中的电气量与非电气量（如环境监测量）的量测值单位。mulitiplier 包括从 10−24−1024 的共 20 个乘子，分别以英文缩写作为其枚举值，如 103 对应的枚举值为 k。IEC 61968 的 CIM 模型在 CIM14 版本以前还存在一个单独的单位类 Unit，但 CIM15 版本以后删去了该类，转而使用 UnitSymbol 和 UnitMultiplier 两个枚举类来表达单位。其中 UnitSymbol 只包含 27 个单位，多数为电气量单位，不足以满足主动配电网量测单位的需求；UnitMultiplier 则包含从 10−12−1012 共 11 个乘子，也以英文缩写作为其枚举值（乘子 100 以 none 表示），乘子的范围比 IEC 61850 要小。

（2）量测值时间戳的差异。IEC 61850 的时间戳是一个数据属性类，但不是基本属性类型，它包含一个 32 位无符号整型（INT32U）的属性 SecondSinceEpoch，表示从 1970 年 1 月 1 日 0 点整开始到当前时间点所经过的整秒数；包含一个 INT24U 类型的属性 FractionOfSecond，表示秒的小数部分，精度可达到 2~24s；还包含一个时间品质属性 TimeQuality，该属性类型也为 TimeQuality，是一个包含 3 个布尔型子属性和 1 个枚举型子属性的复杂类型。IEC 61968 的时间戳在 CIM14 版本以前是一个单独定义的类型，名为 AbsoluteDateTime，包含一个 String 型的 value 属性，其格式在模型的注释中予以规定，为"yyyy−mm−ddThh：mm：ss.sss"，即"年−月−日 T 时：分：秒：毫秒"。若为世界统一时间，则为"yyyy−mm−ddThh：mm：ss.sssZ"；若为相对时区时间，则为"yyyy−mm−ddThh: mm: ss.sss−hh: mm"。在 CIM15 版本以后，将 AbsoluteDateTime 类删去，直接使用 UML 的基础数据类型 DateTime。理论上 DateTime 支持任意精度的时间表达，但是 CIM16 的基础版（IEC 61970 CIM16V00_IEC 61968 CIM12V01）中，该类的注释说明中依然没有对时间戳的精度进行调整，只能支持毫秒级的精度，格式与 AbsoluteDateTime 的 value 属性没有区别。

（3）量测值品质的差异。IEC 61850 的量测值品质是一个数据属性，类型为 Quality。该类包含 validity、detailQual、source、test、operatorBlocked 等 5 个子数据属性，其中 validity 和 source 是 CODED ENUM 类型，分别包含 good、invalid、reserved、questionable 等 4 个枚举值和 process、substituted 等 2 个枚举值（默认为 process）；test 和 operatorBlocked 是布尔型；detailQual 则还可以再分为 overflow、outOfRange、badReference、oscillatory、failure、oldData、inconsistent、inaccurate 等 8 个布尔型的子属性。IEC 61968 的量测值品质类名为 MeasurementValueQuality，是从 Quality61850 泛化而来，并未添加任何属性。Quality61850 就是 IEC 61968 模型参照 IEC 61850 模型的 Quality 所增加的一个类，包含 overflow、outOfRange、badReference、oscillatory、failure、oldData、test、operatorBlocked、estimatorBlocked、suspect 等 10 个布尔型的属性，以及 source 和 validity 等两个枚举型的属性。其中 overflow、outOfRange、badReference、oscillatory、failure、oldData、test、operatorBlocked 与 IEC 61850 品质类型中的同名属性完全对应，estimatedBlocked 和 suspect 两个属性是由主站层总线上的状态估计应用进行设置的，并非从终端层的 IEC 61850 装置中获取。source 属性的 Source 枚举类包含 GOOD、QUESTIONABLE、

INVALID3 个枚举值，没有包含 IEC 61850 中的 reserved 枚举值，validity 属性的 Validity 枚举类包含 DEFAULTED、PROCESS、SUBSTITUTED 3 个枚举值，其中 PROCESS 和 SUBSTITUTED 对应于 IEC 61850 中的 process、substituted，DEFAULTED 则代表 IEC 61850 中的默认值 process。

6.4 CIM 模型和 IEC 61850 模型的协调

经过 6.3.1 节的详细差异化分析，得出了 IEC 61968 静态拓扑模型和 IEC 61850 静态拓扑模型在建模范围、同一对象的定义方法、类间关系的定义等 3 个主要方面存在差异的结论。为了尽可能地减少对现有标准的改动，同时尽可能地使两个标准对静态拓扑模型的描述趋于一致，静态拓扑模型融合方案如图 6-7 所示。

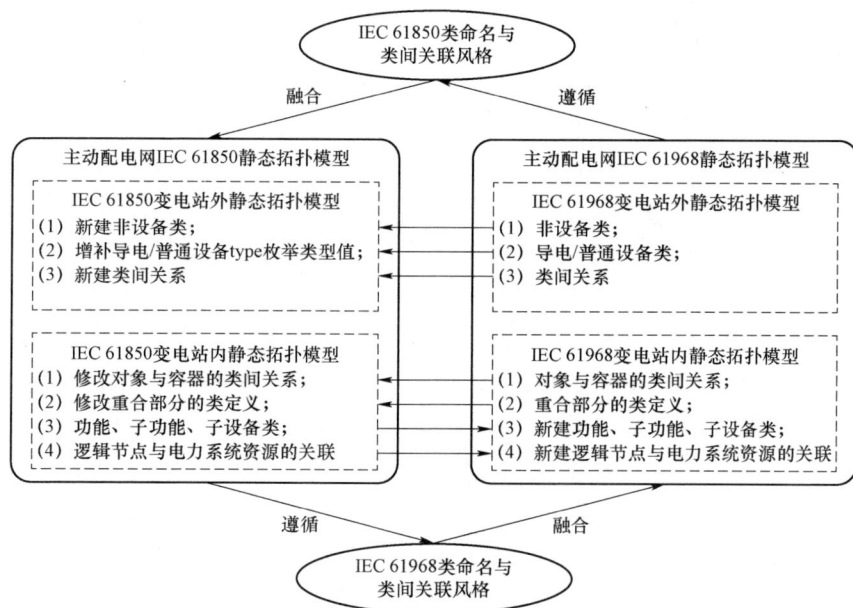

图 6-7 IEC 61968/IEC 61850 静态拓扑模型融合方案

图 6-7 中，红色字体部分是融合过程中需要修正或扩展的相关模型。融合是双向的，即部分模型需要从 IEC 61968 融合到 IEC 61850 中，而部分模型则需要从 IEC 61850 融合到 IEC 61968 中。融合过程并不是简单将一个模型中的类和类间关系简单添加到另一个模型中，需要分类讨论。总的原则是，当把 IEC 61850 的模型信息融合到 IEC 61968 当中去时，需要遵循 IEC 61968 的类命名和类间关联风格，一般来说 IEC 61968 的类是直接命名的（即不带前缀 t），类间关联一般使用不强制规定双向导航性的普通关联或聚集关系，不使用组合关系；当把 IEC 61968 的模型信息融合到 IEC 61850 当中去时，则要遵循 IEC 61850 的类命名和类间关联风格，命名以"t"开头从而便于和 IEC 61968 类进行区分，类间关联一般使用单向导航型的组合关系，少数可使用聚集关系，不使用普通关联。制定该总体原则是为了使得现有的标准不要从基本规则上进行改变，以保证标

准的继承性，使得未来应用时可以将既有系统需要修改的内容尽可能减少。另外，还有一个重要的原因是，两者类间关联的风格不同并不会造成实际应用时的歧义，IEC 61968之所以使用非强制导航性且关联性较弱的普通关联和聚集关系，是为了使得语义更灵活，便于应用根据实际需求，再进一步明确类间导航性与关联的强度，而 IEC 61850 使用强制导航性和关联性较强的组合关系，是为了使得模型语义更明确，使得 IEC 61850 的 SCL 配置文件更规范化。事实上，当 UML 信息模型实例化为实际的 XML 数据时，无论是普通关联、聚集和还是组合关系，都是通过 XML 节点的嵌套关系来表示，没有本质区别，并且单向导航性完全可以在解析 XML 时转换为双向的关联，因此并没有必要改变两个标准的建模风格。

变电站外的部分由于 IEC 61850 静态拓扑模型无法表达，因此需要将 IEC 61968 的站外拓扑相关类，如馈线、负荷开关、等效负荷等，以及本文构建的主动配电网自治控制区域和分布式能源的拓扑信息，都融合到 IEC 61850 的静态拓扑模型当中去。站外需要融合的模型可分为非设备类、导电/普通设备类和类间关系三部分，其中 IEC 61968 站外的非设备类和类间关系是 IEC 61850 中原本不包含的，因此需要新建，而站外的普通设备和导电设备，则需要增补到 IEC 61850 已有的普通设备和导电设备枚举类型当中去，对于一些中间抽象类如 Connector、Conductor 等，它们仅仅是对设备的更精确分类，在融合时可以忽略，只把最终的实体设备类如 DERInverter、PVArray 等分别添加到 IEC 61850 的导电设备或普通设备枚举类型中。

变电站内的部分需要分为 4 个部分进行融合，其中对象与容器的类间关系以及 IEC 61968 和 IEC 61850 共同建模的对象类，在两个标准中都涉及，但是 IEC 61968 CIM 模型对于电网拓扑的表达更为完整和成熟，IEC 61850 的拓扑模型只是 IEC 61968 拓扑模型的一个子集，因此这部分需要以 IEC 61968 的模型为准，将模型融合到 IEC 61850 中，修改 IEC 61850 中与之有差异的部分（这部分修改较复杂，需根据 6.2.1 节的差异分析逐个确定修改方案）；功能、子功能、子设备模型以及逻辑节点和电力系统资源之间的关联关系，是 IEC 61850 模型中特有的部分，它们在 IEC 61968 模型中没有涉及，而未来主动配电网信息集成应用中，如果所有的现场终端都实现了 IEC 61850 标准化，那么所有的 SCADA 数据都会来源于 IEC 61850 的逻辑节点，基于 IEC 61968 标准的主动配电网主站能量管理系统的高级应用必须获得逻辑节点在电网拓扑中的更精确定位，以便于分析数据来源和解析数据，防止信息集成过程中发生信息误读，因此需要将 IEC 61850 的这部分模型融合到 IEC 61968 中，依照 IEC 61968 的类命名与类间关联构建风格新建这部分模型。

另外需要说明的是，本文 6.2.1 节还分析了两个标准对于端子和连接节点的关联关系的差异，但是在融合方案中并没有涉及这部分，是因为端子的建模在 IEC 61850 标准中属于特例，它虽然没有直接和连接节点进行关联，但是却通过该类的 connectivitynode 属性对连接节点的唯一路径名进行了对象引用，事实上是建立了端子和连接节点的关联，只不过表达方式不同而已，故无须进行融合。

基于对 IEC 61968/IEC 61850 静态拓扑模型差异的详细分析以及上述的融合建模方案，分别基于 UML 构建了融合后的 IEC 61850 静态拓扑模型和 IEC 61968 静态拓扑模型，在下面 2 个小节进行详述。

6.4.1　融合后的配电网 IEC 61850 静态拓扑模型

融合后的主动配电网 IEC 61850 静态拓扑模型如图 6-8 所示。

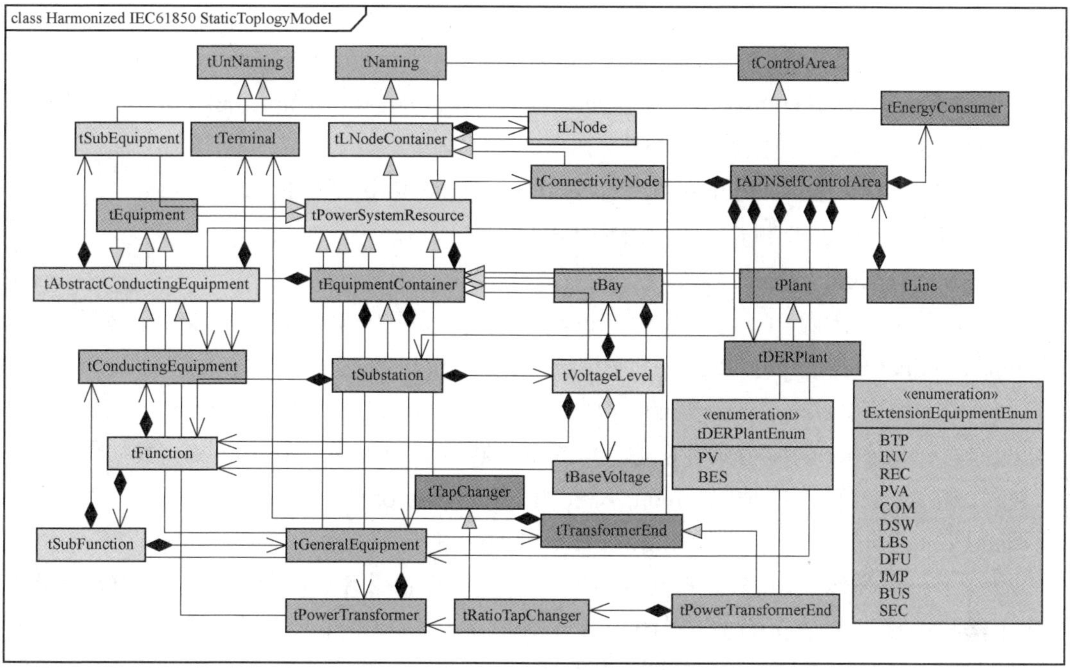

图 6-8　融合后的主动配电网 IEC 61850 静态拓扑模型

图 6-8 中，灰色类是融合前后没有改动的类，红色类是新增类，绿色类是融合后有改动的类（包括类命名、泛化及与其他类关联关系的改变），黄色类是设备枚举类型的扩展和分布式能源电站类型的枚举类。

1. 命名基类的重定义

基于本文对 IEC 61850 的命名基类（tNaming/tUnNaming）与 IEC 61968 的命名基类（IdentifiedObject）的差异分析，在 IEC 61850 的 tNaming 和 tUnNaming 中增加了一个 mRID 属性，用于提供所有主动配电网内 IEC 61850 对象的全局唯一对象标识 ID，便于对象的识别。但需要注意该属性并不是必选属性，因为 IEC 61850 中与拓扑无关的很多类也以 tNaming/tUnNaming 作为基类，它们并不一定需要唯一 ID，因此该属性可只在需要使用时使用。融合后的 IEC 61850 tNaming、tUnNaming 如图 6-9 所示。

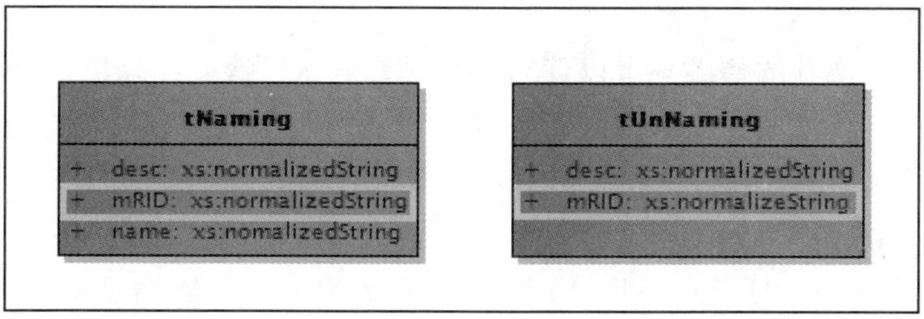

图 6-9　融合后的 IEC 61850 tNaming、tUnNaming

mRID 属性的类型为 normalizedString，即不含回车、制表符、折行的字符串。ID 统一编码的方法超出了本文的研究范围，对全网范围内电网对象的统一编码方法的相关研究。

2. 电力变压器、变压器绕组、变比调压分接头类的重定义

基于本文对 IEC 61850 的 tPowerTransformer、tTransformerWinding、tTapChanger 与 IEC 61970 的 PowerTransformer、PowerTransformerEnd、RatioTapChanger 的差异分析，对 IEC 61850 的相关模型做出下列修改。

（1）将 tTransformerWinding 重命名为 tPowerTransformerEnd。

（2）将 tTapChanger 重命名为 tRatioTapChanger。

（3）新增 tTransformerEnd 和 tTapChanger，分别由 tLNodeContainer 和 tPowerSystemResource 泛化而来，并分别作为 tPowerTransformerEnd 和 tRatioTapChanger 的父类，删除原先 tAbstractConductingEquipment 到 tTransformerWinding 的泛化关系。

（4）删除原有的 tTransformerWinding 到 tPowerTransformer 的组合关系，新增 tTransformerEnd 到 tPowerTransformer 的组合关系；新增 tTerminal 到 tTransformerEnd 的组合关系。

（5）删除原有的 tEquipment 到 tPowerTransformer 的泛化关系，新增 tAbstractConductingEquipment 到 tPowerTransformer 的泛化关系。

经过这一系列修改，将 IEC 61970 的模型语义融合到了 IEC 61850 中，使得 IEC 61850 的变压器相关模型与最新的 IEC 61970 变压器相关模型保持了最大程度的一致性，且不会影响 IEC 61850 变压器拓扑连接的表达。需要注意的是，实际使用时可以不使用 tTransformerEnd 和 tTapChanger，因为它们是中间类，可以直接使用 tPowerTransformerEnd 和 tRatioTapChanger。

3. 基准电压类的重定义

基于本节对 IEC 61850 tVoltage 与 IEC 61968 tBaseVoltage 的差异分析，将 tVoltage 重命名为 tBaseVoltage，与 IEC 61968 保持一致，明确其语义。

4. 对象与容器类间关系的修改

基于对 IEC 61850 和 IEC 61968 静态拓扑模型在对象与容器类间关系表达方面的差异分析，对 IEC 61850 静态拓扑模型做出下列修改。

（1）删除原有的 tConductingEquipment 到 tBay 的组合关系，增加 tConductingEquipment 到 tEquipmentContainer 的组合关系。

（2）删除原有的 tConnectivityNode 到 tBay 的组合关系，增加 tConnectivityNode 到 tEquipmentContainer 的组合关系。

通过以上两个部分的修改，可以使得变电站、电压等级、间隔以及分布式能源电站等设备容器，都可以直接关联普通设备、导电设备以及连接节点，使得 IEC 61850 对象与容器关联关系与 IEC 61968 保持一致，减少语义冲突，同时也使得 IEC 61850 对主动配电网站外拓扑的建模更为灵活。

5. 新增主动配电网自治控制区域、分布式能源电站、馈线、负荷相关模型

基于对 IEC 61850 和 IEC 61968 静态拓扑模型在建模范围方面的差异分析，为了使

得 IEC 61850 标准能够对整个主动配电网的拓扑进行建模，新增如下模型。

（1）新增 tPlant，新增 tDERPlant，新增 tEquipmentContainer 到 tPlant 的泛化关系，新增 tPlant 到 tDERPlant 的泛化关系。

（2）新增 tLine，新增 tEquipmentContainer 到 tLine 的泛化关系。

（3）新增 tEnergyConsumer，新增 tAbstractConductingEquipment 到 tEnergyConsumer 的泛化关系。

（4）新增 tControlArea，新增 tADNSelfControlArea，新增 tPowerSystemResource 到 tControlArea 的泛化关系，新增 tControlArea 到 tADNSelfControlArea 的泛化关系，新增 tDERPlant、tSubstation、tConnectivityNode、tEnergyConsumer、tConductingEquipment、tPowerTransformer、tGeneralEquipment 到 tADNSelfControlArea 的组合关系，新增 tADNSelfControlArea 到 tLine 的组合关系。

另外，还要新增枚举类 tDERPlantEnum，新增 tDERPlant 的 type 属性，该属性类型为 tDERPlantEnum。枚举类 tDERPlantEnum 中的值为分布式能源电站的类型缩写，本文加入了 PV（光伏）、BES（电池储能）两种类型（对应本文第 3 章建立的 IEC 61968 类 PVPlant 和 BESPlant），未来还可根据主动配电网的具体构成加入 CHP（热电联产）、WT（风电）、FC（燃料电池）等枚举值。融合后的 IEC 61850 tDERPlant 如图 6 - 10 所示。

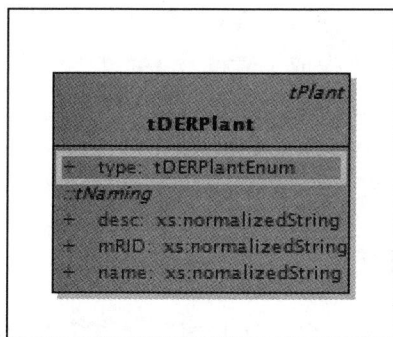

图 6 - 10　融合后的 IEC 61850 tDERPlant

其中，type 属性为自身扩展属性，desc、mRID、name 属性为从 tNaming 间接继承而来的属性。

6. 新增主动配电网设备类型枚举

基于本文对 IEC 61850 和 IEC 61968 静态拓扑模型在建模范围方面的差异分析，为了使得 IEC 61850 标准能够对整个主动配电网的拓扑进行建模，需要对设备类型进行增补。经过分析，只需增补导电设备的枚举类型，无需增补普通设备的枚举类型。IEC 61850 的 tConductingEquipment 具有一个 type 属性用于标识导电设备类型，该属性的类型为 tCommonConductingEquipmentEnum，而 tCommonConductingEquipmentEnum 又由 tExtentionEquipmentEnum 和 tPredefinedCommonConductingEquipmentEnum 合并而成。IEC 61850 已经预定义好的导电设备类型都存放在 tPredefinedCommonConductingEquipmentEnum

中，因此本文扩展的枚举值都应存放在 tExtentionEquipmentEnum 中。扩展的枚举值与对应的主动配电网 IEC 61968 静态拓扑模型中的类及含义见表 6-1。

表 6-1　　　　　　　　主动配电网 IEC 61968 静态拓扑模型中的类及含义

枚举值	对应的 IEC 61968 类	含义
BTP	BatteyPile	储能电池堆
INV	DERInverter	分布式能源逆变器
REC	DERRectifier	分布式能源整流器
PVA	PVArray	光伏阵列
COM	PVCombinerBox	光伏汇流箱
DFU	DCFuse	直流熔断器
DSW	DCSwitch	直流开关
LBS	LoadBreakSwitch	负荷开关
JMP	Jumper	阻抗可忽略的连接线
BUS	BusbarSection	母线
SEC	Sectionaliser	分段开关

另外需要注意的是，电压互感器（TV）与电流互感器（TA）并没有进行扩展，因为在 IEC 61968 中它们虽然被建模成了辅助设备而非导电设备，但却与端子有关联关系，因此在 IEC 61850 的模型中与导电设备可以等价，在 IEC 61850 中 TV 和 TA 已经由 tPredefinedCommonConductingEquipmentEnum 中的枚举值 VTR 和 CTR 表示，故本文保留这种建模方式。

6.4.2　融合后的配电网 IEC 61850 容器模型

IEC 61850-6 ED 2.0 定义了 SCL 模板来描述系统内一次拓扑与 IED 逻辑功能的关联关系、IED 通信地址参数、IED 所支持的信息模型和通信服务等，是 IED 自描述和实例化应用的必要条件。当前的 SCL 模板仅定义了 Substation 元素来描述变电站内的一次拓扑，其结构基本上与公共信息模型 CIM 中的 Substation 容器模型保持一致，但没有站外线路拓扑的描述模型。根据美国电力科学研究院（EPRI）的研究报告，有必要将 CIM 中的 Line 容器引入 SCL 中来描述变电站之间的输配电线路，这样不仅能扩展 IEC 61850-6 SCL 的语义模型及其描述范围，而且有助于 CIM 和 SCL 之间的信息融合。因此，IEC TC 57 相关工作组已起草并形成统一版本的 IEC 61850-6 ED 2.1，其中就包括新建的 Process 和 Line 元素来支持变电站之外的应用领域。

Process 元素是一种逻辑容器，表示变电站之外的过程集合层或若干变电站组合成一个局部的电力网络。它可以递归使用，并通过 type 属性来表明过程层类型。Line 元素也是一种逻辑容器，表示变电站之间的线路，可以包含线路分段、导电设备和连接节点（CNode）等。本文利用 Process、Line、Substation 元素描述 FA 系统相关的配电网拓扑，具体规则如下。

（1）配电网中的"线型"结构，可用 Line 容器描述。如分段导线、分段开关、线路上的串联补偿器、电流/电压互感器等设备都属于 Line 的子元素。分支线同样纳入 Line 容器，它可以建模为一个新的 Line，也可以继续包含在主干线路的 Line 内。

（2）配电网中的"站型"结构，可用 Substation 容器描述。如配电变压器站点、环网柜、开关站、箱式变等设备都对应一个 Substation 容器。因为这些站点往往包含母线段，而母线段在 SCL 中对应一个专用的间隔（Bay），此间隔只包含一个 CNode 时，表示母线。而这些站点包含多个 Bay，必须使用 Substation 容器。

（3）对于架空线的分段开关，可以认为是一个"虚构的"站点，也可以认为是线路的一部分，故可以采用 Substation 或 Line 容器。但使用 Line 容器的层次结构更简单，配置内容更简洁，便于解析。

（4）如果网络中既包含 Substation，又包含 Line，则需要在其上层使用 Process 容器，表示一个与 FA 系统相关联的局部网络。

（5）Process、Substation、Line 以及各容器内导电设备的命名，必须至少保证在该 FA 系统内有唯一名称。其中 Substation、Line 及导电设备，已经由国家电网有限公司统一命名。而 Process 的命名可以将国家电网有限公司对局部电网的命名方法适当迁移到"环网区域"上。

根据以上规则，配电网架空线路的主干线和分支线都可以用 Line 表示（一个或多个），而中压/低压配电所、开关站等可用 Substation 描述。电缆线路的开关站、环网柜等使用 Substation 容器描述，而它们之间的分段线路则使用 Line 表示。混合线路分别按照架空线和电缆线的描述方法即可。图 6-11 所示为一个环网区域的 SCL 建模示例。

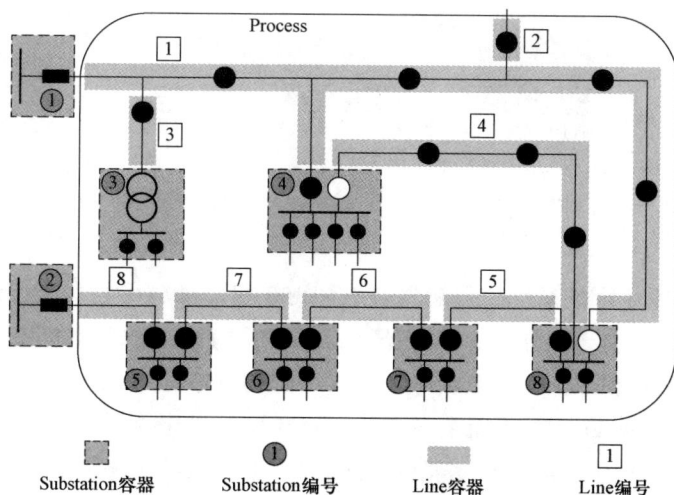

图 6-11 一个环网区域的 SCL 建模示例

当馈线环网的拓扑模型建立之后，分布式 FA 相关的逻辑节点按照功能层级分配到相应的拓扑层：Process（过程集合），Line（线路），Substation→VoltageLevel→Bay→ConductingEquipment（变电站的层次结构）。比如，开关、断路器、电流互感器的信息模型分别用 ConductingEquipment 元素下的 XSWI、XCBR、TCTR 逻辑节点表示；开关控制、保护、故障指示的模型分别用 Bay 元素下的 CSWI、PTOC、SFPI 等表示；供电恢复的模型用 Process 元素下的 ASRC 表示。SCL 将馈线环网的一次拓扑与分布式 FLISR 的逻辑节点进行关联描述后，就可以进一步完成系统和终端的实例化配置，具体方法见文献［17］。

6.4.3　融合后的主动配电网 IEC 61970 静态拓扑模型

融合后的 IEC 61970 静态拓扑模型主要是在原模型基础上增加了 Function、SubFunction、SubEquipment、LNode 4 个类及与之相关的几个类间关系（如 LNode 与电力系统资源的关联），即 IEC 61850 静态拓扑模型中 IEC 61970 原本没有建模的部分。增加的部分如图 6－12 中红色部分所示（其余部分没有改变，在图中仅显示部分与新增类相关的类）。

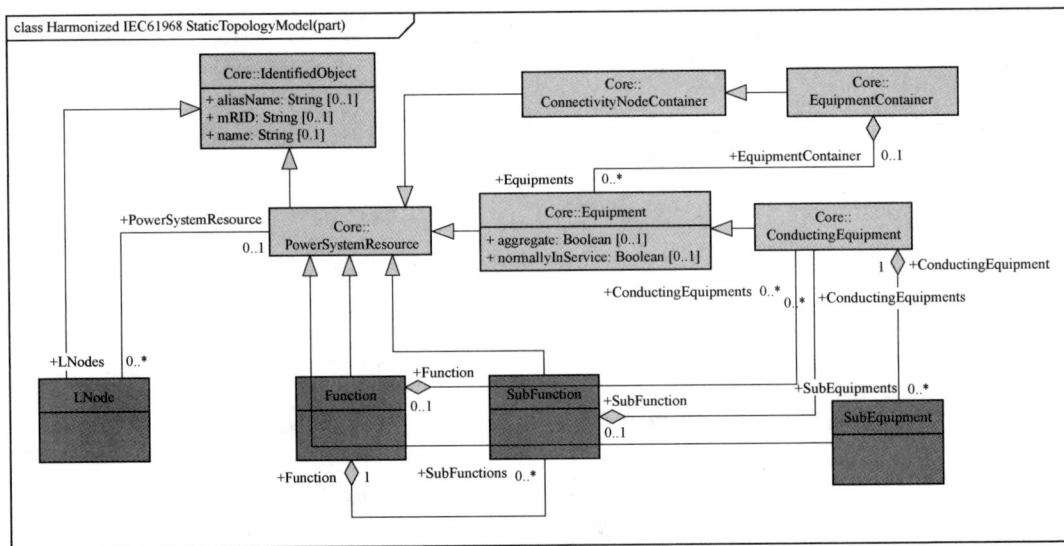

图 6－12　融合后的主动配电网 IEC 61968 静态拓扑模型（部分）

所有的类扩展与类间关系扩展都与 IEC 61850 相应部分保持一致。LNode 对应 IEC 61850 中的 tLNode，由 IdentifiedObject 泛化而来，与 PowerSystemResource 有多对一的关联关系；Function 和 SubFunction 对应 IEC 61850 中的 tFunction 和 tSubFunction，分别从 PowerSystemResource 泛化而来，SubFunction 与 Function 之间建立多对一聚集关系；SubEquipment 对应 IEC 61850 的 tSubEquipment，由 PoweSystemResource 泛化而来，与 ConductingEquipment 有多对一聚集关系；增加 ConductingEquipment 到 Function 和 SubFunction 的多对一聚集关系。所有类间关系均不指定导航性，保持 IEC 61968 的建

模风格。另外，从导电设备可以导航到唯一的容器，从导电设备也可以导航到 Function，Function 根据 IEC 61850 的模型是不会跨容器存在的，因此无须扩展 Function 到设备容器的聚集关系。

6.4.4　量测模型融合

经过 6.3 节的详细差异化分析，明确了 IEC 61968 量测模型和 IEC 61850 量测模型在量测值数据结构及数据类型，时间戳、品质、单位类型，量测与静态拓扑模型的关联 3 个主要方面存在差异。由于量测量是从终端层的 IEC 61850 装置中，通过实时 SCADA 通道上送给主站，或者通过 Web 服务上送到主站的 IEC 61850/IEC 61968 模型转换服务上转换成 IEC 61968 消息后接入主站总线，因此量测量是单向上行的信息，只需保证 IEC 61968 的量测模型能够支持 IEC 61850 的量测模型，使得量测量在主站能够容易地被识别或转换成 IEC 61968 消息即可，即应将 IEC 61850 的量测模型融合到 IEC 61968 的量测模型中，而 IEC 61850 的量测模型则不需要改变，即单向融合。融合步骤如下。

（1）基于 IEC 61850 量测值的数据类型，修正 IEC 61968 的 AnalogValue、DiscreteValue、AccumulatorValue（IEC 61850 中暂时没有 String 类型的量测值，因此 IEC 61968 的 StringMeasurementValue 暂不做调整）。

（2）基于 IEC 61850 的 SIUnit 和 multiplier 属性枚举，扩展 IEC 61968 UnitSymbol、UnitMultiplier 的枚举值。

（3）基于 IEC 61850 的 TimeStamp，修正 IEC 61968 DateTime 的精度。

（4）基于 IEC 61850 的 Quality，扩展 IEC 61968 的 Quality61850、Validity。

融合后的主动配电网 IEC 61968 量测模型如图 6-13 所示（其中，灰色类是原始类，黄色类为在原始类基础上修改的，粉红色类为新增类）。

1. 量测值类的修正

（1）模拟值类的修正。IEC 61850 的模拟量测值一般包含在 FC=MX 的 FCD 中（公共数据类可为 MV、CMV、SAV、WYE、DEL、SEQ、HMV、HWYE、HDEL），对应其中的量测值数据属性，如 cVal。模拟量测值数据属性的类型一般为 AnalogValue 或由 AnalogValue 组合而成（如 Vector），AnalogValue 可以再分为 i 和 f 两个基本数据属性，i 为 INT32 型，表示整型量测值，f 为 FLOAT32 型，表示单精度浮点型量测值。而 IEC 61968 的模拟量测值只有浮点型一种类型。为此，需对模拟值类做如下修正。

1）将原来的 AnalogValue 改名为 FloatAnalogValue，对应 Float32 型的 IEC 61850 模拟量测值。

2）新建 IntegerAnalogValue 和 IntegerValuePrecision 枚举类，IntegerAnalogValue 与 FloatAnalogValue 并列，都是从 MeasurementValue 泛化而来，并与 Analog 存在多对一关联关系。IntegerAnalogValue 包含两个属性，value 属性为 Integer 类型，表示整型量测值，precision 属性为 InterValuePrecision 类型，共包含 INT8、INT16、INT32、INT64、INT8U、INT16U、INT32U 这 7 种枚举值，表示不同的整型精度。IEC 61850 的 INT32 型的模拟

量测值与之对应时，value 属性值等于 IEC 61850 的模拟量测值数据属性值（AnalogValue.i），precision 属性值则取 INT32。

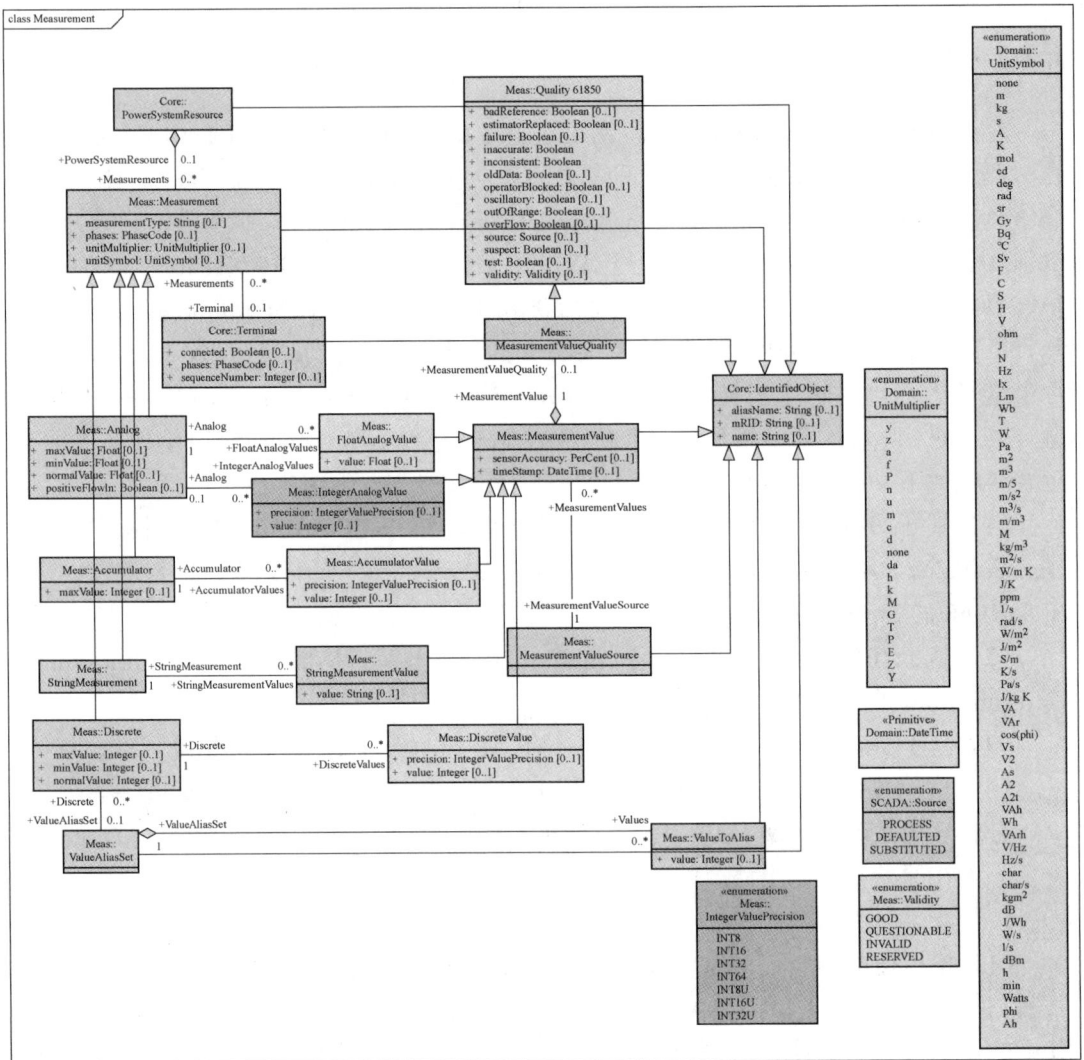

图 6-13　融合后的主动配电网 IEC 61968 量测模型

（2）累积值类的修正。IEC 61850 的累积量测值一般包含在 FC=ST 的部分 FCD 中（公共数据类可为 BCR 或 SEC），对应其中的量测值数据属性，如 actVal 等。累积量测值数据属性的类型一般为 INT64 或 INT32U，因此累积值类做如下修正：在原来的 AccumulatorValue 中新增一个 precision 属性，类型为 IntegerValuePrecision。对应方式和模拟量测值一样，value 属性等于 IEC 61850 的累积量测值数据属性值，precision 属性等于 IEC 61850 的累积量测值数据属性类型，如 INT64。

（3）离散值类的修正。IEC 61850 的离散量测值一般包含在 FC=ST 的部分 FCD 中（公共数据类可为 SPS、DPS、INS、ENS、ACT、ACD），对应其中的量测值数据属性，如 stVal 等。离散量测值数据属性的类型一般为 INT32，BOOLEAN、CODED ENUM 或 ENUMERATED 等。为此，离散值类作如下修正。

1）在原来的 DiscreteValue 中新增一个 precision 属性，类型为 IntegerValuePrecision。对于整型离散量测值，value 属性等于 IEC 61850 的离散量测值数据属性值，precision 属性等于 IEC 61850 的整型离散量测值数据属性的精度，如 INT32。

2）所有非整型的离散量测值数据属性（即 BOOLEAN、CODED ENUM、ENUMERATED 型），需要通过 IEC 61968 的 ValueAliasSet 和 ValueToAlias 转化成整型。ValueAliasSet 表示数值别名集，它由 IdentifiedObject 泛化而来，与 Discrete 有关联关系；ValueToAlias 表示有特定含义的整型数值，它由 IdentifiedObject 泛化而来，与 ValueAliasSet 是多对一聚集关系，自身扩展了一个 Integer 类型的 value 属性。所有 IEC 61850 非整型离散量测值数据属性，可以将其类型名作为 ValueAliasSet 的 aliasName 属性值，如果是布尔型的话对应的 ValueAliasSet 的 aliasName 属性值为 BOOLEAN，如果是枚举型的话则将其在配置文件 DataTypeTemplates 部分定义的枚举类型名作为 ValueAliasSet 的 aliasName 属性值。所有 IEC 61850 非整型离散量测值数据属性，可以将其所有属性值（BOOLEAN 型为 TRUE 和 FALSE，CODED ENUM 和 ENUMERATED 型为其所有枚举值）作为 ValueToAias 的 aliasName 属性，而 value 属性则对这些值赋予对应的等价整型数。

举一个实例进行说明。第 3 章中在电池状态监控逻辑设备中包含了 ZBAT 逻辑节点，该逻辑节点中包含一个公共数据类为单点状态类（SPS）的数据对象 BatVHi，表示储能电池是否处在过充电或电压过高状态。该数据对象的 stVal 属性为其量测值对应的数据属性，该属性是 BOOLEAN 类型，TRUE 表示过充电或电压过高，FALSE 表示非过充电、电压非过高。假设其对象引用为 BatStatusLD1/ZBAT1.BatVHi.stVal（逻辑设备名为 BatStatusLD1，逻辑节点名为 ZBAT1），值为 TRUE。BatVHi 数据对象上送到主站时，对应到 IEC 61968 的离散量测，需要构建 1 个 Discrete、1 个 ValueAliasSet，2 个 ValueToAlias 和 1 个 DiscreteValueValue 实例。Discrete 实例的 aliasName 属性值应为"BatStatusLD1/ZBAT1.BatVHi"；DiscreteValue 实例的 value 属性值应为 1，aliasName 属性应为"BatStatusLD1/ZBAT1.BatVHi.stVal"；AliasSet 实例的 aliasName 属性值应为"BOOLEAN"；第一个 ValueToAlias 实例的 aliasName 属性值应为"TRUE"，value 属性值应为 1；第二个 ValueToAlias 实例的 aliasName 属性值应为"FALSE"，value 属性值应为 0。

可以将 IEC 61850 中对应离散量测的所有公共数据类中的非整型量测值数据属性，都按照上述思路进行转化，将 BOOLEAN 型、CODED ENUM 型和 ENUMERATED 型的数据属性都转化为 ValueAliasSet 和 ValueToAlias 的组合。并且，转化后的 ValueAliasSet 和 ValueToAlias 实例可以作为一种静态数据存在，因为它们只和公共数据类本身有关，而与其实例无关。如上面例子中，如果还有一个对象引用为"BatStatusLD1/ZBAT2.BatVHi.stVal"的数据属性需要上送，那么 Discrete 和 DiscreteValue 都还要新建一个实例与其对应，而 ValueToAlias 和 ValueAliasSet 实例则无须再新建，直接使用和

BatStatusLD1/ZBAT1.BatVHi.stVal 对应的同一组 ValueToAlias 和 ValueAliasSet 实例即可。

（4）字符串值类的修正。字符串值类不需要修正，IEC 61850 的 VSS 公共数据类的实例数据对象的量测值数据属性值可以直接对应到 IEC 61968 StringMeasurement 类的 value 值。

2. UnitSymbol 和 UnitMultiplier 类的扩展

根据 IEC 61850 Unit 类的 SIUnit 和 multiplier 属性枚举，对 IEC 61968 UnitSymbol 和 UnitMultiplier 类中缺少的枚举值进行补充，使得 UnitSymbol 类支持 IEC 61850 中量测值可能使用的所有国际标准单位，并将 UnitMultiplier 范围扩大到 $10^{-24} \sim 10^{24}$。

3. DateTime 类精度的修正

虽然在表述方式上，IEC 61850 的时间戳类比 IEC 61968 的时间戳类复杂许多，但事实上两者最关键的差异是在精度上，只要精度匹配，格式上的转换并不困难。因此本文并不改变 IEC 61968 时间戳类的格式，但是对其精度进行修正以支持 IEC 61850 的时间戳精度。DateTime 类原本精度只能支持到 1ms，而 IEC 61850 的 TimeStamp 则可以支持到 2^{-24}s。因此可以扩展 DateTime 类的小数部分的位数，即不限制其只有 3 位，不强制规定位数上限。这样可以保证其精度不低于 IEC 61850 的时间戳精度。

4. Quality 61850、Validity 类的扩展

根据 IEC 61850 的 Quality，在 IEC 61968 的 Quality 61850 中增加 inconsistent 和 inaccurate 两个布尔型属性，在 Validity 中增加 RESERVED 枚举值。量测品质类 MeasurementQuality 可以从其父类 Quality 61850 中继承这种扩展，因此无须对其再做重复扩展。

第 7 章
信息模型子集及通信映射

根据定义，CIM 旨在成为一个单一的"通用"模型。CIM 的主要目标之一是防止数据定义重复，需要定义电力企业内系统之间交换的所有数据。IEC 61968 标准包括一个接口参考模型 IRM，如图 7-1 所示。

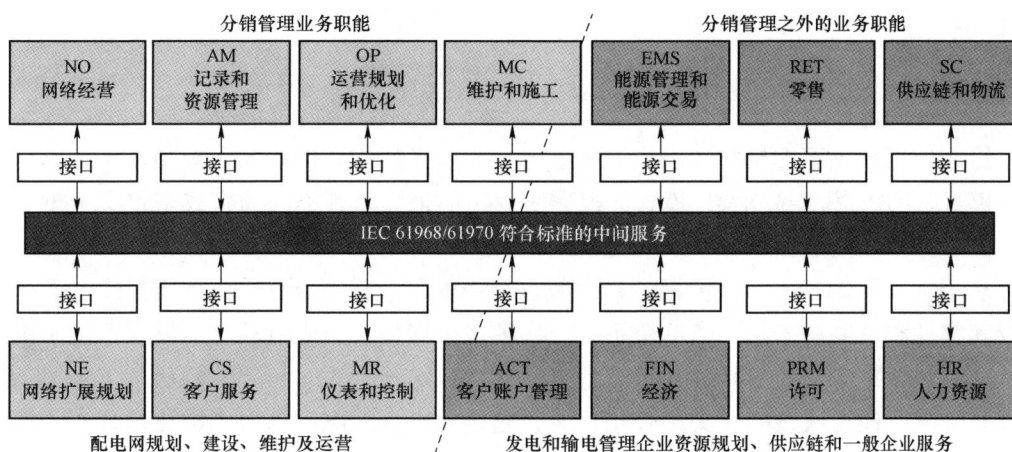

图 7-1　IEC 61968-1 接口参考模型

图 7-1 说明了模型本身的广度。CIM 已经从最初的不到 100 个类的核心集发展为一个包含 1000 多个类和数千个关联和属性的模型。

读者初次接触 CIM，可能觉得该模型显得复杂，难以理解，实施困难，因为每个类和元素都包含在内。但通过了解子集，可以简化 CIM，并在项目从设计进入实施阶段时，使其变得非常容易和易于管理。

7.1　IEC 61970/61968 模型子集

CIM 必须被视为信息模型，而不是工程模型。CIM 中的关系被概括为 0..1 或 0..n，并且所有属性都被认为是可选的。这可能会导致在 CIM 中以多种方式表达数据，这些方式都是有效的，但可能会导致项目交付时，应用系统产生不兼容问题。因此，读者必须了解子集的作用。

为了有效地使 CIM 模型适应特定环境，CIM 用户可以使用子集。子集被定义为完整模型的一部分，用于定义目标接口所需的数据交换。每个子集都是类、属性和引用的集合，以及附加限制，如强制属性或限制关联的基数。信息模型、子集及实现模型如图 7-2 所示。

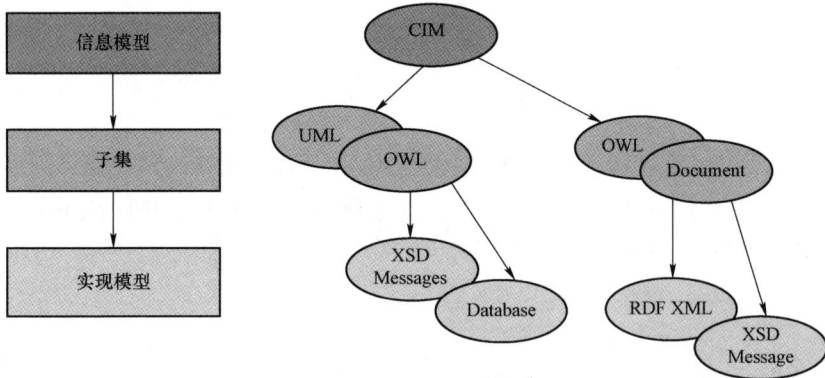

图 7-2　信息模型、子集及实现模型

然后使用此上下文模型（子集）派生定义数据序列化结构的实现模型。这可以是数据库模式、RDF 模式或 XML 模式。根据所使用的工具，有不同的格式来定义上下文模型，但总体方法是通用的。

从子集来看，CIM 接口不再是包含数百个类的复杂模型，而是一小部分经过选择的类及其属性和关联的子集。当单个系统要实现多个接口时，使用从全局模型派生子集的做法可确保数据定义被重用（并防止重复）。比如，GeneratingUnit 在 CIM 中只被定义一次，但可以在任意数量的子集中使用，无论它是输电、配电、电力市场还是分布式能源的接口。

子集示例如图 7-3 所示。添加子集，使用户可以更容易理解需要实现 CIM 的哪些部分以支持接口。实现几个类和属性的接口比查找上千个类并试图确定如何映射接口要简单得多。

1. 子集可以按组聚合

即使子集也有模块化的余地，因为许多子集涵盖与多个用例相关的信息交换。比如，配电和输电系统网络模型子集有很多共同点，但总会有差异，因为输电系统模型通常不需要模拟不平衡潮流或单相变压器。

然而，当涉及拓扑信息交换和潮流状态变量等概念时，用例之间所需的类是相同的。这里的方法是使子集尽可能具体，以便可以将多个子集组合在一起，形成一个用于特定交换的子集组。通过这种方法，单个数据交换变成了多个子集的交换，其中一些子集可能与其他交换中的其他组共享。通过子集重用提供了额外的模块化；使子集更小、更集中，并防止对不同用例进行微小更改的子集重复。

Information Model

TransformerTank End

+ phases: PhaseCode [0..1]

ConnectivityNodeContainer
Core::
EquipmentContainer

Equipment
TransformerTank

Switch

+ normalOpen: Boolean [0..1]
+ ratedCurrent: CurrentFlow [0..1]
+ retained: Boolean [0..1]
+ open: Boolean [0..1]
+ locked: Boolean [0..1]
«deprecated»
+ switchOnCount: Integer [0..1]
+ switchOnDate: DateTime [0..1]

Core::IdentifiedObject

+ aliasName: String [0..1]
+ description: String [0..1]
+ mRID: String [0..1]
+ name: String [0..1]

Equipment
Core::
ConductingEquipment

ACDCTerminal
Core::Terminal

+ phases: PhaseCode [0..1]

PowerTransformer

+ beforeShCircuitHighestOperatingCurrent: CurrentFlow [0..1]
+ beforeShCircuitHighestOperatingVoltage: Voltage [0..1]
+ beforeShortCircuitAnglePf: AngleDegrees [0..1]
+ highSideMinOperatingU: Voltage [0..1]
+ isPartOfGeneratorUnit: Boolean [0..1]
+ operationalValuesConsidered: Boolean [0..1]
+ vectorGroup: String [0..1]

PowerTransformerEnd

+ b: Susceptance [0..1]
+ b0: Susceptance [0..1]
+ connectionKind: WindingConnection [0..1]
+ g: Conductance [0..1]
+ g0: Conductance [0..1]
+ phaseAngleClock: Integer [0..1]
+ r: Resistance [0..1]
+ r0: Resistance [0..1]
+ ratedS: ApparentPower [0..1]
+ ratedU: Voltage [0..1]
+ x: Reactance [0..1]
+ x0: Reactance [0..1]

Core::Feeder

Core::
SubGeographicalRegion

TransformerStarImpedance

+ r: Resistance [0..1]
+ r0: Resistance [0..1]
+ x: Reactance [0..1]
+ x0: Reactance [0..1]

TransformerMeshImpedance

+ r: Resistance [0..1]
+ r0: Resistance [0..1]
+ x: Reactance [0..1]
+ x0: Reactance [0..1]

TransformerEnd

+ bmagSat: PerCent [0..1]
+ endNumber: Integer [0..1]
+ grounded: Boolean [0..1]
+ magBaseU: Voltage [0..1]
+ magSatFlux: PerCent [0..1]
+ rground: Resistance [0..1]
+ xground: Reactance [0..1]

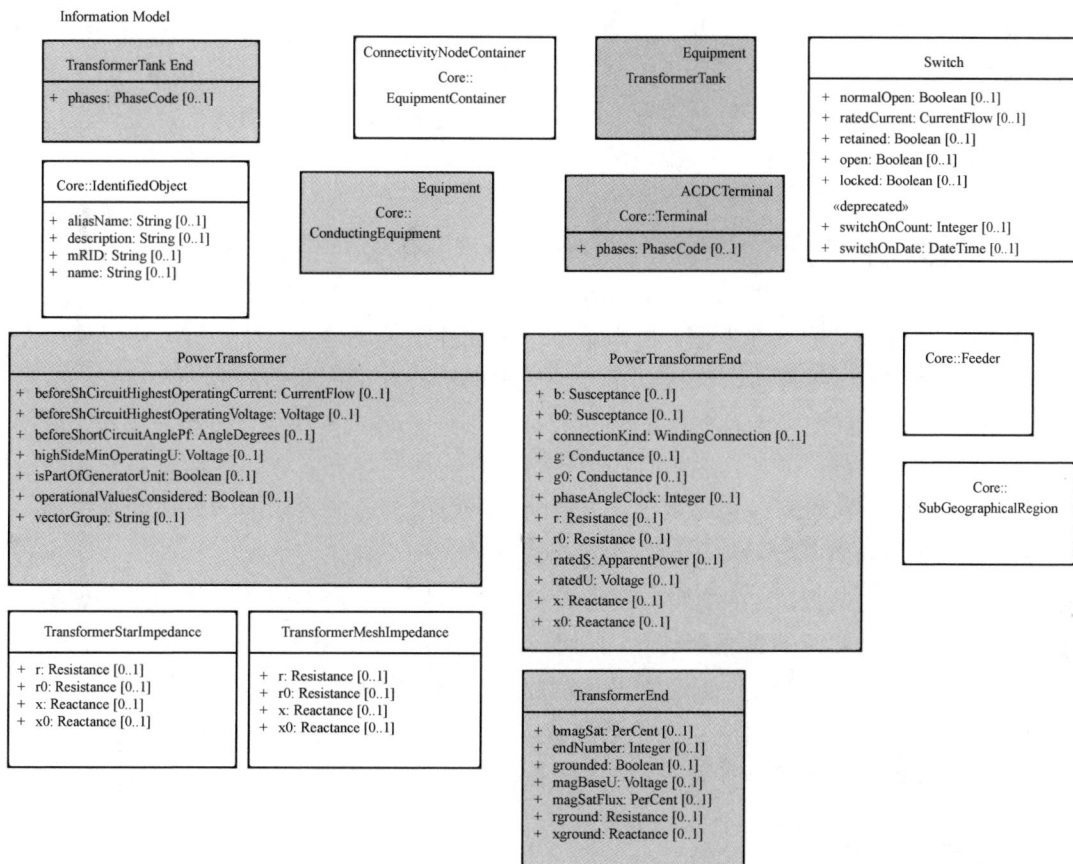

PowerTransformer Contextual Profile

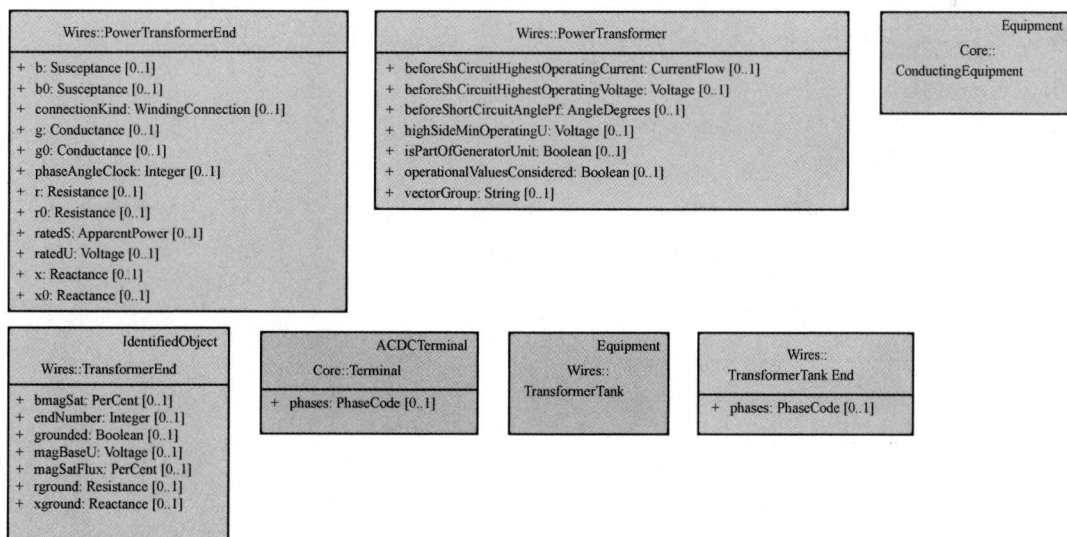

Wires::PowerTransformerEnd

+ b: Susceptance [0..1]
+ b0: Susceptance [0..1]
+ connectionKind: WindingConnection [0..1]
+ g: Conductance [0..1]
+ g0: Conductance [0..1]
+ phaseAngleClock: Integer [0..1]
+ r: Resistance [0..1]
+ r0: Resistance [0..1]
+ ratedS: ApparentPower [0..1]
+ ratedU: Voltage [0..1]
+ x: Reactance [0..1]
+ x0: Reactance [0..1]

Wires::PowerTransformer

+ beforeShCircuitHighestOperatingCurrent: CurrentFlow [0..1]
+ beforeShCircuitHighestOperatingVoltage: Voltage [0..1]
+ beforeShortCircuitAnglePf: AngleDegrees [0..1]
+ highSideMinOperatingU: Voltage [0..1]
+ isPartOfGeneratorUnit: Boolean [0..1]
+ operationalValuesConsidered: Boolean [0..1]
+ vectorGroup: String [0..1]

Equipment
Core::
ConductingEquipment

IdentifiedObject
Wires::TransformerEnd

+ bmagSat: PerCent [0..1]
+ endNumber: Integer [0..1]
+ grounded: Boolean [0..1]
+ magBaseU: Voltage [0..1]
+ magSatFlux: PerCent [0..1]
+ rground: Resistance [0..1]
+ xground: Reactance [0..1]

ACDCTerminal
Core::Terminal

+ phases: PhaseCode [0..1]

Equipment
Wires::
TransformerTank

Wires::
TransformerTank End

+ phases: PhaseCode [0..1]

图 7-3　子集示例

2. 部分 CIM 子集是标准

由于 CIM 范围广泛和可扩展，企业很难全面使用或实施 CIM。但是因为有共同的实施模式，子集本身可以成为标准，如 61970－452（通用电力系统模型）、61968－13（通用配电系统模型）和 ENTSO－E 通用电网模型交换规范。这些都是从整个 CIM 模型导出的子集，目的是促进电网模型的交换。为了在企业和系统（如计量、工作管理或运营）之间交换消息，IEC 61968 还定义了许多标准子集。

7.2 通信协议介绍

随着计算机技术的飞速发展，电力系统应用软件越来越复杂，计算机网络又是一个典型的异构体系，如何将这些异构体系里的应用连接起来进行通信已成为当务之急。通过多年的实践，目前的中间件技术已经可以保证系统之间的互联、互通和互操作，能够很好地解决这个问题。但是，在实时应用领域，特别是在有大量分布式控制应用的领域如电力、航空航天和交通运输管理中，大量的实时应用需要把它们的通信模式建模成一个纯粹的以数据为中心的交换模式，在这种模式中，一个应用发布数据，而另一个远程应用获取感兴趣的数据。这些实时应用主要关心的是如何用最小的代价来实现数据的可预测性分发。这种实际的需求就转化为对服务质量（Quality of Service，QoS）的要求，这些 QoS 会影响到这些实时应用的可预测性、开销和资源使用等方面。这些实时应用还有一个重要的需求就是对成百上千数量众多的数据发布者和数据订阅者的度量，这实际上是对可伸缩性和灵活性的要求：在这些系统上，不用重建整个系统就可以增加应用。

7.2.1 数据通信模型

目前的中间件技术已经可以很好地解决异构的分布式系统之间的连接和操作问题。而对于什么是中间件，是这么表述的，中间件是一种独立的系统软件或服务程序，分布式应用借助这种软件在不同的技术之间共享资源中间件位于客户机服务器的操作系统之上，管理计算资源和网络通信。在具体的实现上，中间件是一个用应用程序接口定义的分布式软件管理框架，具有强大的通信能力和良好的扩展性。中间件是基础软件的一大类，属于可复用软件的范畴。中间件处于操作系统软件与用户的应用软件的中间。总的作用是为处于自己上层的应用软件提供开发与运行的环境，帮助用户灵活、高效地开发、集成、部署各种复杂的应用系统。中间件在分布式系统中的位置如图 7－4 所示。

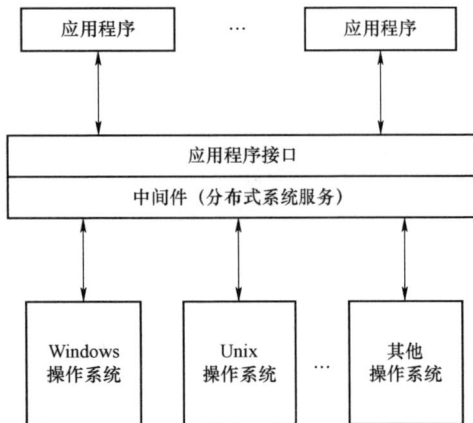

图 7－4　中间件在分布式系统中的位置

各种各样的中间件提供了不同的数据分发模型。它们可以分为两个大类：客户机服务器中间件和面向消息的中间件。

7.2.2 客户机服务器模型

客户机服务器中间件，如 MMS、CORBA、

EJB，包括基于 TCP/IP 协议的 104 规约等，它们基于这样一种模型一些客户进程发送请求到一个服务进程，该服务进程接收到请求后进行处理，然后返回结果给那些客户。图 7-5 所示为客户机/服务器模型中间件中典型的数据流。

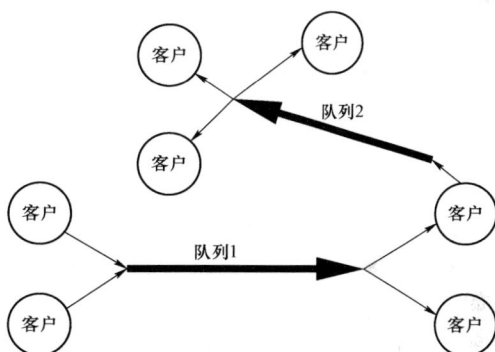

这是一个多对一的体系结构。如果客户需要访问位于服务器上的数据库或其他集中式的资源，客户机服务器模型是适用的。然而，大多数的分布式实时系统中会有多个节点产生信息，该模型会引起很多性能问题，比如，由于所有的信息都是由服务器来传递的，这不仅会增加全面的系统时延，而且还限制了应用的可伸缩性。另外，服务器会成为单点故障源。该模型也不适合于任务关键系统，不能满足大量面向分布式应用的智能电网应用要求。

7.2.3　消息队列模式

消息中间件是基于消息队列的。任何进程都可以创建队列，可以发送消息到一个队列或者从多个队列中读取消息。经典消息中间件中的数据流如图 7-6 所示，消息中间件使用了一个更为分布的通信模型。

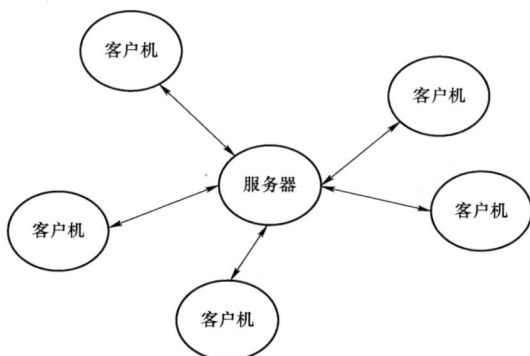

图 7-5　客户机/服务器模型中间件中典型的数据流　　图 7-6　经典消息中间件中的数据流

消息中间件允许点到点通信。它不需要区分节点是服务器还是客户机，从而有效地避免了诸如性能瓶颈和可伸缩性问题。然而，消息中间件所使用的消息传递模型并不是以数据为中心的。应用必须知道从哪儿获得数据，往哪儿发送数据，并且什么时候开始执行。另外，经典的消息传递模型并不涉及 QoS。

7.2.4　发布者订阅者模型

还有另一种消息传递类型，即发布者/订阅者模型（Pub/Sub），其数据流如图 7-7 所示。数据由主题 Topic 来标识，一些进程公告他们将发布某类数据，一些进程公告他们对某些数据感兴趣。数据的实际分发是由中间件来处理的。

发布/订阅通信模型如图 7-8 所示。消息发布者和消息订阅者分别同订阅发布中间件进行通信，消息发布者将包含主题的消息发布给订阅发布中间件，消息订阅者向订阅发布中间件订阅自己感兴趣的主题消息。订阅发布中间件对双方的主题进行匹配后，不断将订阅者感兴趣的消息推给订阅者，直到订阅者向订阅发布中间件发出取消订阅的消息。

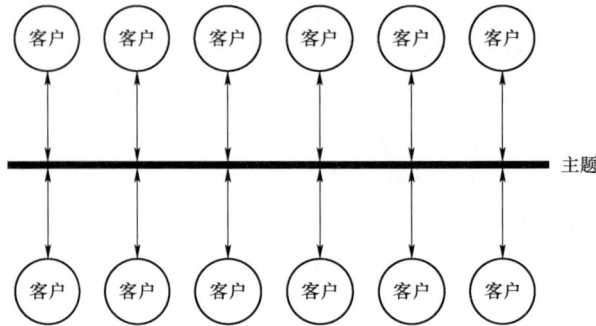

图 7-7　订阅/发布模型的数据流

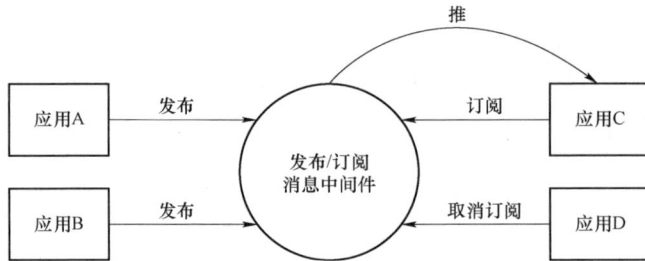

图 7-8　发布/订阅通信模型

由此看出，与其他的通信模式相比，发布订阅模式最大优点是发布者和订阅者是松耦合的，实现了分布式通信中各通信实体之间的异步独立性。在这种模式下，各通信实体不需要知道对方的地址和具体的数量，这就简化了应用的配置，并且使组件更易使用，具体体现在以下几个方面。

（1）空间松耦合。发布者和订阅者不必相互知道，无须知道对方的物理地址、端口等。

（2）时间松耦合。发布者和订阅者不必同时在线，中间件通过存储转发提供了这种异步传输能力。

（3）数据流松耦合。发布订阅是异步模式，发送和接收数据时并不会阻塞各自的控制流程。

中间件 3 种通信模式的耦合性比较见表 7-1。

表 7-1　　　　　　　　　中间件 3 种通信模式的耦合性比较

比较项目	客服机/服务器	消息队列	发布/订阅
空间解耦	否	是	是
时间解耦	否	是	是
数据传输解耦	否	仅生产者方	是

订阅发布通信模式的这些特性使得基于订阅发布的消息中间件具有很好的灵活性和可扩展性，同时，这种通信是一种主动、实时的信息传递方式，当消息发布者有动态

更新的数据产生时，消息中间件会通过事件的发布主动通知消息订阅者存在新的可用数据，而无须消息订阅者进行频度无法确定的查询。因此，订阅发布通信模型适合于具有实时性、异步性、异构性、动态性和松耦合的应用需求。发布订阅模式由于更加智能有效，事实上已成为消息中间件的非正式标准。

7.3　模型子集和通信协议及消息映射

由于 CIM 和 IEC 61850 面向的应用需求差异较大，下面分别介绍。

7.3.1　基于 IEC 61968/61970 的消息映射

除了将电力系统模型数据交换为 CIM RDF XML 之外，CIM 的另一个主要应用是作为企业应用程序集成的通用语义模型。在实际应用中，越来越多的应用程序必须相互通信。在大多数电力企业，这通常会导致大量点对点接口，使用自定义格式和协议在不同供应商的应用程序之间交换数据。向系统添加新的应用程序需要定义和实现额外的接口，进一步增加了整个系统的复杂性。这导致了一个通常被称为"脆弱"的应用程序生态系统。这是因为对一个系统接口的更改可能会破坏与另一个系统的接口。此外，此类系统的总体拥有成本（TCO）更高，因为每个系统都有子集的数据定义，必须针对与另一个系统的每个接口进行映射和管理。

企业应用程序之间的通信如图 7-9 所示，即使是整个企业信息系统中的一小部分，也可能导致大量的应用程序间通信链接。随着公司扩展其 ICT（信息通信技术）基础设施或用其他供应商的产品替换现有应用程序，他们必须为每个通信链路定义新接口，这是一个耗时且昂贵的过程。

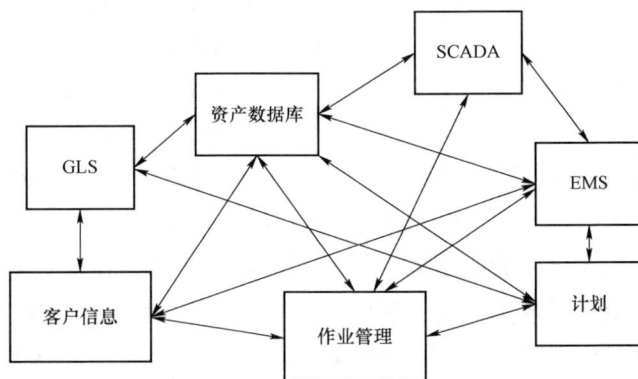

图 7-9　企业应用程序之间的通信

用于应用程序间通信的企业服务总线模型如图 7-10 所示，中间件服务用企业服务总线（ESB）代替了这些专用链接。使用中间件服务，这为应用程序提供了一种使用预定义消息格式进行通信的机制，并且只需要为每个应用程序编写一个接口。

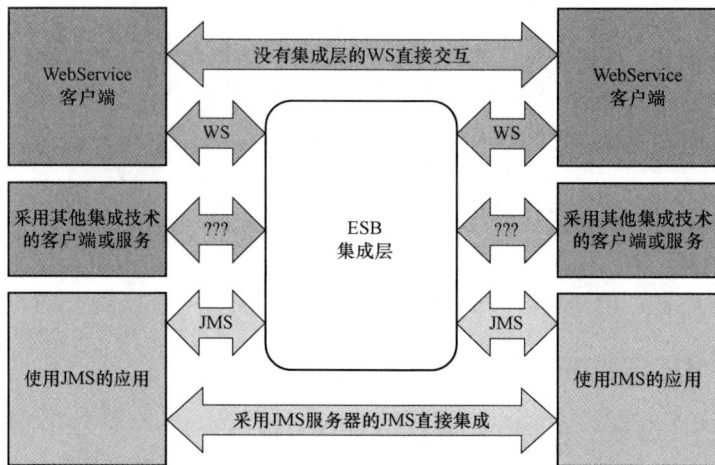

图 7-10 用于应用程序间通信的企业服务总线模型

对于电力企业，CIM 提供了通用语义模型，可用于构建应用程序之间通信的消息。这需要每个应用程序将其外部接口映射到 CIM 类结构，从而允许在 CIM 中定义应用程序间的消息。

这些消息采用 XML 格式，使用受限的 CIM XML 模式来定义消息的消息体。这些标准 CIM 模式，本身是从 CIM UML 类结构创建的，限制了关联和所需属性的多样性，并引入了严格的消息层次结构。

1. 将 CIM 子集映射到 XML 模式

IEC 已经发布了 CIM 子集到 XML 模式映射的 62361-100 标准，以确保 CIM UML 到 XML 模式消息的有效和一致的映射。这些标准遵循联合国/贸易便利化和电子商务中心（UN/CEFACT）从信息模型中获取子集的规则。

实质上，62361-100 标准定义了如何将 UML 元素映射到 XML 模式、如何定义引用（包含或通过引用）、属性何时成为子元素或 XML 属性等。这消除了派生模式的歧义，并确保用户和供应商将生成兼容的模式。该国际标准于 2016 年发布，建议读者参考 IEC 文档，以获取有关 CIM UML 如何映射到 XML 模式的更详细信息。

下面通过一个简单的例子，说明一个应用程序的外部接口可以提供访问系统内非标准的变压器数据。应用程序的适配器接口包括以下属性：① TRANS_NAME，变压器的名称；② WINDINGA_R，变压器的一次绕组电阻；③ WINDINGA_X，变压器的一次绕组电抗；④ WINDINGB_R，变压器的二次绕组电阻；⑤ WINDINGB_X，变压器的二次绕组电抗；⑥ WINDINGA_V，变压器的一次绕组电压；⑦ WINDINGB_V，变压器的二次绕组电压。

这些属性中的每一个都可以映射到 CIM 类中的相应属性，从而可以实现到 CIM 映射的接口。

CIM 接口映射如图 7-11 所示，此映射表明，尽管两个绕组在接口中具有不同的名称，但它们映射到 CIM 类结构中的相同属性。但是，PowerTransformer 和 PowerTransformerEnd

之间的聚合关系已从 0..*n* 基数更改为 2（因为在此示例中，应用程序将所有变压器表示为具有两个绕组）。这意味着消息中必须存在 PowerTransformerEnd 的两个实例，然后使用 endNumber 属性来区分一次绕组和二次绕组。

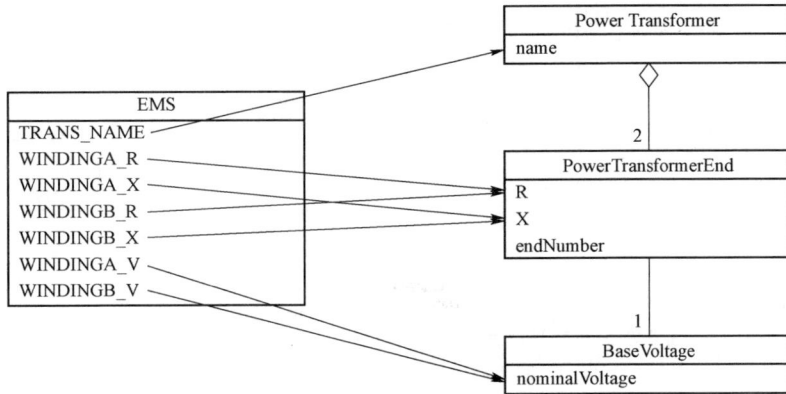

图 7 – 11　CIM 接口映射

每个绕组的电压包含在 BaseVoltage 的 nominalVoltage 属性中。BaseVoltage 实例直接与 PowerTransformerEnd 关联。因此，PowerTransformerEnd – BaseVoltage 关联的基数为 1。

这个简单的 CIM 消息现在需要转换成 XML 模式并用于定义接口。

2. 定义消息结构

CIMTool 是一种开源工具，支持 CIM 子集的定义以及生成的 XML 模式和 RDF 模式。它可以作为独立应用程序和 Eclipse 插件使用。在此示例中，CIMTool v1.9.3 与 CIM v17 一起使用。

使用 CIM17 模式创建 CIMTool 项目后，可以创建一个新子集，该子集定义将在 Transformer Data 接口中使用的 CIM 模型。

图 7 – 12 所示为创建新 CIMTool 子集的对话框。每个子集都有一个名称空间唯一资源标识符，在本例中我们将其设置为 http://epri.com/example/profile/transformer_data#。子集名称用于命名工作区内的子集，信封元素名称定义为消息本身的根。

这会生成一个名为 TransformerData 的空子集，如图 7 – 13 所示，可以用从完整 CIM UML 模型中获取的类填充它。为此，CIM 包层次结构在"添加/删除"窗口的右侧列和要添加的类中展开（在本例中位于 PowerTransformer 所在的位置）。或者，可以使用 CIMTool 的搜索功能按名称搜索类。

首先选择要添加到子集中的类，如图 7 – 14 所示，然后可以通过单击窗口底部的左箭头图标来添加它，这会将类添加到消息中。

Outline 视图已经更新，在根 TransformerData 元素下方显示消息中的单个类。然而，此时 PowerTransformer 是一个抽象类，它必须被标记为实体类。具有 PowerTransformer 的子集如图 7 – 15 所示。

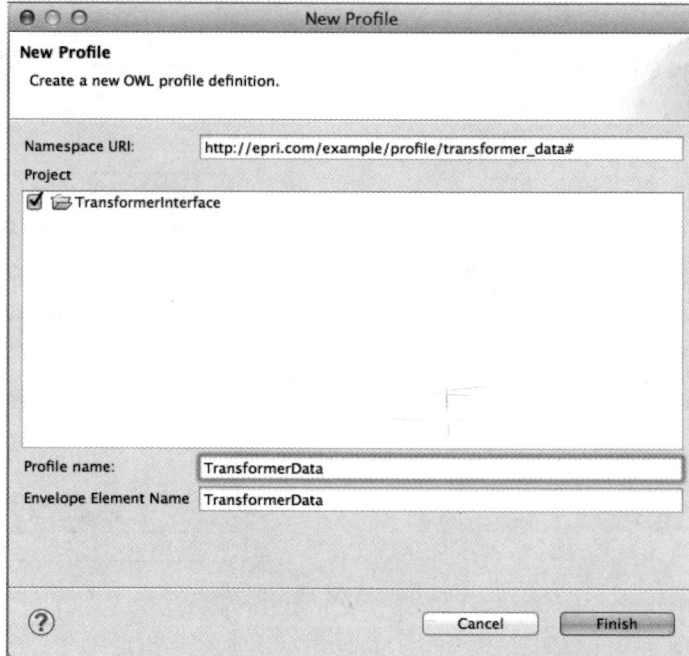

图 7-12　创建新 CIMTool 子集的对话框

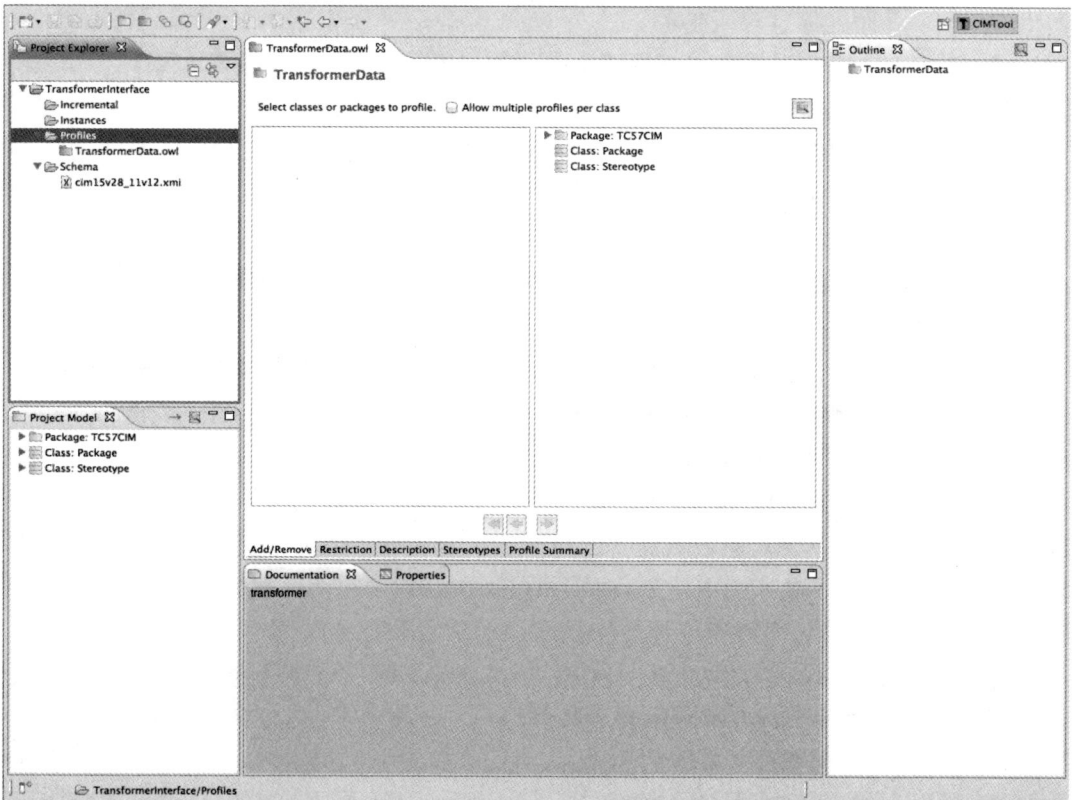

图 7-13　空子集

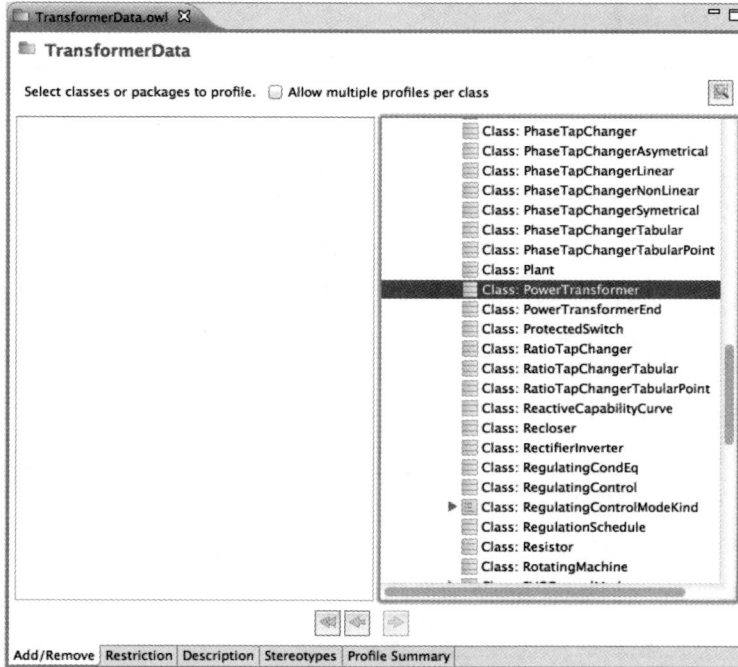

图 7-14　选择要添加到子集中的类

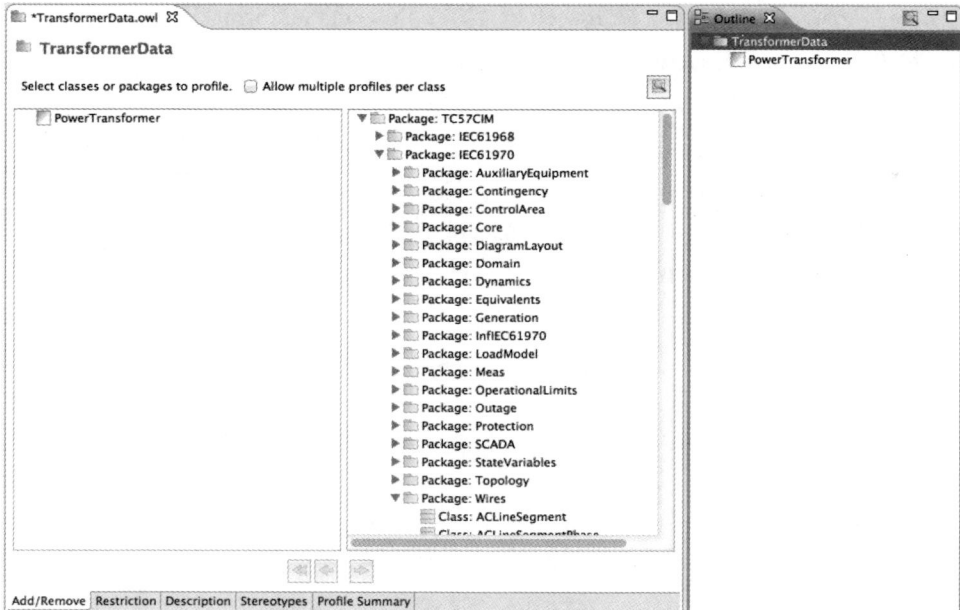

图 7-15　具有 PowerTransformer 的子集

图 7-16 所示为将 PowerTransformer 标记为实体类，这是通过在 PowerTransformer 的限制选项页面中选择 Make this class concrete（使此类具体化）来完成的。现在可以为 PowerTransformer 添加子类，这意味着 PowerTransformerEnd 关联将包含在 PowerTransformer 中，然后在消息中包含 PowerTransformerEnd 类本身。

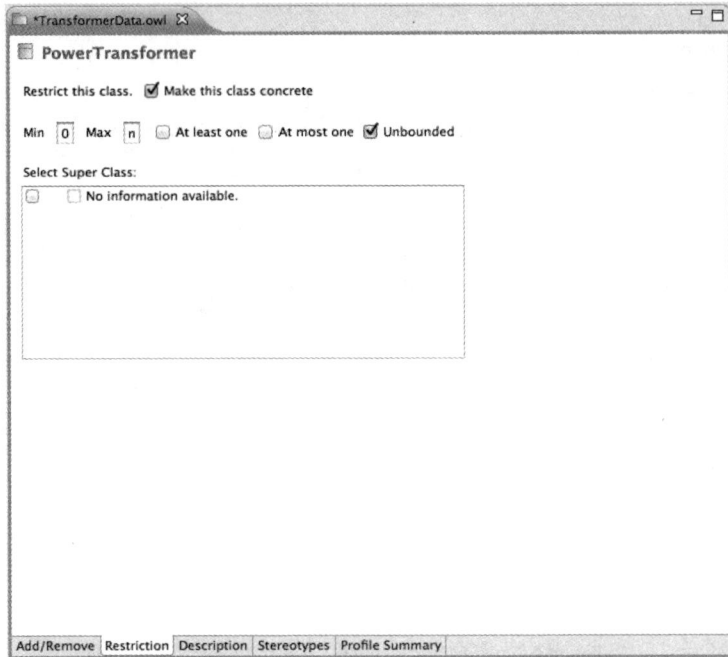

图 7-16 将 PowerTransformer 标记为实体类

图 7-17 所示为类 PowerTransformer 添加 PowerTransformerEnd 关联，图 7-18 所示为将 PowerTransformerEnd 添加到消息中。

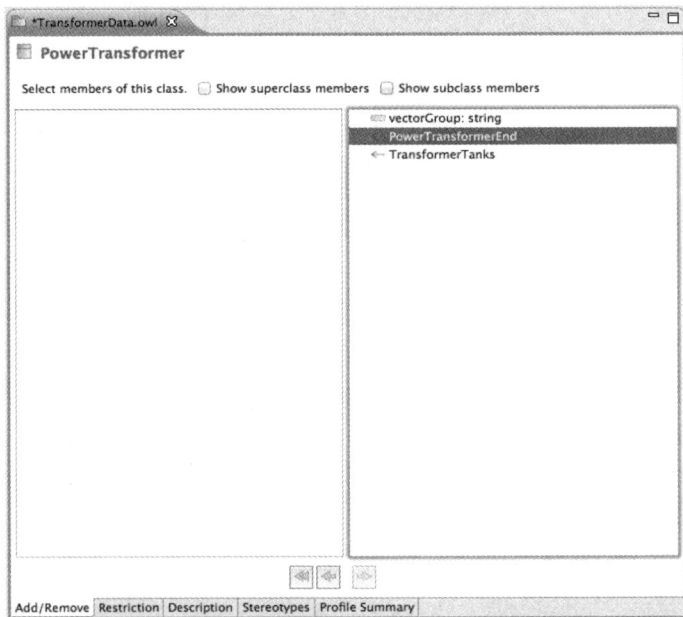

图 7-17 为类 PowerTransformer 添加 PowerTransformerEnd 关联

PowerTransformer 上 的 PowerTransformerEnd 关联现在必须被告知使用已添加的 PowerTransformerEnd。这可以通过选择 PowerTransformerEnd 关联并将关联类标记为

PowerTransformerEnd 来完成，这是通过限制选项页面完成的。为 PowerTransformerEnd 关联选择关联类如图 7 – 19 所示。

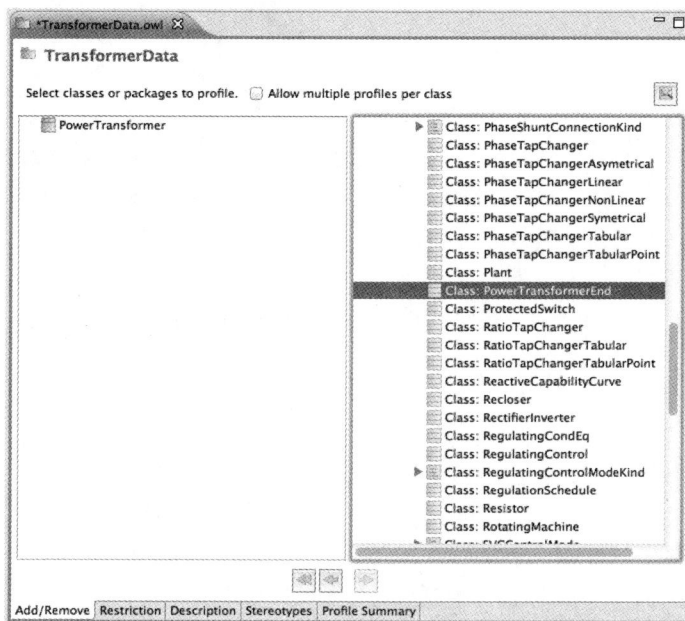

图 7 – 18　将 PowerTransformerEnd 添加到消息中

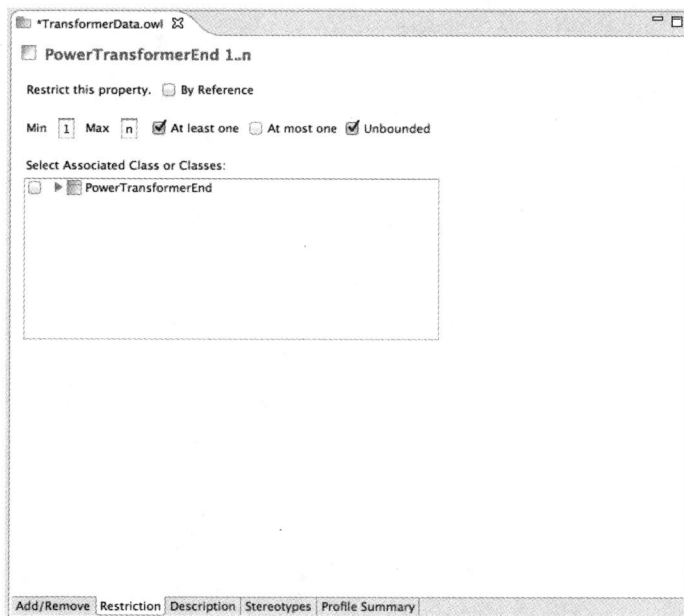

图 7 – 19　为 PowerTransformerEnd 关联选择关联类

PowerTransformerEnd 本身具有属性，因此选择要添加的原生属性，其中，r 和 x 表示电阻和电抗，一些额外的用于电纳、电导、绕组连接类型和额定电压的属性也将添加。PowerTransformerEnd 原生属性如图 7 – 20 所示。

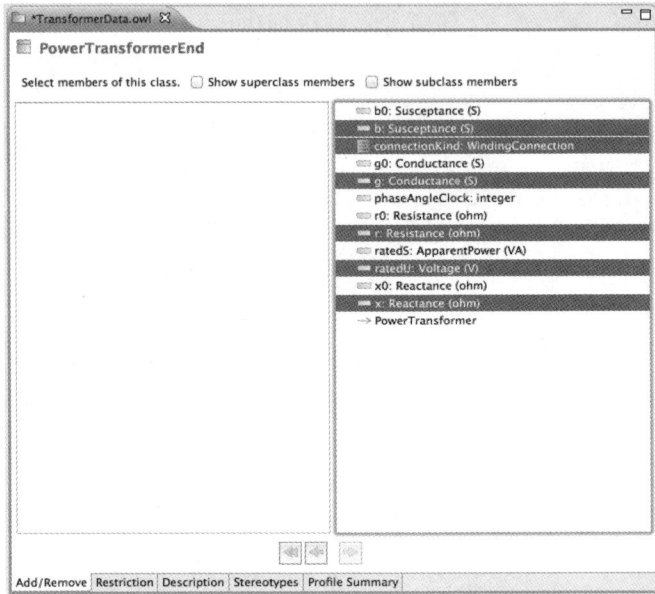

图 7-20　PowerTransformerEnd 原生属性

除了这些本身属性之外，子集还需要 PowerTransformerEnd 的父类 TransformerEnd 中的 endNumber 属性。要添加它，首先选择 Show superclass members 选项，然后添加 endNumber 属性。图 7-21 所示为添加从 TransformerEnd 继承的属性。

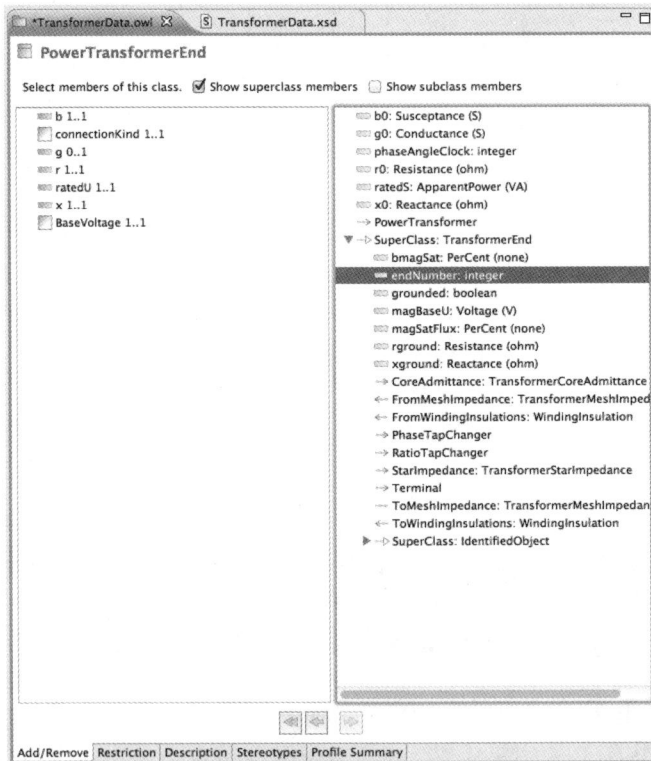

图 7-21　添加从 TransformerEnd 继承的属性

并非所有已添加的属性都是强制性的,因此可以通过取消选择至少一个选项将基数从 1..1 更改为 0..1,将某些属性(如电导)标记为可选,如图 7 - 22 所示。这允许将类 PowerTransformerEnd 中 r 和 x 的所有属性标记为可选。

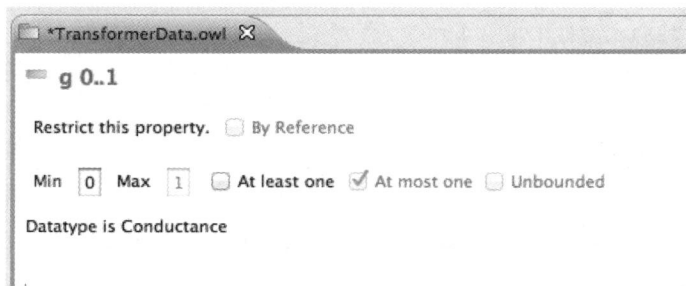

图 7 - 22　将某些属性标记为可选

除了 PowerTransformer 和 PowerTransformerEnd,最后一个类是 BasesVoltage。使用与 PowerTransformer 和 PowerTransformerEnd 相同的过程添加的,将其定位在 CIM UML 中并将其添加到消息中。对于 BaseVoltage,唯一需要的属性是标记为强制性的 nominalVoltage。

此外,为了完成消息,还向 PowerTransformer 添加了名称和 mRID 属性,这些属性继承自其 IdentifiedObject 父类,并且 PowerTransformerEnd 关联的基数从 1..n 更改为 2..2,从而将其限制为恰好具有两个子元素。包含 WindingConnection 枚举,以允许指定绕组连接类型(Delta、Wye 等)。生成的 TransformerData 消息大纲如图 7 - 23 所示。

3. 生成 XML 模式

现在子集和消息结构都已定义,CIMTool 将生成所需的产出物。由于需要 XML 模式,在子集选项中启用 XSD 构建器,如图 7 - 24 所示,这将为定义的消息创建 XSD。

生成的 XSD 可以以原始 XML 形式查看,也可以使用 Eclipse XML Schema 查看器查看。比如,图 7 - 25 所示为 TransformerData XSD 模式元素,图 7 - 26 所示为 PowerTransformer XML 模式元素,图 7 - 27 所示为 PowerTransformerEnd XML 模式元素,图 7 - 28 所示为 BaseVoltage XML 模式元素。

可以看出,XML 模式本身是可见的。这符合 XML Schema 标准并包含来自 UML 的文档,它被拉入 XML 模式文档本身,允许从 CIM UML 到 XML 模式的完全可追溯性。图 7 - 29 所示为原始 XML 模式 XML 的屏幕截图。

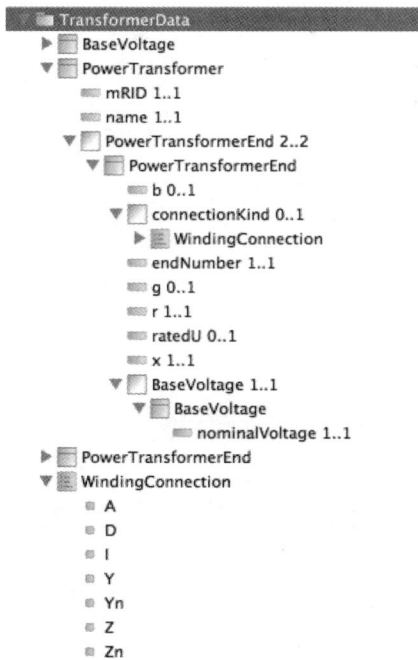

图 7 - 23　TransformerData 消息大纲

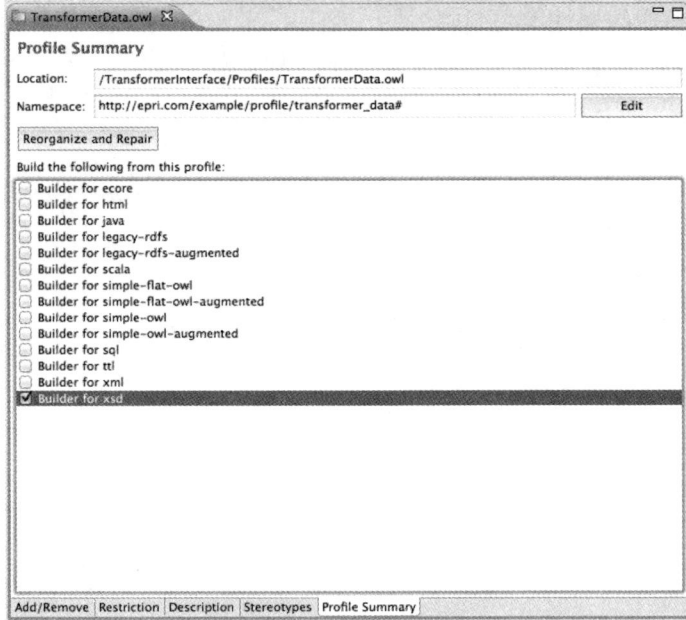

图 7 – 24　在 CIMTool 中启用 XSD 生成器

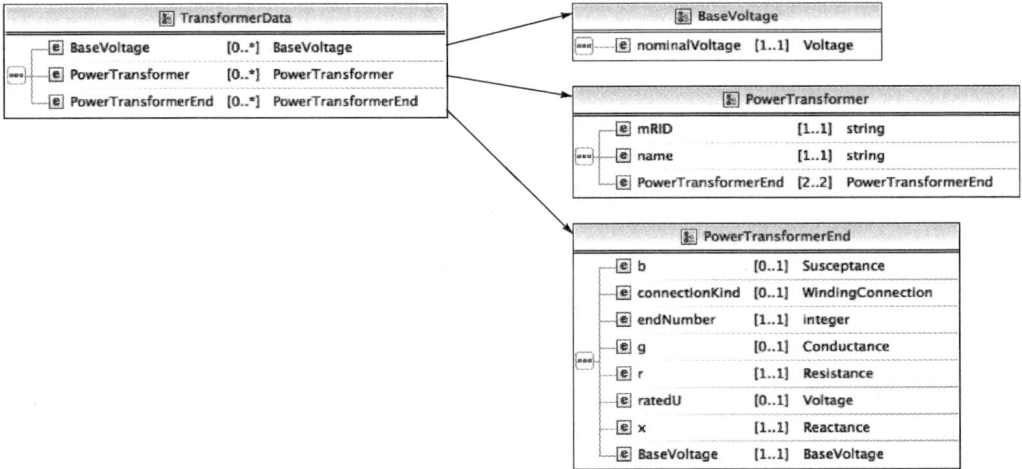

图 7 – 25　TransformerData XSD 模式元素

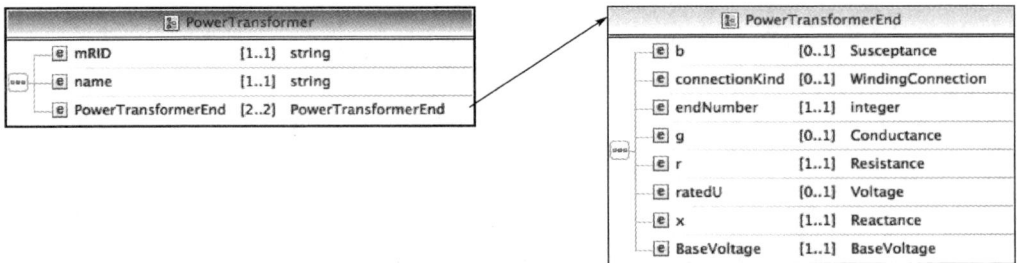

图 7 – 26　PowerTransformer XML 模式元素

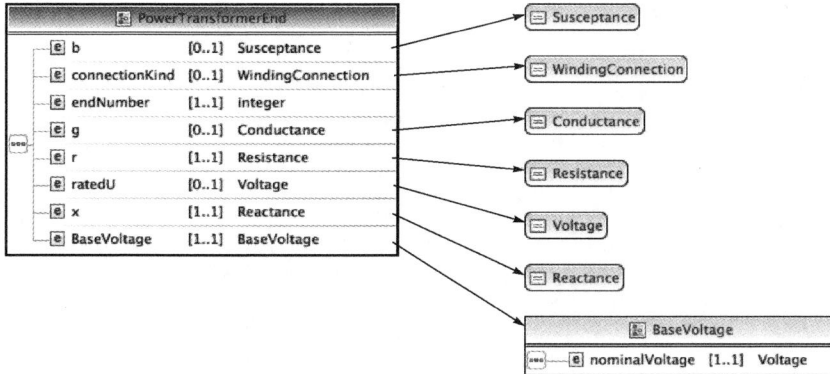

图 7-27　PowerTransformerEnd XML 模式元素

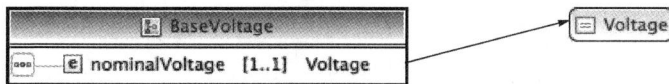

图 7-28　BaseVoltage XML 模式元素

```xml
<?xml version="1.0" encoding="UTF-8"?>
<xs:schema xmlns:xs="http://www.w3.org/2001/XMLSchema" xmlns:a="http://langdale.com.au/2005/Message#" xmlns:sawsdl="http://www.w3
<xs:annotation/>
<xs:element name="TransformerData" type="m:TransformerData"/>
<xs:complexType name="TransformerData">
<xs:sequence>
<xs:element name="BaseVoltage" type="m:BaseVoltage" minOccurs="0" maxOccurs="unbounded"/>
<xs:element name="PowerTransformer" type="m:PowerTransformer" minOccurs="0" maxOccurs="unbounded"/>
<xs:element name="PowerTransformerEnd" type="m:PowerTransformerEnd" minOccurs="0" maxOccurs="unbounded"/>
</xs:sequence>
</xs:complexType>
<xs:complexType name="BaseVoltage" sawsdl:modelReference="http://iec.ch/TC57/2010/CIM-schema-cim15#BaseVoltage">
<xs:annotation>
<xs:documentation>Defines a system base voltage which is referenced.</xs:documentation>
</xs:annotation>
<xs:sequence>
<xs:element name="nominalVoltage" minOccurs="1" maxOccurs="1" type="m:Voltage" sawsdl:modelReference="http://iec.ch/TC57/2010/CIM
<xs:annotation>
<xs:documentation>The PowerSystemResource's base voltage.</xs:documentation>
</xs:annotation>
</xs:element>
</xs:sequence>
</xs:complexType>
<xs:complexType name="PowerTransformer" sawsdl:modelReference="http://iec.ch/TC57/2010/CIM-schema-cim15#PowerTransformer">
<xs:annotation>
<xs:documentation>An electrical device consisting of two or more coupled windings, with or without a magnetic core, for introduc
<xs:documentation>A power transformer may be composed of separate transformer tanks that need not be identical.</xs:documentation>
<xs:documentation>A power transformer can be modelled with or without tanks and is intended for use in both balanced and unbalanc
</xs:annotation>
<xs:sequence>
<xs:element name="mRID" minOccurs="1" maxOccurs="1" type="xs:string" sawsdl:modelReference="http://iec.ch/TC57/2010/CIM-schema-ci
<xs:annotation>
<xs:documentation>A Model Authority issues mRIDs. Given that each Model Authority has a unique id and this id is part of the mRID
<xs:documentation>Global uniqeness is easily achived by using a UUID for the mRID. It is strongly recommended to do this.</xs:doc
<xs:documentation>For CIMXML data files the mRID is mapped to rdf:ID or rdf:about attributes that identifies CIM object elements.
</xs:annotation>
</xs:element>
<xs:element name="name" minOccurs="1" maxOccurs="1" type="xs:string" sawsdl:modelReference="http://iec.ch/TC57/2010/CIM-schema-ci
<xs:annotation>
<xs:documentation>The name is any free human readable and possibly non unique text naming the object.</xs:documentation>
</xs:annotation>
</xs:element>
<xs:element name="PowerTransformerEnd" minOccurs="2" maxOccurs="2" type="m:PowerTransformerEnd" sawsdl:modelReference="http://iec
<xs:annotation>
```

图 7-29　原始 XML 模式 XML 的屏幕截图

该模式可由许多应用程序、框架和工具使用。熟悉 XMLSpy 的读者可以在类似于图 7-30 所示的视图中查看 XSD。

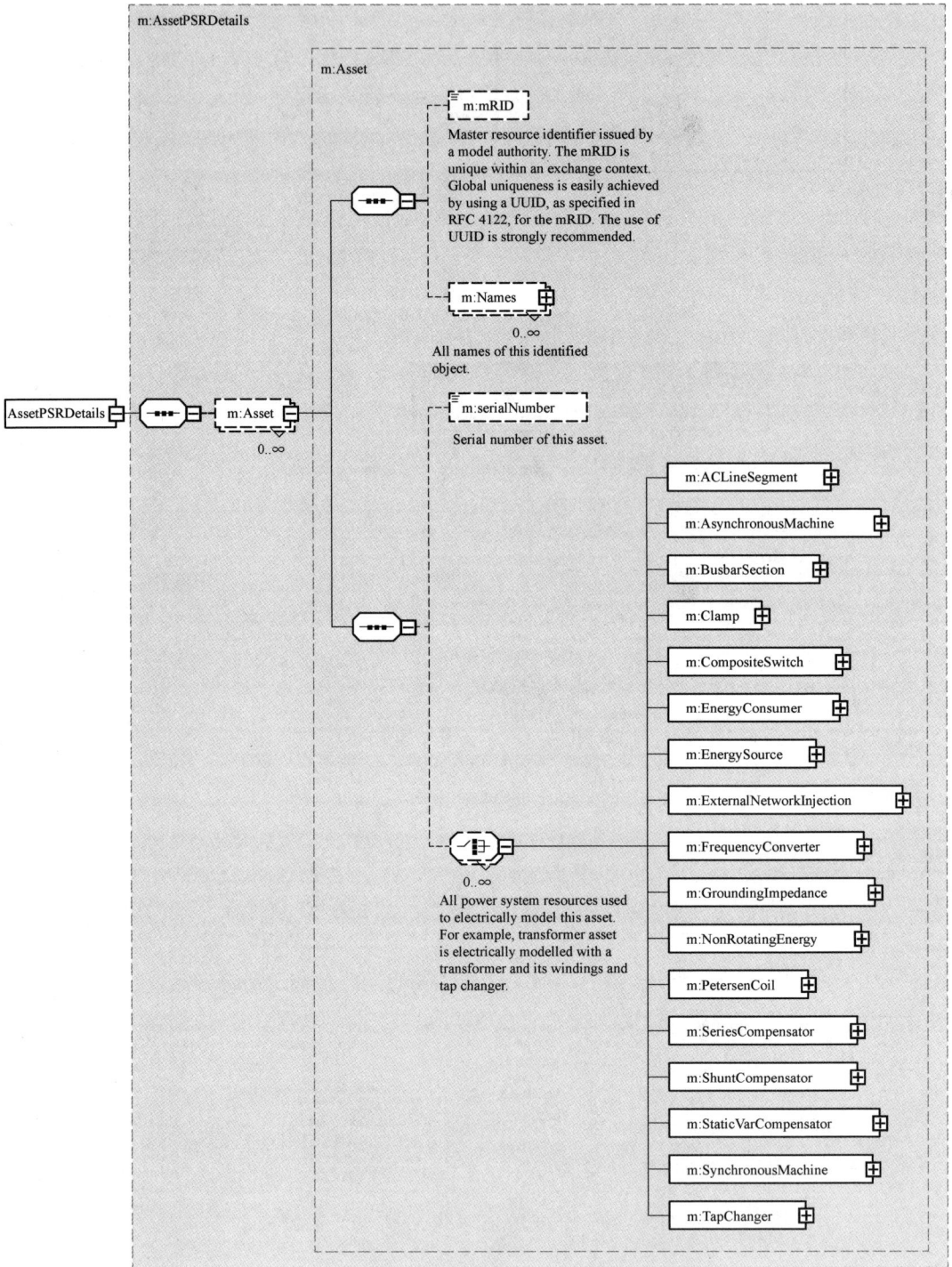

图 7－30　XMLSpy 风格的 XML Schema 视图

4. XML 实例数据

这个模式现在定义了这个小而简单的接口的数据结构。这可用于定义服务（即 Web 服务描述语言－WSDL）的内容，以便发送和接收系统知道要交换的数据的格式和结构。

使用上面定义的模式，生成的 XML 实例数据将采用如下所示的形式：

```
<?xml version="1.0" encoding="UTF-8"?>
<cim: TransformerData
    xmlns: cim="http: //epri.com/example/profile/transformer_data#">
    <cim: PowerTransformer>
        <cim: name>Open Grid Transformer</cim: name>
        <cim: mRID>_836f6720-fde1-11e0-a6f7-e80688cf8a29</cim: mRID>
        <cim: PowerTransformerEnd>
            <cim: b>0.02</cim: b>
            <cim: connectionKind>D</cim: connectionKind>
            <cim: r>0.23</cim: r>
            <cim: ratedU>420.0</cim: ratedU>
            <cim: x>0.78</cim: x>
            <cim: BaseVoltage>
                <cim: nominalVoltage>400.0 </cim: nominalVoltage>
            </cim: BaseVoltage>
        </cim: PowerTransformerEnd>
        <cim: PowerTransformerEnd>
            <cim: b>0.03</cim: b>
            <cim: connectionKind>D</cim: connectionKind>
            <cim: r>0.46</cim: r>
            <cim: ratedU>290.0</cim: ratedU>
            <cim: x>0.87</cim: x>
            <cim: BaseVoltage>
                <cim: nominalVoltage>275.0</cim: nominalVoltage>
            </cim: BaseVoltage>
        </cim: PowerTransformerEnd>
    </cim: PowerTransformer>
</cim: TransformerData>
```

命名空间与为原始子集定义的命名空间相同，虽然结构与 CIM RDF XML 示例的结构相似，但最显著的区别是数据本质上是分层的。对于此示例，仅 PowerTransformer 以其 mRID 属性（在本例中为 UUID）的形式获得了唯一标识符，但如果需要通过其 mRID 识别它们，则可以将相同的属性添加到 PowerTransformerEnd。

对于消息的使用场景，这意味着 PowerTransformer 元素包含所需的全部数据，这使得在需要时将元素转换为另一种格式变得更加简单。这些消息针对的是较小的、基于消息的交换，而不是使用 CIM RDF XML 的大型、批量数据交换。

上述示例完整地展示了应用接口如何映射到 CIM 类结构，然后使用 CIMTool 构建简单的 XML 消息体。实际工程的示例通常使用数十个甚至数百个元素来构造消息体。这种方法的好处是，当系统中的每个应用程序都映射到这个通用模型时，使应用程序的通信变得更加简单。

CIM 提供了一个通用的语义模型，它提供了对每个类和属性的解释的共识，消除了定义的歧义和重复。

7.3.2　基于 IEC 61850/CIM 的通信协议映射

智能配电网作为现代电力系统及未来智能电网的重要组成部分，其自身的可靠性至关重要。智能配电终端是以处理数据为中心的分布式应用，数据通信服务的有效性直接影响着系统功能的实现。IEC 61850 是目前配电终端网络数据通信最全面的标准，其抽象通信服务接口（Abstract Communication Service Interface，ACSI）到一个具体的通信栈的映射是研究热点。虽然 ACSI 允许分离共享数据和服务，但是它只是一个抽象的接口，没有定义任何实际的发送和接收数据的应用层协议的实现。

IEC 61850 中定义的抽象数据模型必须映射到标准化的通信协议才能得以真正的实施。标准的第 7 部分描述了核心 ACSI 服务映射到制造报文规范（Manufacturing Message Specification，MMS）。虽然 MMS 保留了许多的技术优势，但由于它只有 2 级数据结构，所以并不能区分 IEC 61850 众多的 ACSI 类。在很多情况下，MMS 不能为 IEC 61850 提供很准确的通信服务。解决这一问题要求在 ISO/IEC 8802－3 的第二通信协议栈，一到多的事件的通信能力和定期数据分配的映射方面需再研究。

1. 国内外对 IEC 61850 的研究与应用

目前，国内外对 IEC 61850 有大量的研究与应用，可归纳为如下 3 类。

（1）将 IEC 61850 映射到 MMS 和面向变电站事件通用对象服务（Generic Object－Oriented Substation Event，GOOSE）。有学者通过设计专用网关，将 IEC 61850 映射到 MMS 并应用于电力远动通信。但由于 IEC 61850 与 MMS 的映射并不是一一对应，因此实现 ASCI 服务向 MMS 服务的映射成为开发 IEC 61850 系统的难点和重点问题。采用 GOOSE 的通信机制设计数字化变电站，虽然实现了发布和订阅的模式，但 GOOSE 的核心是以对象为中心的通信机制。虽然面向对象支持可重用、松耦合的编程和组合，但是基于预定义的依赖类和继承特性，仍然导致依赖高耦合。

（2）从网络架构的角度和采用特定的通信数据服务模型解决 IEC 61850 到实际通信协议的映射问题。有学者提出基于企业架构框架的 ArchiMate 及变电站配置描述语言 SCL 的 IEC 61850 之间的映射。IEC 61850 标准的通信中间件架构被设计成满足独特的行为和沟通需求的 IEC 61850 协议的一种手段。有学者将基于 RESTful（Representational State Transfer Fullness，RESTful）的服务，与 IEC 61850 的数据模型相结合。

（3）将 IEC 61850 映射到 101/104 规约，一方面，由于 101/104 规约缺乏对模型的支持、可扩展性极差；另一方面，101/104 规约是采用客户机/服务器（Client/Server，C/S）通信模型。C/S 模型的特点是由服务器提供服务，客户机接受服务通信由客户端主动发起，客户端必须事先绑定在服务器上，并通过调用特定的操作来更改或获取信息。一台服务器连接多台客户机，导致客户机服务器之间的耦合度很高，从而系统的灵活性、健壮性和扩展性相应较低。上述的各种解决方法在一定程度上存在结构高耦合性和底层通信技术映射的复杂性，这也成为制约变电站自动化系统实现的一大难题。

2. 工业物联网协议技术对比

可靠和不中断的电力供应是智能配电网的一个主要目标，实时和可靠的通信是实现这一目标的关键；同时由于电力工业存在高电压和强电流电磁干扰等，因此要求通信具有很好的抗干扰和耐冲击能力。随着智能配电设备数量越来越多，数据传输信息量和种类急剧增多；同时通信网络复杂，通信范围点多面广，无人值守。因此要求通信网设计和运行要具有更高度的灵活性。工业物联网相关通信协议技术指标对比见表 7－2。

表 7－2　　　　　　　　工业物联网相关通信协议技术指标对比

协议	通信模式	架构方式	QoS	性能	传输层	动态发现	硬实时	互操作性	安全性
101/104	请求/应答	点对点	通过 TCP 协议自定义	100req/s	TCP	否	否	否	无
MQTT	发布/订阅	中心代理	3 种	1000msg/s/sub	TCP	否	否	部分	SSL
DDS	发布/订阅	面向数据/去中心化	22 种	100 000msg/s/sub	UDP/TCP	是	是	是	SSL/TSL
Coap	请求/应答	点对点	确认或非确认	100req/s	UDP	是	否	是	无
AMQP	发布/订阅	点对点/中心代理	3 种	1000ms/s/sub	TCP	否	否	否	TSL
Rest/Http	请求/应答	点对点	通过 TCP 协议自定义	100req/s	TCP	否	否	是	SSL/TSL

发布/订阅服务以数据为中心，节点在分布式网络上以发布或订阅的方式传输数据。分布式网络没有中心，因而不会因为中心遭到破坏而造成整体的崩溃。节点可以是发布者或订阅者，或者既是发布者又是订阅者。发布/订阅点对点传输的松耦合结构，与传统映射方式中采用 C/S 模式的紧耦合通信结构相比，能够更好地满足电力系统数据对传输的灵活性和可靠性的要求。主要表现在如下方面。

（1）灵活的数据接入方式。以 DDS 为例，该协议采用的通信模型是以数据为中心的发布/订阅（Data Centric Publish Subscribe，DCPS）模型。DCPS 是一种纯粹以数据为中心的信息交换模型，可以自动发现新接入的设备，及在协议层支持设备的即插即用。该模型中有 3 个基本元素，即发布者（publisher）、订阅者（subscriber）和主题（topic）。基于全局数据空间的概念，所有对全局空间中的数据感兴趣的节点都可以接入，网络中的数据对象用域或主题做标识。向全局数据空间提供数据的节点为"发布者"，需要从全局空间获得数据的为"订阅者"，通过"主题"来标识发布/订阅的信息。各个节点具有完全的独立性和自主性，在逻辑上无主从关系，节点与节点之间都是对等的关系，通信方式可以是一对一、一对多、多对一和多对多等。发布者以广播的形式发布数据，订阅者通过比较主题来判断是否是自己需要的数据，可以同时支持 IED 之间以及 IED 与主站之间的通信。

（2）提供可靠的数据质量保证。为了保证数据传输质量，DDS 规范定义了丰富的 QoS 策略。QoS 是一种网络传输策略，应用程序制定所需要的网络传输质量行为，QoS 服务实现这种行为要求，尽可能满足客户对通信质量的需求。每个节点都有自身的 QoS 策略，而且每对发布者和订阅者之间可以建立独立的 QoS 协定。节点在服务质量策略的控制下建立连接，自动发现和配置网络参数。以数据为中心的发布者/订阅者的 DDS 通信模型如图 7-31 所示，应用 1 将新数据以主题 1 为标识发布到全局数据空间，订阅者通过对比主题来判断是否是自己需要的数据。应用 4 需要获取主题 1 的数据，所以当订阅应用监听到符合自己要求的主题时开始接收主题 1 数据。

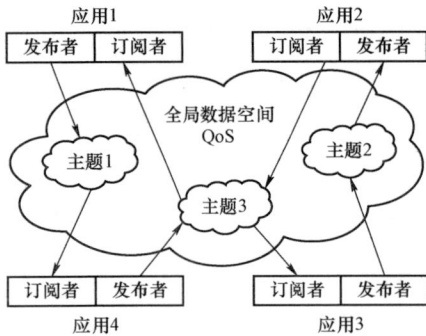

图 7-31　基于 DCPS 的 DDS 通信模型

（3）支持以 CIM/61850 模型描述的服务定义方式。DDS 使用接口定义语言描述服务，实现了独立于平台的数据交换方式，可以映射到多种具体平台和编程语言。因此 DDS 可以支持不同的处理器体系结构、编程语言和操作系统的组合。例如，可以采用多种编程语言（主要是 C，C++ 和 Java）用于多种操作系统，如 VxWorks，QNX，Lynx，Windows 和 Unix/Linux 等。

3. IEC 61850 的 ACSI 通信服务

IEC 61850 根据电力生产过程中的要求和特点，归纳电力系统所必需的信息传输网络服务，定义了独立于具体应用层协议和实现的抽象通信服务接口 ACSI。采用专用通信服务映射（Specific Communication Service Map，SCSM）方法将抽象的通信服务、对象和参数映射到具体的应用层（即采用当前已经成熟的国际通信标准作为其通信协议栈）。这种映射的复杂性随网络通信技术而变化，一部分抽象通信服务接口可能无法被所有的映射支持。一个应用层可能使用一个或多个通信栈（1～6 层）。

IEC 61850 的 ACSI 通信服务主要包含 2 类方式：一类是用来控制和读取数值的服务，主要采用 C/S 模式；另一类是用于对时间要求较高的情况和周期采样值传输服务，通常采用对等通信模式（Peer to Peer，P2P）。

下面以 DDS 为例，简要说明 61850 和 DDS 的映射方法。DDS 采用以数据为中心的信息交换模型，某些应用程序发布（发布者）数据，然后对其感兴趣的远程应用程序（订阅者）获取这些数据，发布者与订阅者之间相互独立，它们只关心如何以最小的通信负载实时和可靠地进行数据传递。DDS 数据通信应用模型如图 7-32 所示。IEC 61850/CIM 到 DDS 的映射规范见表 7-3。

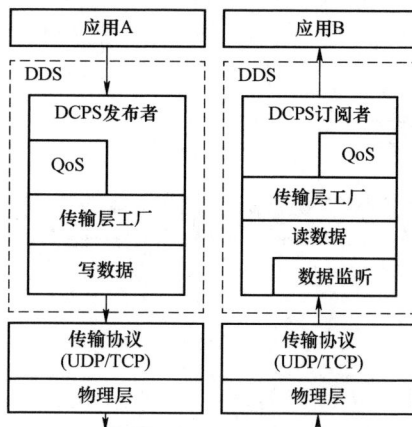

图 7-32 DDS 数据通信应用模型

表 7-3   IEC 61850/CIM 到 DDS 的映射规范

类型	属性名	映射到 DDS 对象	说明
ACSI 服务	成组整定控制 （例如：请求/响应服务、请求/ 不响应服务、分布式通用变电站 事件以及分布采样测量值等）	DDS 主题（Topic）	采用 61850/ CIM 模型子集
61970 容器模型	馈线组/变电站等	DDS 域	—

基于 DDS 映射 IEC 61850 标准构建 IED 设备通信的具体步骤如下。

（1）定义 IED 通信数据空间域名，确定该 IED 的通信范围。

（2）定义 IED 在其通信数据空间中进行通信的主题（Topic）。

（3）建立 IDL 文件，定义所要通信的数据结构。

（4）用符合 DDS 通信规范的软件中间件转换 IDL 到程序开发语言。

（5）根据需求修改具体通信数据的变量赋值及通信频率。

（6）根据需求设计修改 QoS 配置文件，建立符合 IED 要求的服务质量策略。

（7）编译代码测试可执行文件。

第8章
基于标准化模型互操作

　　实现各生产厂家系统之间、IED 之间、IED 和系统之间的互操作性是 IEC CIM/61850 标准的主要目的之一，主站系统、IED 设备通常需要完成一致性测试和互操作测试。IEC 61850 – 10 即一致性测试部分的根本目的是使制造商和用户（即使不是协议专家）能客观评价所测试的设备（或系统）支持 IEC 61850 标准的情况。IEC CIM 没有标准的一致性测试标准，通常是按照业务应用的子集对系统做一致性测试。而一致性和互操作性又是得到这个评价的两个方面。其中，系统/设备的一致性测试是指用一致性测试系统或模拟器的单个测试源一致性测试单个系统/设备；系统/设备的互操作性测试是利用两个运行系统/设备进行互操作性测试，由分析仪检验其信息交换过程。一致性测试是互操作性测试的基础，从一致性陈述可以大致知道该设备的互操作能力，若要进一步评价，则须进行相应的互操作性测试。

8.1　典型互操作场景

　　智能配电网是直接面向社会和用户的重要能源载体，是坚强智能电网的重要组成部分。配电网相对于输电网来说其数据量更加庞大、数据模型更加复杂、业务集成需求也更加迫切。配电网信息集成不仅包括生产控制系统的数据集成，还包括管理信息系统的应用集成与业务流程集成，成为实现智能配电网兼容、自愈、互动和优化的基础。随着信息技术的发展以及信息化需求的推动，国内外已经在智能电网背景下就实现信息集成的技术开展了广泛的讨论与研究。

　　配电网的信息集成交换技术的演变大致可分为点对点集成阶段、中间件集成阶段以及 SOA 架构与总线集成阶段 3 个阶段。

8.1.1　点对点集成技术

　　点对点集成技术是信息化初级阶段的产物，因那时的信息化集成度较低，交换的数据量小，对于少量企业信息系统的集成场景，单点的方式可以快速地完成。因为单点的方式是通过进程间通信技术（如系统之间函数的远程调用、共享内存技术、TCP/IP 通信技术等）来完成的，这种集成技术的缺点是依赖于特定操作系统的底层技术和通信技术，难以移植至其他平台；编码，调试技术复杂，对开发人员要求较高；更重要的是系统间传输的数据格式均为私有格式，集成方案无法复用。对于有 n 个整合点的信息系统，需要制定 $n(n-1)/2$ 个集成技术方案。对于较多的企业信息系统的集成，如果使用单点的方式集成，就是相当复杂的：对于有 n 个整合点的信息系统，如果有一个点发生变化就会影响所有整合点，因此这种集成方式修改维护十分困难，这种接近半固化的集成方式对数量较多的信息系统的整合是相当困难的。

8.1.2　中间件集成技术

中间件集成技术是指处于操作系统和应用程序之间的软件，为应用系统的集成提供便利，屏蔽了底层操作系统的复杂性，避免程序员涉入复杂的进程间通信技术，而将注意力集中在业务的开发上。中间件技术常用的有 CORBA、DCOM 及 J2EE 技术。电力信息系统之间数据的交互可以使用面向消息的中间件实现，由消息总线或者第三方代理完成电力信息系统的集成。企业信息系统与中间件之间主要是通过私有的总线 API 或者一些应用程序的 API 来连通的。

这种方式与点对点集成方式相比，中间件集成技术由依赖于特定的操作系统变为依赖于特定的中间件软件平台，应用系统只需关心与中间件系统的通信，应用系统间的耦合性大为减少，有利于制定应用系统间统一的信息交换模型。缺点是中间件与应用程序的耦合比较紧密，集成系统完全依赖于某个软件平台，意味着某个原有应用与其他系统集成就必须面向中间件技术进行改造，增加了投资成本和难度，依赖于单一厂商的软件平台将导致难以移植，一旦软件平台出现问题（如厂商倒闭，或软件平台不再维护升级）将有很大的投资风险；而且中间件系统庞大复杂，部署难度大，成本高，维护困难。目前电力系统已基本摒弃了中间件技术，转向 SOA 架构基础上的总线集成技术。

8.1.3　SOA 架构与总线集成技术

SOA 是应用于企业集成中的基础的体系结构模式，它提供一些在松耦合系统结构中定义自包含服务的概念。SOA 通常通过 WebService 来实现，WebService 可以实现跨平台的系统之间的数据交换。企业服务总线（ESB）是一种能够连接几百个应用端点的基于标准的、面向服务的骨干网。它是传统中间件技术与 XML、Web 服务等技术结合的产物，是一种在松散耦合的服务和应用之间标准的集成方式。作为一种体系结构模式，企业服务总线支持在 SOA 体系结构中虚拟化通信参与方之间的服务交互，并对其进行管理。它提供服务提供者和请求者之间的连接，即使它们并非完全匹配，也能够使它们进行交互。

企业服务总线具有以下特点和优势：① 位置和标识透明，参与方不需要知道其他参与方的位置或标识；② 协议透明，参与方不需要采用相同的通信协议或交互方式，如 SOAP/HTTP 的请求可能由采用 JMS、Mail 或 FTP 协议的提供者提供服务；③ 数据格式转换，请求者和提供者不需要就中间数据格式达成协议，企业服务总线可以将请求转换为提供者所期望的格式来处理此类差异。

企业服务总线支持许多交互类型，包括单向、请求/响应、异步、同步和发布/订阅。它还支持复杂事件处理（在复杂事件处理中，可能会观测到一系列事件），以产生一个事件作为该系列中的关系的结果。企业服务总线就是用来解决这些问题以及其他问题的、一种创新的企业应用服务中间件平台，还可以降低信息互操作的复杂度，减少投资成本。

8.2　互操作测试内容

在计算机领域，互操作被定义为两个或多个系统交换信息并相互使用已交换信息的能力。互操作研究主要包括两个层次的内容，即交换实体双方对信息的一致性理解和双方在协作方式下对信息的自动化操作。从层次上可分为技术层（语法）、信息层（语义）及组织层（业务）。各个层次的标准相互独立。由于基础连接标准（Ethernet、Wi-Fi等）和网络互操作相关标准（FTP、TCP等）已得到广泛认同和应用，因此实现信息交互的重点就在于语法互操作，以及语义理解两部分。语法层次上的互操作是最容易得到彻底解决的，它可以通过制定一系列的协议或使用某种共同的计算机语言来达成。但语义和描述规则上的异构往往只能得到部分的解决，需要引入语义网中的本体技术才能得到真正解决。

随着电力信息标准化的逐步开展，电力企业开始构建基于企业服务总线（Enterprise Service Bus，ESB）的信息集成架构。然而各个系统提供商在实际应用中对 IEC 61968 标准制定的总线模型与消息规范的理解和贯彻执行差别较大，在同一条信息交互总线上传递的信息模型与消息类型混乱，以致应用间信息集成受阻，其根本是缺少一种校验机制对总线信息模型与消息规范进行一致性约束，因此有必要在总线上部署模型与消息验证服务。

部署在总线上的应用组件每进行一次模型更新（元数据），需要首先向验证服务器传递一条待发布的消息，验证服务器将验证结果返回给应用组件（专有信道）。若验证结果是不兼容的，则该组件不允许往总线上发布消息，需要根据提供的不兼容信息对模型做核实和修改。若验证通过，则可以向总线服务订阅方发布相应的业务消息，并且在下一次模型更新之前不必再向验证服务器传送消息。经过该验证环节，保证了总线上传输的消息符合定制的消息类型规范，并且信息模型符合特定子集 Profile 的约束。

总线验证机制包含模型验证，即元数据层面的一致性校验。所谓模型验证，是指从消息体（Message Payload）中解析出电网模型元数据信息，并将其与统一的信息模型（CIM 及其扩展）做比对，分析语法格式的兼容性以及模型语义的一致性，筛选出不兼容信息，从而便于进行信息模型的管理与维护，从根源上保证总线语义的一致性。这是由消息体 Payload 装载的电网模型实例的消息格式决定的。电网模型实例的文件格式可能是基于 RDF 规范的 XML 文档，也可能是基于 XSD 规范的 XML 文档，如 IEC 61968 业务消息的外部信封是基于 XSD 语法规范的，但消息体（Payload）内部则除了可以是符合 XSD 的文件外，也可以嵌入 RDF 文件。RDF 和 XSD 在语法格式和语义定义方面区别较大，具有各自的优势，如 RDF 可以表达资源之间的继承关系、聚集关系及关联关系，因此较多地应用于表达电网模型、拓扑连接等语义性需求较强的场景，而 XML Schema 使用嵌套方式描述元素之间的关系，在数据转换以及扩展方面具有很大的灵活性。也就是说，在语法层面，XSD 更灵活，可扩展性更强，但是在语义表达方面，虽然 XSD 为 XML 提供了元素定义和属性声明，包含了一定的语义表达，但却缺乏对概念关系描述的支持，因此语义表达能力不完备。而 RDF 则在语义方面有较大优势，它解决的是如何采用 XML 标准语法无二义性地描述资源对象的问题，使得所描述的资源的元数据信息成为机器可理解的信息。在语义网（Semantic Web）的体系结构中，RDF 位于 XSD 的上层，其语义表达功能更强。因此，在对两类不同格式的文档进行语义校验时，需要区别对待。对于基于 XSD 的 XML 文档，可以通过 XSD 对其进行语义层面的校验；对于 RDF 文档，则无法使用语义层次较低的 XSD 去验证其语义正确性，而只能通过比其语义层次更高的本体语言（OWL）实现 RDF 文档语义的验证。

8.3　互操作测试流程

8.3.1　UML 包（Package）与 OWL 文件的映射

UML 是 OMG 发布的用于面向对象建模的语言，OWL 是用于本体描述的语言，两者既有不同点，也有共同点。

（1）不同点。首先，两者的建模目的不同，UML 模型是抽象的，用于消除和简化某些不必要的概念与关系，只选择必要的知识来解决某个特定的问题；OWL 本体模型主要用于知识表达，往往需要涵盖某一领域中所有的知识，强调知识的完备性。其次，在 UML 类图中，关联可以是多元关系，但 OWL 中的对象属性总是二元关系；最后，UML 类图中属性的作用范围仅限于其所属的类，关联的作用范围限于参与关联的各类组合，而 OWL 中对象类型和数据类型的属性都是不依赖于其他资源而单独存在的。

（2）共同点。UML 模型和本体模型又存在某些相似点：都用来表达现实世界中可以用来处理的概念，建立在类概念和关系之上，而且都是为了得到在某个领域上的可重用模型，具体表现在如下方面。

1）　UML 和 OWL 中都有类 Class 的概念，UML 中类的实例与 OWL 中个体相对应。UML 的属性虽与 OWL 的属性不完全一致，但两者存在某些对应关系。

2）　都支持继承关系，UML 中这种关系被定义为泛化并且只在类与类之间存在，OWL 中则既有类的继承，也有属性继承。另外，两者都允许一个类为多个类的子类。

3）　这两种语言都支持模块化结构，UML 中称为包，而在 OWL 中则对应于本体。

因此，UML 模型与 OWL 本体有许多特征元素是相当接近的，UML 与 OWL 的特征对应元素见表 8-1。

表 8-1 UML 与 OWL 的特征对应元素

UML	OWL
类（Class）	owl：class
枚举类（Enumeration Class）	owl：oneOf
实例（Instance）	Individual
属性（Attribute）	Property
泛化关系（Generalization）	rdfs：subClassOf
包（Package）	owl：Ontology
导航性（Navigable）	rdfs：domain　rdfs：range

8.3.2　OWL 在电力系统公共信息模型中的应用

电力系统公共信息模型 CIM 是通过 UML 来发布的，不能直接用于实际工程，而 RDF 作为一种描述领域模型的知识表示语言，其表达能力上存在缺陷，因此需要将其转换为用 OWL 语言描述，实现信息模型的共享。根据上述 UML 与 OWL 特征元素的对应关系，可以将 CIM/UML 模型转换成用 OWL 描述的 CIM 模型。

1. RDF 文件的导入与转化及 OWL 文件的导入

在进行语义验证之前，先要同时导入待验证的 RDF 实例文件以及用于验证的电网模型 OWL 文件。将两个文件以流或树的形式读入内存当中，并将 RDF 实例文件转化为用 OWL 语言描述的本体模型对象。

2. 基于本体的推理机推理验证

使用合适的推理机，将转化为本体模型对象的 RDF 实例，与模型 OWL 文件进行推理比对校验，得到两者在语义上的差异性。首先创建一个包含推理机制的模型对象（InfGraph），该模型对象在内存中是以 RDF 图结构的方式表示；然后依次遍历 CIM/RDF 中所包含的谓语成分、类、统一资源标识符 URI，以及基数（Cardinality）约束等，并借助语义逻辑推理机制在模型对象（InfGraph）中查找上述遍历到的元数据，若找不到与其相符的对象，则在验证结果中添加一则不兼容信息。设备参数的语义（参数是否属于该类或参数类型是否正确）及拓扑关系的基本关联语义（如 Terminal 与 ConnectivityNode 的关联关系是否存在）均可通过该方法校验出来。另外，基数（Cardinality）约束的校验，需要统计出被校验资源对象的个数，判断其是否在模型对象（InfGraph）定义的值域范围内（OWL 表示为 owl：minCardinality 和 owl：maxCardinality）。

3. 导出 RDF 文件与 OWL 的语义一致性验证结果

将推理得到的语义差异性逐条输出，完成语义校验。

第9章

信息模型应用示例

9.1 配电网分布式控制架构

传统集中式控制方法已难以满足高渗透率分布式电源接入背景下电力系统稳定性控制和经济调度的需求，分布式控制方法因具有可靠性高、可扩展性强、通信计算负载均匀等特点，得到了越来越多的关注。

作为网络控制方法的一种，分布式控制模式并不需要配置一个调度中心用来统筹所有参与个体，而是所有参与个体之间直接进行通信联系。各参与个体利用各自的邻居节点及其自身的状态信息，按照各自内部所设定的状态更新原则，分布式地计算更新其自身的状态信息。在所设定的状态更新原则下，当计算过程趋于稳定后，总体的计算结果即可使各个受控对象的运行状态收敛于全局最优解。同时，当某些个体退出或重新接入系统中时，不会影响系统整体控制过程，即能满足分布式终端的"即插即用"功能。

9.1.1 业务应用背景

1. 集中式控制模式

集中式控制是智能配电网最传统的优化控制方式，其优化为全局统一优化，对整个配电网进行统一优化和调控无功资源。在集中式优化调节模式下，有一个中央处理器能通过处理全局信息，对整个系统进行集中调控，并通过多个执行器执行中央处理器所下发的最优方案，完成系统的优化调度。为了优化配电网的节点电压，使各节点电压在要求的范围之内，中央处理器需要对配电网中所有的节点电压进行测量之后才能进行优化计算，输出调节信号，如改变变压器接头的位置、改变分布式电源的出力大小以及调整网络的负荷等。有学者提出了基于集中式优化潮流的电压控制策略，解决了分布式电源并入配电网之后所导致的电压越限问题。该方法可以最大限度地减少分布式电源接并入配电网后的网络损耗，降低有功功率的削减幅度。此外，相对于其他增强电网稳定性一些无源优化方法而言，该方法还可以降低配电网的连接成本。有学者提出了利用同步分布式发电机发出的无功来对配电网进行集中式控制的方法，首先利用多目标函数将原本的无功调度问题转化为一个混合整数非线性的优化问题，并通过使用改进粒子群算法对其进行优化求解；然后根据提供的负荷进行预测，使得发电机的无功输出、并联电容器的开关以及有载的分接开关相互协调，从而达到降低网损、维持电压稳定的目的。但由于配电网潮流等因素的影响，对于配电网电压调节属于是一个非线性优化问题。随着配电网的规模的增大，利用启发式算法进行集中式控制求解的计算难度也随之急剧增长，优化结果容易陷入局部最优，无法收敛到最优解。将配电网电压优化问题进行凸化，能在获得全局最优解的同时提高算法的收敛速度，因此研究人员常采用半定规划和二阶锥规划这两种方法对配电网的优化问题进行求解。有学者考虑到配电网的三相不平衡问题，利用半定规划将配电网的无功优化问题进行凸化，使能获得全局最优解，并利用灵敏度分析和分支界定算法的结合，对含有离散变量的混合规划问题进行了求解，最后通过 IEEE 33 节点配电网验证了算法的有效。

然而，未来会有越来越多的分布式资源（包括分布式发电、分布式储能、可控负荷等）并入配电网，形成主动配电网。由于这些网络元件的分散特性，集中式调控将面临巨大的技术挑战。上述研究均采用集中式调控架构，控制思路简单，但考虑到高弹性多元融合配电网的建设需求，集中式调度架构存在如下问题。

（1）多元融合配电网中资源繁多，全局控制中心下控制负荷数量多，需要发出大量控制指令，计算量大，计算时间长，从工程实际考虑，无法实时给出调度指令。

（2）考虑到全局控制中心在进行控制指令下达和本地信号上传过程中存在传输延迟，实际系统运行时实时调度指令无法即时到达各个本地节点。

（3）系统可靠性问题。从信息和物理两个角度而言，主站集中式存在单点失效问题。主站系统一旦崩溃，则整个系统都有失效的风险。在集中控制模式下，网络与物理结构是一个紧密联系的整体的概念，只要两者结构上出现失误，整个系统都将出错。

2. 分散式控制模式

相较于集中式控制而言，分散式控制不需要设立中央控制器，具有较好的扩展性和鲁棒性，同时也不需要收集网络的所有节点的信息，一定程度保护了用户的隐私。在分散式控制的模式之下，发电单元无须通信设备的投入，各单元只能基于本地的信息对系统的电压进行调节，可以实现发电单元的即插即用，拓展性较好，鲁棒性强。分散式控制常应用在新能源的就地控制中，在下垂控制、恒电压—频率控制等领域使用频繁。

但由于分散式控制在各个发电单元中缺乏通信联系，无法控制大型配电网实现全局优化，求解最优。并且，当分散式控制对应的发电单元在电力系统占比过大时，若分布式电源之间的协调容易出现故障，导致系统各个节点的状态不稳定，设备无法正常运行，对配电网的安全可靠运行造成消极影响。

3. 分布式控制模式

分布式控制同时具备了集中式控制和分散式控制的优点。在分布式控制模式下，无须设置中央控制器，每个发电单元都有自己的控制单元，能够实现发电单元的"即插即用"，可拓展性较好，鲁棒性强。当大量的分布式电源并入电网时，分布式控制方式常采用基于协同控制的方式保证配电网的可靠运行。其中，对配电网根据其稀疏性或运行特点进行分区，将其分解成为多个相对独立的子区域，利用分布式算法对各个子区域进行协调控制，可有效地降低通信投资并能够对规模较大的配电网进行快速调节。

分布式控制典型的应用如下。

（1）基于协调一致性，采用分布式控制方式统筹电力系统各个储能系统，实现调节配电网的供电电压的目的。

（2）通过减小分布式电源的实际有功功率，或调节分布式发电机组的无功功率吸收的方法，也可以应对分布式电源并入配电网的电压越限问题。

（3）基于配电网的节点灵敏度，结合了就地控制和分布式控制策略的方法，通过协调配电网关键节点的有功、无功功率，对配电网电压进行了调节。

9.1.2　配电网分布式控制架构简介

该应用架构在满足适应分布式电源接入配电网后新的安全稳定运行要求的基础上，构建"区域平衡、台区自治"的配电网调度运行控制体系。通过配电网潮流优化控制、可调负荷资源柔性控制等技术，采用"10kV 母线—馈线—台区"逐级协调优化控制的策略，实现多层级能量平衡调度。

1. 配电网分布式控制架构的主要内容

配电网分布式控制架构主要包括以下内容。

（1）区域优化分析。分析计算各层级的可调节能力，快速聚合和主动协调电力系统设备和分布式电源，以保持电网稳定性，同时优化供应、需求和弹性。满足区域电网安全运行约束，以分布式电源消纳、电网经济安全运行、电动汽车有序充电等为目标，形成区域调节控制策略。

（2）区域平衡调控。采用网络重构、光伏/储能调节、柔性负荷控制等协同控制方式实现区域内各线路/台区负载均衡，保障区域重要负荷供电，实现区域内电量平衡。

（3）区域故障处理。当电网故障发生大面积停电时，优先调整多相邻层级间线路运行方式进行负荷转供；负荷无法转供，按照储能支撑、有序用电优先级紧急处理。

2. 配电网分布式控制架构的调节策略

配电网分布式控制架构如图 9-1 所示，该架构包括具有 3 层的馈线段层次结构。每层中的馈线段服务协调其馈线段内的参与者并交换明确定义的消息接口配置文件以实现业务目标。联络计划是上、下层之间的协调接口，同时也在上、下层之间以及相邻层之间交换可调容量信息。

根据需求，该架构将可调资源进行分级分类聚合，自下而上分为台区级（微网级）、馈线级、变电站级，将每一层对应的资源聚合起来，形成不同容量、不同规模的可调资源集群，满足电网调节的多样需求。

每一层的协调控制服务的调控目标是管理和保持，如电压和功率因数限制、频率和联络计划、电流和热限制等。

调节策略包括：① 光伏等比例分配，将调节的目标值等比例分配给各光伏执行；② 光伏消纳最高，以确保光伏消纳率最高进行调节任务的分配；③ 储能等比例分配，将调节的目标值等比例分配给各储能执行；④ 储能最佳，计算各层储能可调容量，保持储能设备 SoC 状态最佳。

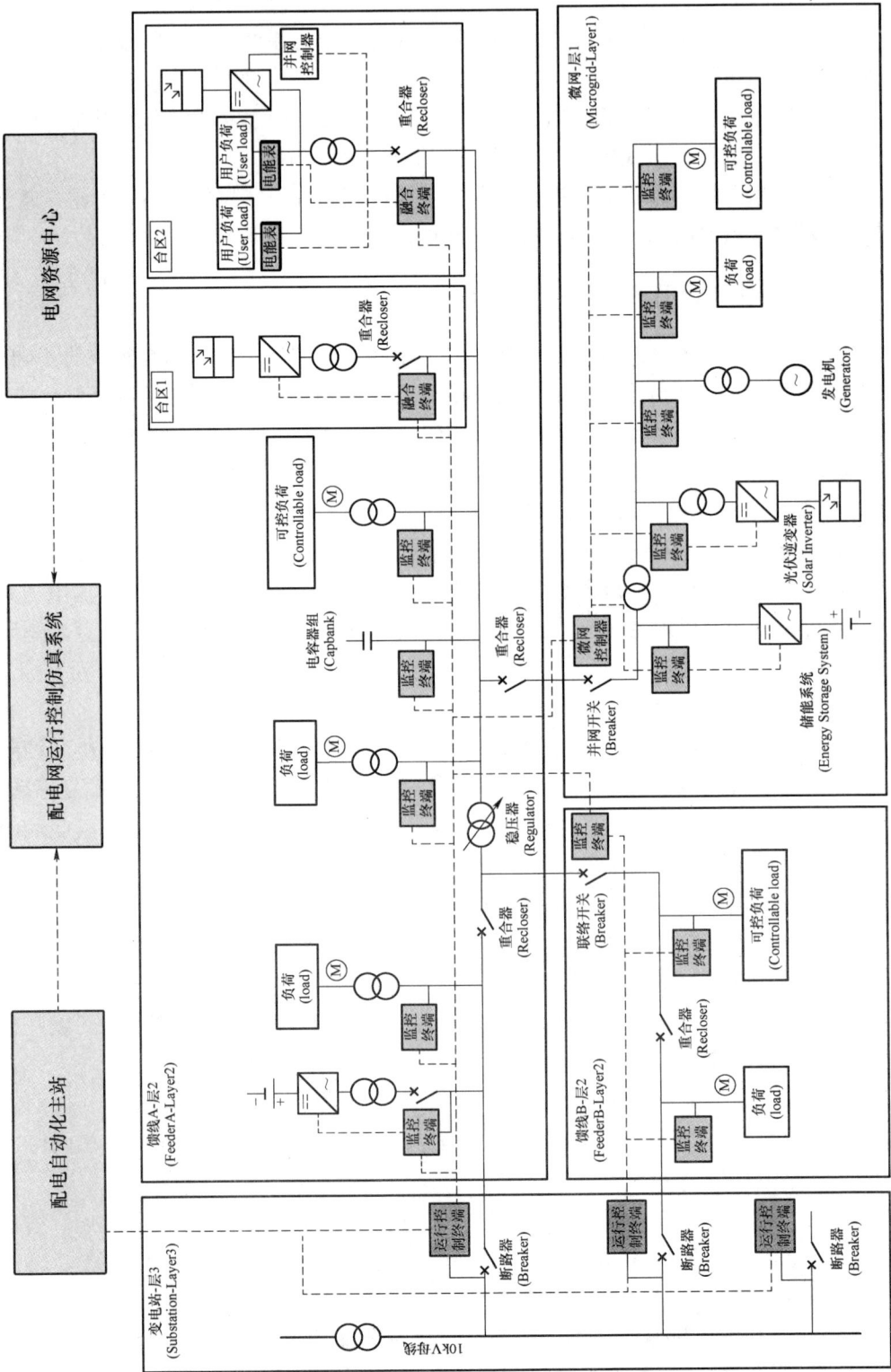

图 9 - 1 配电网分布式控制架构

图9-1中，以馈线A（第2层）中的参与调控设备为例，包括太阳能逆变器、储能系统（ESS）、断路器、重合器、稳压器、电容器组及负载。该层中每个参与设备都与一个调控节点相连接，这些节点连接到设备并直接与该层内的其他调控节点以及相邻层的其他节点通信。这些节点之间通过发布/订阅方式交换数据，其中的运行控制终端节点装有馈线协调控制服务，通过制定有功和无功调控策略，平衡馈线的出力，分析和管理相关的设备。

馈线A（第2层）通过交换联络计划与相邻的上层和下层协调。此外，馈线A（第2层）与相邻层、上层和下层共享请求备用容量服务（如果需要）和可用备用容量服务。

上层变电站（第3层）中的参与调控设备包括断路器和其他设备。变电站操作可由调度自动化/配电自动化系统完成。在这种情况下，针对上层的协调控制服务用于和SCADA系统集成和协调联络计划、请求备用容量服务（如果需要）、可用备用容量服务。

此外，上层变电站还为馈线B（第2层）中的相邻馈线供电，馈线B也可以为馈线A（也是第2层）提供备用容量；反之亦然。

下层微电网（第1层）中的设备参与者包括开关、储能系统、太阳能逆变器、发电机和负载。该层中每个参与设备都与一个调控节点相连接，这些节点连接到设备并直接与该层内的其他调控节点以及相邻层的其他节点通信。这些节点之间通过发布/订阅方式交换数据，其中的微网控制器节点装有协调控制服务，该服务通过交换联络计划、请求备用容量服务（如果需要）和可用备用容量服务，与馈线A（第2层）中相邻的上层协调控制服务进行协调。如果微电网控制器是独立存在的，则需要一个调控节点与之相连接，完成信息交换的适配工作。

9.1.3 运行环境

配电网分布式控制框架可以使不同厂家的设备能够利用分布式智能功能来安全访问和快速集成设备和系统之间的网格边缘现场数据。由于不同厂家的设备可能都有自己独特的操作环境，因此他们现有设备在馈线上的占有率和功能可能因部署场景而异。因此，可以安装额外的智能设备，以提高配电网分布式控制框架的运行性能和潜在的叠加优势。建议的安全最佳做法是隔离馈线内参与设备之间的通信，并且只允许桥接相邻馈线网络以交换联络计划和备用容量。

此外，随着电网的网架结构和运行方式的改变，在某个区域内的设备和服务可能并不需要持续订阅和该区域有关的消息，以避免消耗带宽和网络堵塞。因此，需要设备支持动态订阅，在这种情况下，订阅者可以释放自己不接收的特定消息，重新发起订阅新的消息。

比如，考虑在馈线上的一个设备a在正常的操作条件下，该设备很可能会订阅来自馈线A上的其他设备的消息，但是如果一个事件导致设备a与馈线B电连接，该设备现在可能希望订阅来自馈线上的其他设备的消息B。将这种"动态"更改订阅的需要称为动态订阅。在应用层，该设备既需要能够识别电网拓扑结构的变化，也需要知道它需要订阅哪些新设备和消息。这种分布式的动态订阅机制应尽量避免依赖中心节点的通信方式，以提高系统的整体可靠性和效率。

9.1.4 消息流

分布式协调控制消息流如图9-2所示。

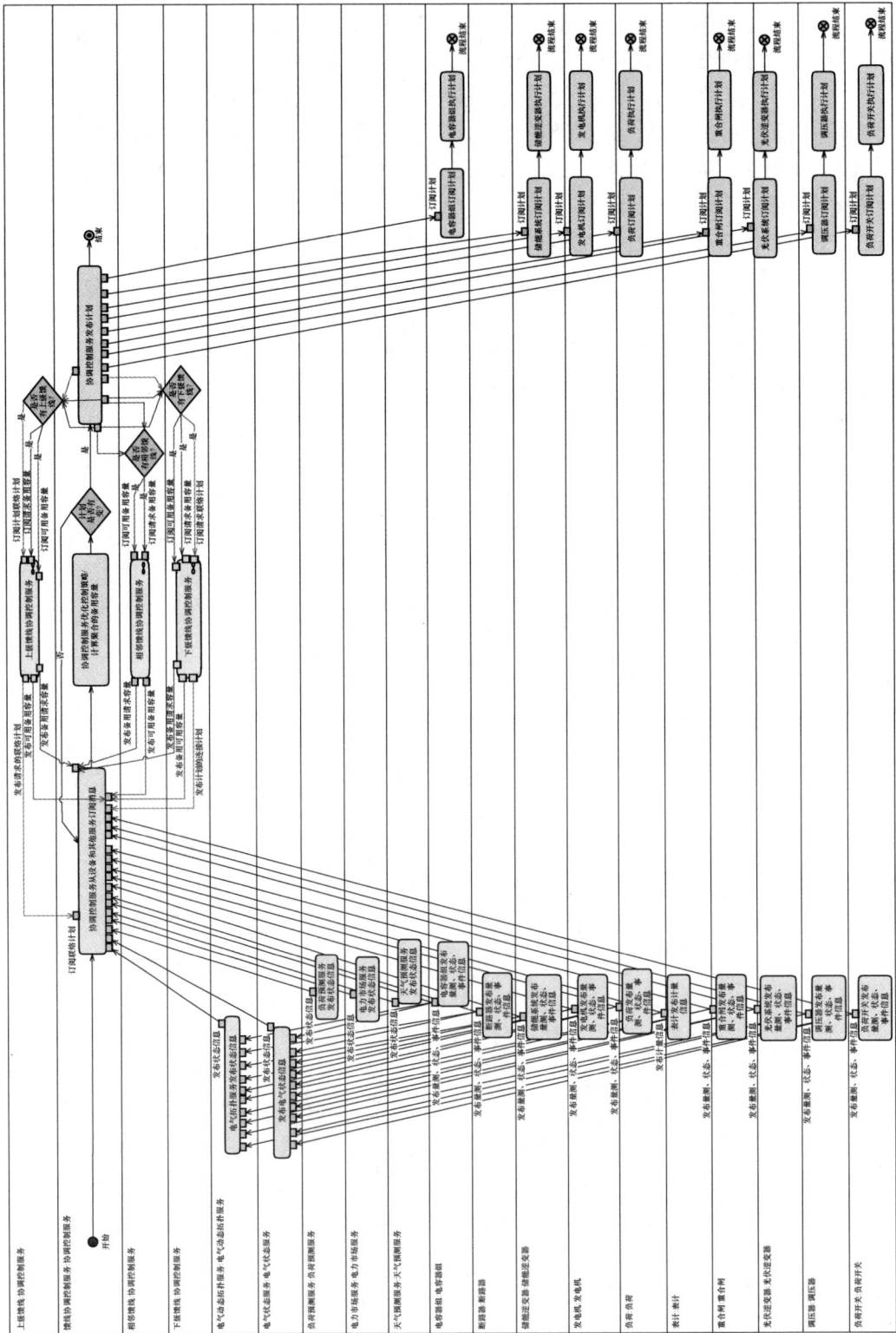

图 9－2　分布式协调控制消息流

分布式协调控制消息流主要包括如下内容。

1. 线上的参与设备和参与服务发布消息

（1）所有设备发布事件、量测和状态消息。

（2）上层馈线协调控制服务发布请求的联络计划、请求备用容量服务（如果需要），以及可用备用容量服务。

（3）下层馈线协调控制服务发布计划的联络计划、请求备用容量服务（如果需要）和可用备用容量服务。

（4）相邻馈线协调控制服务向彼此发布请求备用容量服务（如果需要）和可用备用容量服务。

（5）其他服务（如天气预报、负荷/光伏预报、市场、电气拓扑）发布状态。

2. 馈线协调控制服务

（1）订阅来自相关参与者的消息。

1）设备事件、量测和状态消息。

2）上层馈线协调控制服务请求的联络计划、请求备用容量服务（如果需要），以及可用备用容量服务。

3）下层馈线协调控制服务计划的联络计划、请求备用容量服务（如果需要），以及可用备用容量服务。

4）相邻馈线协调控制服务的请求备用容量服务（如果需要），以及可用备用容量服务。

5）其他服务（如天气预报、负载预报、市场、电气拓扑）状态。

（2）为其馈线上的设备和相邻的低级别馈线制定有功和无功计划。

（3）根据相邻、上层和下层馈线协调控制服务的请求备用容量服务（如果需要），以及可用备用容量服务来计算聚合备用服务。

（4）如果有重大的计划更改，馈线协调控制服务会发布更新的消息，包括：① 相关设备计划；② 上层协调控制服务联络计划、请求备用容量服务（如果需要），以及可用备用容量服务；③ 下层协调控制服务联络计划、请求备用容量服务（如果需要），以及可用备用容量服务；④ 相邻协调控制服务的请求备用容量服务（如果需要），以及可用备用容量服务。

3. 馈线上的参与设备与服务订阅

馈线上的参与设备与服务订阅来自馈线协调控制服务的消息，具体如下。

（1）相关设备订阅并执行计划。

（2）上层协调控制服务订阅计划的联络计划，并将其纳入其有功和无功计划。它还订阅并处理请求备用容量服务（如果需要），以及可用备用容量服务。

（3）下层协调控制服务订阅请求的联络计划，并将它们纳入其有功和无功计划。它还订阅并处理请求备用容量（如果适用）和可用备用容量。

（4）相邻协调控制服务订阅并处理请求备用容量（如果适用）和可用备用容量。

9.1.5　分布式消息通信机制

消息通信机制是承载上述消息流的实现手段。上述配电网分布式控制架构的消息流既包括设备/服务和主站之间的通信，也包括设备/服务之间的就地通信。

1. 通信机制的选择需要考虑的关键因素

（1）服务质量（QoS）。在服务策略的帮助下，能够根据传输的数据模型（如要求高可靠性的遥信数据和要求快速的遥测数据）有效地控制和管理网络带宽、内存空间等资源的使用，同时也能控制数据的可靠性、实时性和数据的生存时间，通过灵活使用这些服务质量策略，不仅能在窄带的无线环境下，也能在宽带的有线通信环境上开发出满足实时性需求。

（2）松耦合机制。上述分布式配电网架构要求主站和设备之间、设备与设备之间在应用层的数据源能够快速获取，设备/服务可以动态加入和退出，支持兴趣订阅，降低带宽流量，实现设备/服务的连接在空间上松耦合（双方无须知道通信地址）、时间上松耦合和同步松耦合。

（3）即插即用。支持发布者和订阅者的动态发现。意味着应用程序不必知道或配置用于通信的端点，主站和设备之间、设备与设备之间能够自动互相发现。这可以在程序运行时完成，而不必在设计或编译时完成，从而使应用程序实现真正的"即插即用"。

（4）去中心化的通信模式。为避免单点故障引起的系统通信中断，提高系统的通信效率和可靠性，宜采用完全去中心化架构，可自动在匹配节点之间建立通信。

（5）安全性。包括为信息分发提供身份验证、访问控制、机密性和完整性的安全机制。支持采用分散的对等架构，可在不牺牲实时性能的情况下提供安全性。

（6）基于模型的数据解析机制。传统的通信中间件大多使用以消息为中心的通信方法，其中在参与者的节点中预定义了一组消息和数据格式。在这种方法中，通信中间件只通过网络层传递消息，而不知道消息的内容和数据类型。正在系统的每个节点（应用层）对消息进行评估，以检查正确性、完整性、数据类型和过滤数据。这意味着每个节点都应该在本地跟踪数据的状态，这显著增加了应用程序层上的处理任务，大大降低了系统效率。此外，系统扩展非常复杂，因为由于消息格式或数据类型的任何变化，需要对应用层进行重大更改。

针对上述要求，现代通信中间件采用了以数据为中心的通信方法。在这种数据方法中，通信中间件构建消息并更新系统状态，因此，它知道消息内容和数据模型。此外，不要像以消息为中心的方法那样，在应用程序中本地处理消息；在以数据为中心的方法中，在中间件层中处理消息，以评估传递给所有节点的数据类型的正确性。与以消息为中心的方法相比，它简化了应用程序的开发和系统的扩展，提高了系统的可靠性，优化了网络带宽的使用，并使我们有更多的机会为数据类型分配不同的 QoS 配置文件、优先级和安全措施。

2. 数据分发服务（DDS）

数据分发服务（DDS）被用作一个以数据为中心的通信中间件来满足在分布式配电网控制架构消息的要求。数据分发服务（DDS）是一个以数据为中心的通信标准，最初由对象管理组（OMG）在 2004 年的中发布。DDS 在一个虚拟的全局数据空间中部署了一个以数据为中心的发布—订阅（DCPS）协议，以促进参与者之间的通信。DCPS 协议基于通过 DDS 域上的 IDL（接口定义语言）文件来定义具有特定数据类型和格式的主题。DDS 的基本特点如下。

（1）高效的全局数据空间。从概念上讲，DDS 将本地数据存储区称为"全局数据空间"。对应用程序来说，全局数据空间就像通过 API 访问的本地内存。应用程序发送数据看起来像写入本地存储。实际上，DDS 会发送消息来更新远程节点上的存储。远程节点上的接收方程序看起来像从本地存储取得数据。

在 DDS 域内，信息共享单元是主题内的数据模型对象。主题由其名称标识，数据对象由一些"键值"属性标识，类似于使用关键属性来标识数据库中的记录。DDS 应用程序之间为点对点通信，不需要通过服务器或云来转发数据。

本地存储给应用程序一种可以访问整个全局数据空间的错觉。这只是一种错觉，没有一个公共的地方可以存放所有数据。每个应用程序只在本地存储它需要的内容，并且只在它需要的时间窗口内存储。全局数据空间是一个虚拟概念，实际上只是本地存储的集合。使用任意语言开发并在任意系统上运行的应用程序，都以最恰当的方式访问本地内存。全局数据空间使得应用程序可以跨多种传输方式在嵌入式、移动和云之间共享数据并且具有极低的延迟。

（2）服务质量。数据可以通过灵活的服务质量（QoS）规范实现共享，包括可靠性、系统健康程度（活跃度）以及安全性。真实系统中并非所有其他应用程序都需要本地存储中的每条数据。DDS 可以智能地发送其他应用程序需要的数据。如果数据无法 100%到达其预定接收方，DDS 中间件提供可靠性 QoS 解决这一问题。

当系统发生变化时，DDS 中间件动态地确定将哪些数据发送到哪里，并将变化通知参与者。如果总数据量很大，DDS 会自动过滤数据并且只发送每个应用程序真正需要的数据。当需要快速更新数据时，DDS 会发送多播消息，在发送一次数据情况下，远程应用程序都能接收到数据。随着数据格式的发展，DDS 中间件会获取系统各个应用程序使用的 DDS 版本并自动进行数据转换。对于安全关键型应用程序，DDS 中间件提供控制访问、强制执行指定数据流路径传输以及即时加密数据等功能确保其安全性。

在一个非常动态、苛刻和不可预测的环境中，当应用程序同时使用这些 QoS 时，DDS 的强大功能便体现出来，并且以极快的速度完成高效可靠的数据传输。

（3）动态发现。DDS 提供发布者和订阅者的动态发现。动态发现使 DDS 应用程序可扩展。意味着应用程序不必知道或配置用于通信的端点，因为它们会被 DDS 自动发现。这可以在程序运行时完成，而不必在设计或编译时完成。这一特点为 DDS 应用程序实现真正的"即插即用"。

DDS 的动态发现比应用程序的发现更进一步，DDS 会发现应用程序是在发布数据、订阅数据还是既发布也订阅数据，同时 DDS 也将发现应用程序正在发布或订阅的数据类型。它还将发现发布者提供的通信特性和订阅者请求的通信特性。在 DDS 参与者的动态发现和匹配过程中，所有这些属性都会被考虑在内。

DDS 参与者可以在同一台机器上也可以通过网络连接。应用程序使用相同的 DDS API 进行通信。由于无需了解或配置 IP 地址，也无需考虑机器架构的差异，因此在任何操作系统或硬件平台上添加额外的通信参与者都变得非常简单。

（4）安全性。DDS 包括为信息分发提供身份验证、访问控制、机密性和完整性的安全机制。DDS Security 使用分散的对等架构，可在不牺牲实时性能的情况下提供安全性。它允许参与者在参与通信过程之前进行身份验证，以避免未经授权的代理的系统欺骗，通过密钥管理机制提供加密/解密机制，实现参与者之间的安全数据交换，进行数据欺骗和不良数据注入，并定义了一个称为权限访问控制的冗余安全措施，它决定每个参与者对每个域、主题和数据的可访问性，以及写入或读取该主题数据的权利。此权限访问通过权限证书颁发机构进行评估，该颁发机构负责为每个参与者签名证书。

9.1.6 主要设备模型及服务介绍

1. 设备模型

光伏逆变器能力子集说明了光伏逆变器本身的工作能力和配置能力，如图 9-3 所示。

储能逆变器能力子集说明了储能逆变器本身的工作能力和配置能力，如图 9-4 所示。

发电源能力配置（SourceCapabilityConfiguration）、发电源额定能力（SourceCapabilityRatings）及储能逆变器额定能力（ESSCapabilityRatings）的具体模型分别见表 9-1~表 9-3。

表 9-1　　　　　　　发电源能力配置（SourceCapabilityConfiguration）

自有属性	类型	注释
SourceCapabilityConfiguration.AMax	ASG	电流最大配置值
SourceCapabilityConfiguration.VAMax	ASG	视在功率最大配置值
SourceCapabilityConfiguration.VarMaxAbs	ASG	已配置的无功功率最大吸收值
SourceCapabilityConfiguration.VarMaxInj	ASG	已配置的无功功率最大注入值
SourceCapabilityConfiguration.VMax	ASG	已配置的交流电压最大值
SourceCapabilityConfiguration.VMin	ASG	已配置的交流电压最小值
SourceCapabilityConfiguration.VNom	ASG	已配置的交流电压标称值
SourceCapabilityConfiguration.WMax	ASG	已配置的有功功率最大值
SourceCapabilityConfiguration.WOvrExt	ASG	有功功率（过励磁）配置值
SourceCapabilityConfiguration.WOvrExtPF	ASG	指定过励磁功率因数下的有功功率配置值
SourceCapabilityConfiguration.WUndExt	ASG	有功功率（欠励磁）配置值
SourceCapabilityConfiguration.WUndExtPF	ASG	在指定的欠励磁功率因数下的有功功率配置值
继承的属性	类型	注释
IdentifiedObject.aliasName	String64	—
IdentifiedObject.description	String64	—
IdentifiedObject.name	String64	—
IdentifiedObject.mRID	String64	—
HierarchyIEC61850Object.parent	IdentifiedObject	Parent of this hierarchy object
LogicalNode.lnType	String64	—
LogicalNode.inst	int	—
LogicalNode.desc	String64	—
LogicalNode.lnClass	String64	—

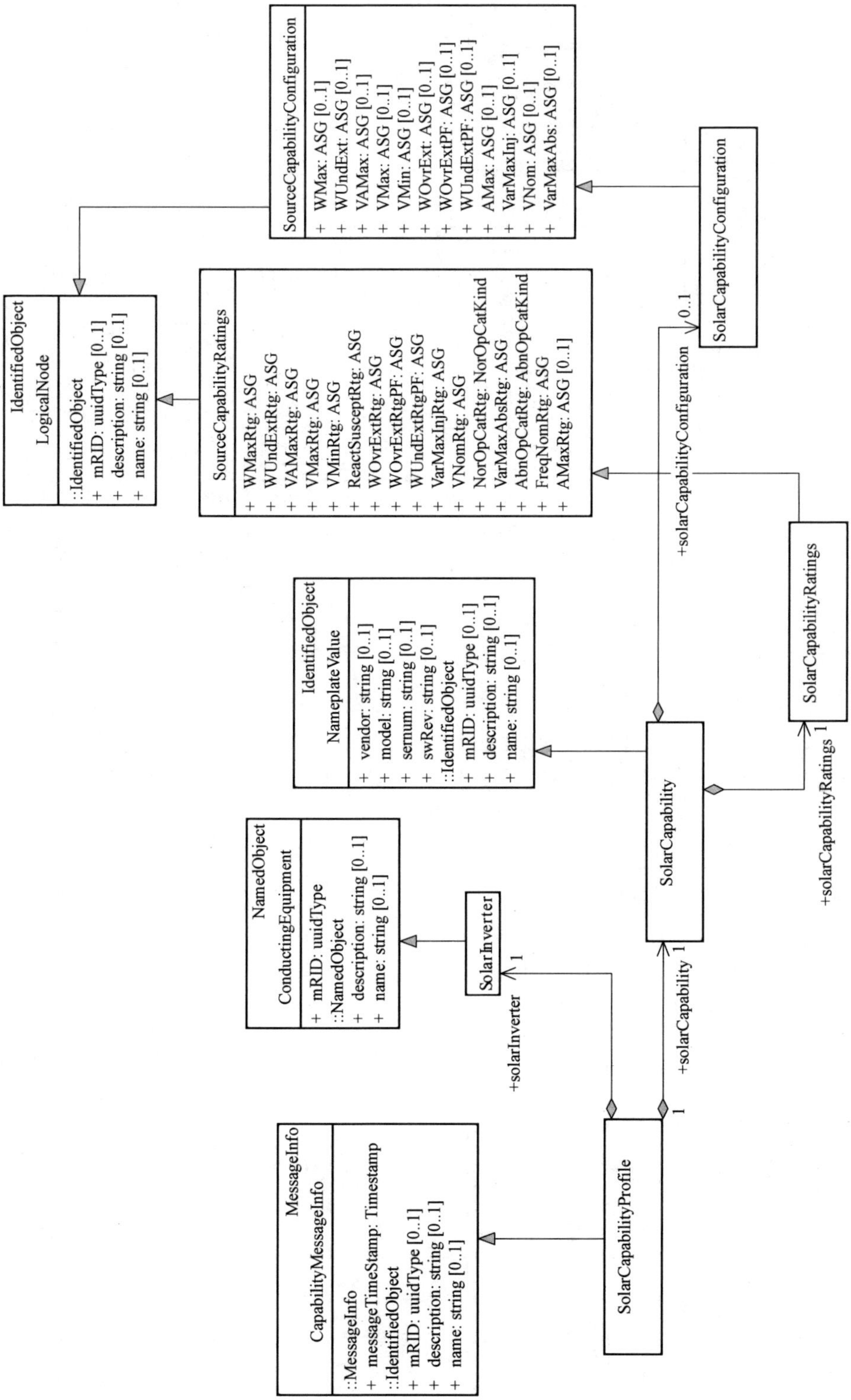

图 9－3　光伏逆变器能力子集

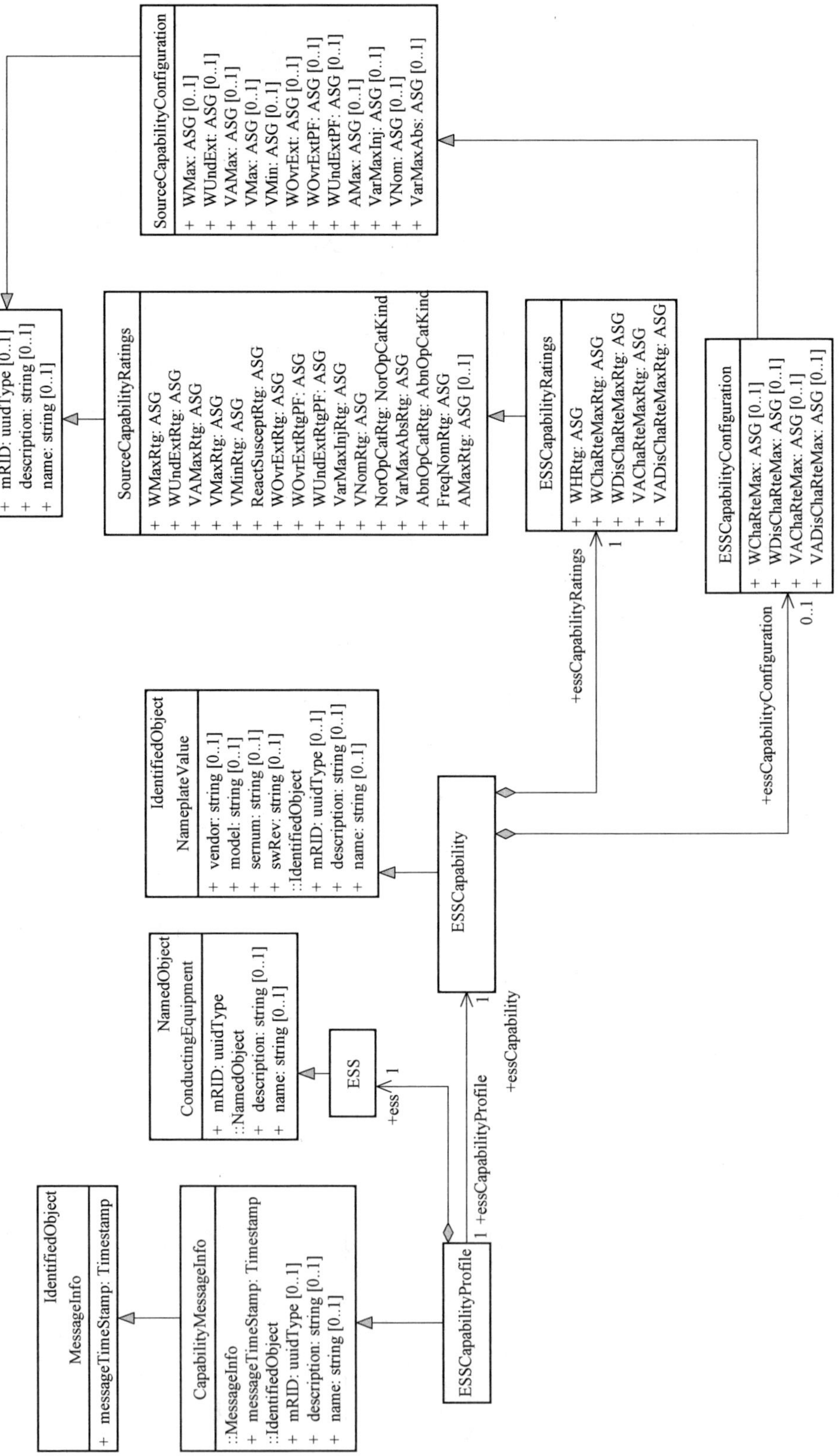

图 9-4 储能逆变器能力子集

表 9 – 2　　　　　　　　　发电源额定能力（SourceCapabilityRatings）

自有属性	类型	注释
SourceCapabilityRatings.AbnOpCatRtg	AbnOpCatKind	异常情况下的运行类别 根据 IEEE 1547：2018 标准
SourceCapabilityRatings.AMaxRtg	ASG	最大额定电流　目前 IEEE 1547 中没有
SourceCapabilityRatings.FreqNomRtg	ASG	频率标称额定值，如果不提供， 则默认为 50Hz，并且不能配置
SourceCapabilityRatings.NorOpCatRtg	NorOpCatKind	正常运行性能
SourceCapabilityRatings.ReactSusceptRtg	ASG	在停电和跳闸状态下，保持与 区域电网相连的无功电纳
SourceCapabilityRatings.VAMaxRtg	ASG	最大额定视在功率
SourceCapabilityRatings.VarMaxAbsRtg	ASG	最大无功功率吸收额定值
SourceCapabilityRatings.VarMaxInjRtg	ASG	最大无功功率注入额定值
SourceCapabilityRatings.VMaxRtg	ASG	交流电压最大额定值
SourceCapabilityRatings.VMinRtg	ASG	交流电压最小额定值
SourceCapabilityRatings.VNomRtg	ASG	交流电压标称值
SourceCapabilityRatings.WMaxRtg	ASG	最大有功额定值
SourceCapabilityRatings.WOvrExtRtg	ASG	有功功率（过励磁）额定值
SourceCapabilityRatings.WOvrExtRtgPF	ASG	指定过励磁功率因数下的有功功率额定值
SourceCapabilityRatings.WUndExtRtg	ASG	有功功率（欠励磁）额定值
SourceCapabilityRatings.WUndExtRtgPF	ASG	指定欠励磁功率因数下的有功功率额定值
继承的属性	类型	注释
IdentifiedObject.aliasName	String64	—
IdentifiedObject.description	String64	—
IdentifiedObject.name	String64	—
IdentifiedObject.mRID	String64	—
HierarchyIEC61850Object.parent	IdentifiedObject	此层次结构对象的父级
LogicalNode.lnType	String64	—
LogicalNode.inst	int	—
LogicalNode.desc	String64	—
LogicalNode.lnClass	String64	—

表 9 – 3　　　　　　　　　储能逆变器额定能力（ESSCapabilityRatings）

自有属性	类型	注释
ESSCapabilityRatings.WHRtg	ASG	储能等级
ESSCapabilityRatings.WChaRteMaxRtg	ASG	额定最大充电有功功率
ESSCapabilityRatings.WDisChaRteMaxRtg	ASG	额定最大放电有功功率
ESSCapabilityRatings.VAChaRteMaxRtg	ASG	额定最大充电视在功率
ESSCapabilityRatings.VADisChaRteMaxRtg	ASG	额定最大放电视在功率

继承的属性	类型	注释
IdentifiedObject.aliasName	String64	
IdentifiedObject.description	String64	
IdentifiedObject.name	String64	
IdentifiedObject.mRID	String64	
HierarchyIEC61850Object.parent	IdentifiedObject	此层次结构对象的父级
LogicalNode.lnType	String64	
LogicalNode.inst	int	
LogicalNode.desc	String64	
LogicalNode.lnClass	String64	
SourceCapabilityRatings.WUndExtRtgPF	ASG	指定欠励磁功率因数下的有功功率额定值
SourceCapabilityRatings.WUndExtRtg	ASG	有功功率（欠励磁）额定值
SourceCapabilityRatings.WOvrExtRtgPF	ASG	指定过励磁功率因数下的有功功率额定值
SourceCapabilityRatings.WOvrExtRtg	ASG	有功功率（过励磁）额定值
SourceCapabilityRatings.WMaxRtg	ASG	最大有功额定值
SourceCapabilityRatings.VNomRtg	ASG	交流电压标称值
SourceCapabilityRatings.VMinRtg	ASG	交流电压最小额定值
SourceCapabilityRatings.VMaxRtg	ASG	交流电压最大额定值
SourceCapabilityRatings.VarMaxInjRtg	ASG	最大无功功率注入额定值
SourceCapabilityRatings.VarMaxAbsRtg	ASG	最大无功功率吸收额定值
SourceCapabilityRatings.VAMaxRtg	ASG	最大额定视在功率
SourceCapabilityRatings.ReactSusceptRtg	ASG	在停电和跳闸状态下，保持与区域电网相连的无功电纳
SourceCapabilityRatings.NorOpCatRtg	NorOpCatKind	正常运行性能
SourceCapabilityRatings.FreqNomRtg	ASG	频率标称额定值，如果不提供，则默认为50Hz，并且不能配置
SourceCapabilityRatings.AMaxRtg	ASG	最大额定电流目前 IEEE 1547 中没有
SourceCapabilityRatings.AbnOpCatRtg	AbnOpCatKind	异常情况下的运行类别根据 IEEE 1547：2018 标准

光伏逆变器控制子集说明了光伏逆变器在各种工作模式下的控制参数，如图9-5所示。

储能逆变器控制子集说明了储能逆变器在各种工作模式下的控制参数，如图9-6所示。

设置时间/频率定值（TmHzCSG）、设置时间/电压定值（TmVoltCSG）、恒无功功率功能（varSPC）、电压—无功（Volt-var）定值设置（VoltVarCSG）、电压—有功定值设置（VoltWCSG）、恒有功功能（WSPC）、有功—无功（Watt-var）定值设置（WVarCSG）、停止出力功能（OperationDCTE）、恒功率因数功能（OperationDFPF）的具体模型分别见表9-4～表9-12。

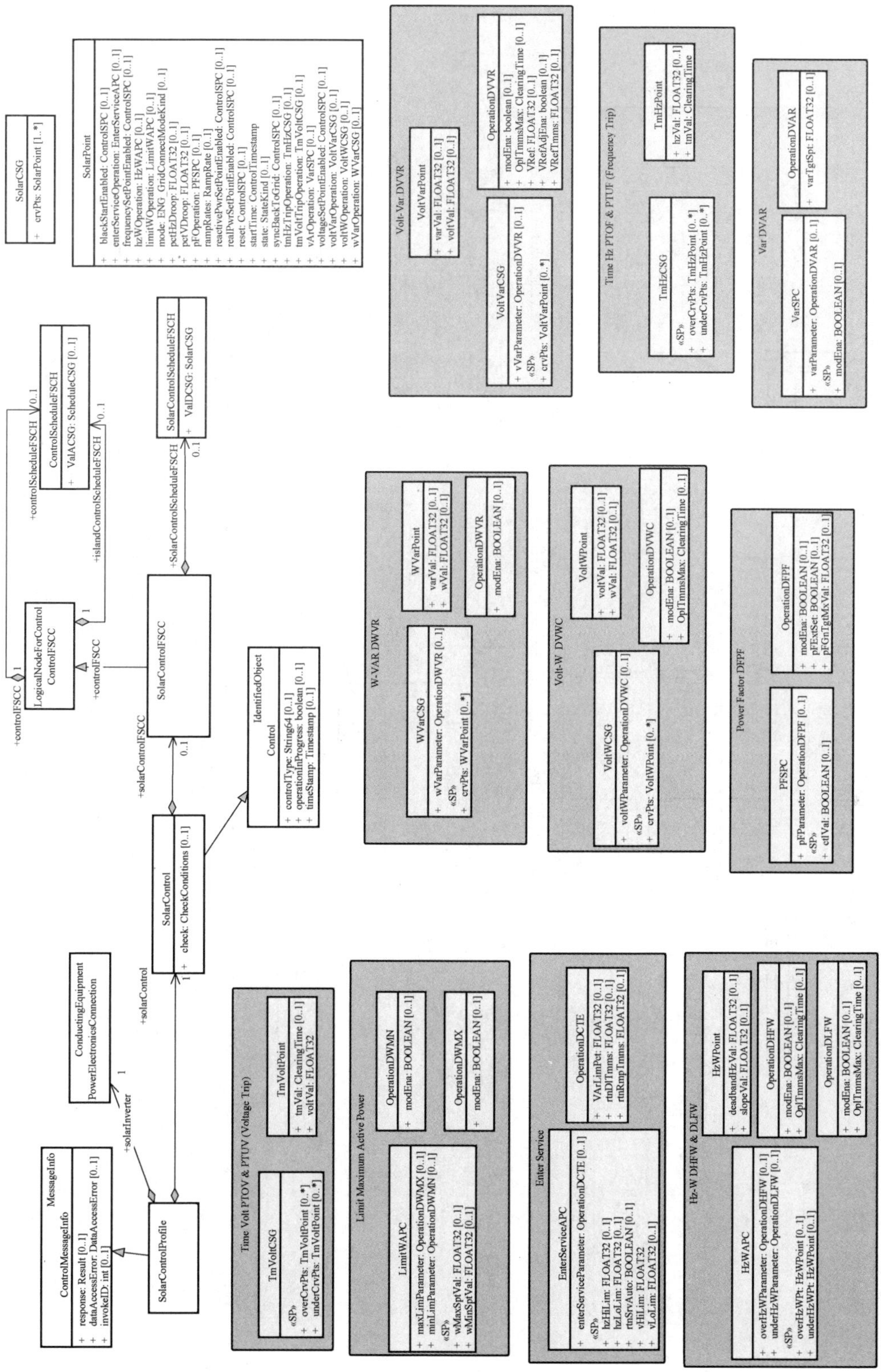

图 9 – 5　光伏逆变器控制子集

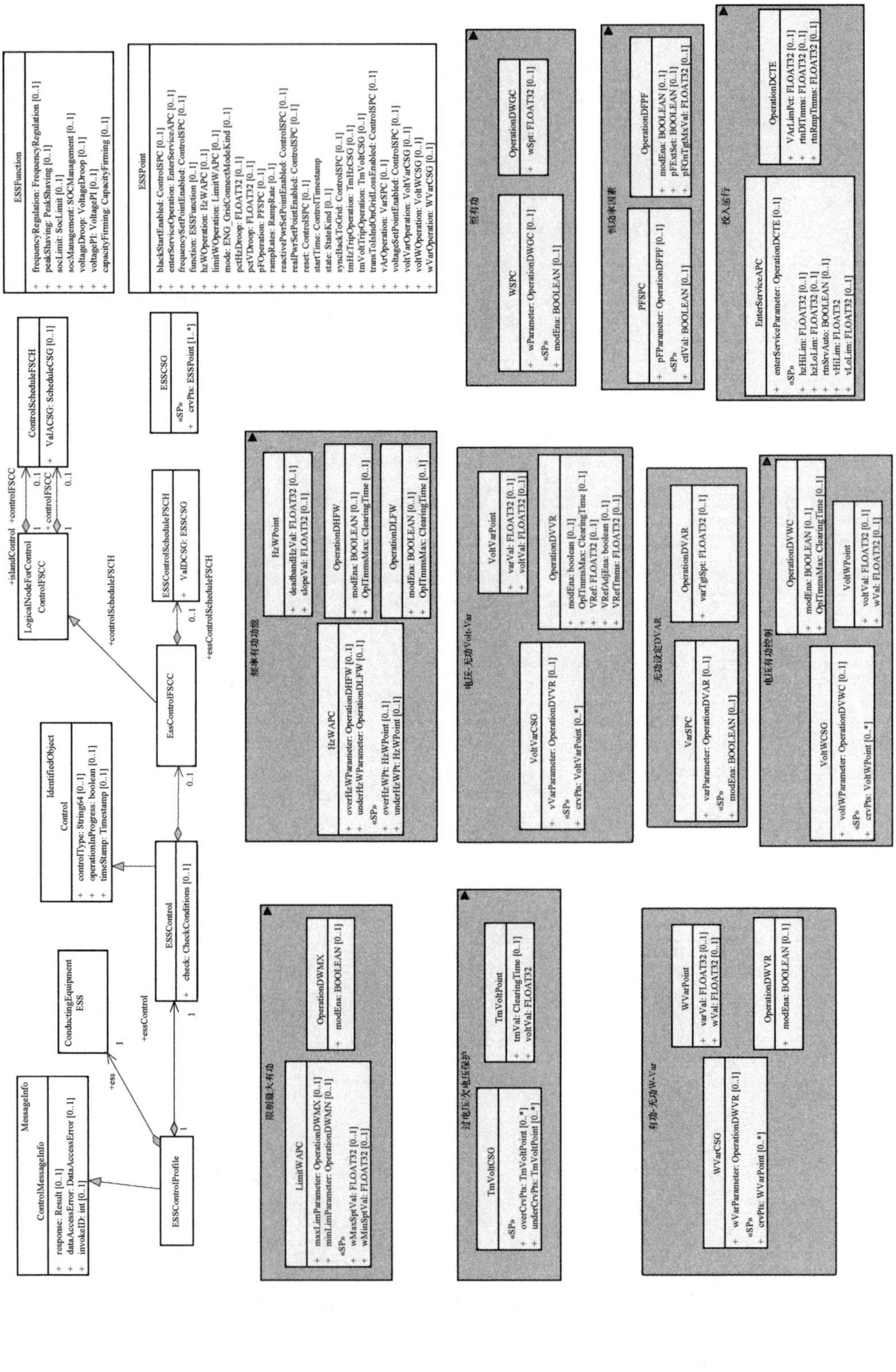

图 9-6 储能逆变器控制子集

表9-4 设置时间/频率定值（**TmHzCSG**）

自有属性	类型	注释
TmHzCSG.overCrvPts	TmHzCSG	过频率保护曲线点
TmHzCSG.underCrvPts	TmHzCSG	欠频率保护曲线点

表9-5 设置时间/电压定值（**TmVoltCSG**）

自有属性	类型	注释
TmVoltCSG.overCrvPts	TmVoltPoint	过电压保护曲线点
TmVoltCSG.underCrvPts	TmVoltPoint	欠电压保护曲线点

表9-6 恒无功功率功能（**VarSPC**）

自有属性	类型	注释
VarSPC.modEna	BOOLEAN	恒定无功模式启用
VarSPC.varParameter	OperationDVAR	

表9-7 电压—无功（**Volt-VAr**）定值设置（**VoltVarCSG**）

自有属性	类型	注释
VoltVarCSG.crvPts	VoltVarPoint	电压无功曲线点
VoltVarCSG.vVarParameter	OperationDVVR	电压无功功率参数

表9-8 电压—有功定值设置（**VoltWCSG**）

自有属性	类型	注释
VoltWCSG.crvPts	VoltWPoint	电压有功曲线点
VoltWCSG.voltWParameter	OperationDVWC	电压-有功功率参数

表9-9 恒有功功能（**WSPC**）

自有属性	类型	注释
WSPC.modEna	BOOLEAN	设置恒有功模式
WSPC.wParameter	OperationDWGC	

表9-10 有功—无功（**Watt-VAr**）定值设置（**WVarCSG**）

自有属性	类型	注释
WVarCSG.crvPts	WVarPoint	有功无功曲线点
WVarCSG.wVarParameter	OperationDWVR	有功-无功功率参数

表9-11 停止出力功能（**OperationDCTE**）

自有属性	类型	注释
OperationDCTE.VArLimPct	FLOAT32	在停止服务期间，允许提供或吸收的无功功率限制为 VarMax 的比例（0%～100%）
OperationDCTE.rtnDlTmms	FLOAT32	返回服务前的时间延迟（ms），以确保频率和电压都在其高低范围内

自有属性	类型	注释
OperationDCTE.rtnRmpTmms	FLOAT32	返回服务持续时间（ms）是不能超过的爬坡时间。有功功率应线性增加，或逐步线性斜率，平均变化率不超过逆变器铭牌有功功率等级除以返回服务时间

表 9－12　　　　　　　恒功率因数功能（OperationDFPF）

自有属性	类型	注释
OperationDFPF.modEna	BOOLEAN	设定恒功率因数模式
OperationDFPF.pFExtSet	BOOLEAN	设定恒功率因数 设为 true＝过励磁 设为 false＝欠励磁
OperationDFPF.pFGnTgtMxVal	FLOAT32	发电时应用的功率因数 功率因数在−1～1 之间，和 PFExtSet 配合使用说明是过励磁和欠励磁

如果频率超过较高的特定频率或低的特定频率，则会设置或限制有功功率。高频条件下的频率—有功功能（OperationDHFW）和低频条件下的频率有功功能（OperationDLFW）分别见表 9－13 和表 9－14。

表 9－13　　　　高频条件下的频率—有功功能（OperationDHFW）

自有属性	类型	注释
OperationDHFW.modEna	BOOLEAN	设置高频频率/有功模式
OperationDHFW.OplTmmsMax	ClearingTime	开环响应时间

表 9－14　　　　低频条件下的频率—有功功能（OperationDLFW）

自有属性	类型	注释
OperationDLFW.modEna	BOOLEAN	设置低频频率/有功功能
OperationDLFW.OplTmmsMax	ClearingTime	开环响应时间

无功功率的量被设置为 WMax、VArMax 或 AvlVAr 的百分比，或无功功率的绝对值。设置无功功率恒定值功能（OperationDVAR）见表 9－15。

表 9－15　　　　　设置无功功率恒定值功能（OperationDVAR）

自有属性	类型	注释
OperationDVAR.varTgtSpt	FLOAT32	无功功率绝对值

DVVR 曲线设定功能（OperationDVVR）、电压—有功功能（OperationDVWC）、设置恒有功（OperationDWGC）、限制最小有功功能（OperationDWMN）、限制最大有功功能（OperationDWMX）、设置有功/无功调节曲线 DWVR 功能（OperationDWVR）的

具体模型分别见表 9 – 16～表 9 – 21。

表 9 – 16　　　　　　　　DVVR 曲线设定功能（OperationDVVR）

自有属性	类型	注释
OperationDVVR.modEna	boolean	设置电压无功模式
OperationDVVR.OplTmmsMax	ClearingTime	开环响应时间
OperationDVVR.VRef	FLOAT32	参考电压
OperationDVVR.VRefAdjEna	boolean	可否自动调整 VRef
OperationDVVR.VRefTmms	FLOAT32	VRef 调整时间间隔

表 9 – 17　　　　　　　　电压—有功功能（OperationDVWC）

自有属性	类型	注释
OperationDVWC.modEna	BOOLEAN	设定电压/有功模式
OperationDVWC.OplTmmsMax	ClearingTime	开环响应时间

表 9 – 18　　　　　　　　设置恒有功（OperationDWGC）

自有属性	类型	注释
OperationDWGC.wSpt	FLOAT32	有功功率设定值

表 9 – 19　　　　　　　　限制最小有功功能（OperationDWMN）

自有属性	类型	注释
OperationDWMN.modEna	BOOLEAN	设置限制最小有功功率

表 9 – 20　　　　　　　　限制最大有功功能（OperationDWMX）

自有属性	类型	注释
OperationDWMX.modEna	BOOLEAN	设置限制最大有功功率

表 9 – 21　　　　设置有功/无功调节曲线 DWVR 功能（OperationDWVR）

自有属性	类型	注释
OperationDWVR.modEna	BOOLEAN	设定有功－无功控制模式

光伏逆变器控制点定义（SolarPoint）、储能逆变器控制点定义（ESSPoint）、储能功能（ESSFunction）的具体模型分别见表 9 – 22～表 9 – 24。

表 9 – 22　　　　　　　　光伏逆变器控制点定义（SolarPoint）

自有属性	类型	注释
SolarPoint.blackStartEnabled	ControlSPC	设置黑启动模式
SolarPoint.enterServiceOperation	EnterServiceAPC	设置运行投入模式
SolarPoint.frequencySetPointEnabled	ControlSPC	设置频率设点

自有属性	类型	注释
SolarPoint.hzWOperation	HzWAPC	设置频率有功运行模式
SolarPoint.limitWOperation	LimitWAPC	设置有功出力受限运行模式
SolarPoint.mode	ENG_GridConnectModeKind	电网连接方式
SolarPoint.pctHzDroop	FLOAT32	频率下垂曲线斜率
SolarPoint.pctVDroop	FLOAT32	电压下垂曲线斜率
SolarPoint.pFOperation	PFSPC	设置恒功率因数模式
SolarPoint.rampRates	RampRate	爬坡速度
SolarPoint.reactivePwrSetPointEnabled	ControlSPC	设置无功设点
SolarPoint.realPwrSetPointEnabled	ControlSPC	设置有功设点
SolarPoint.reset	ControlSPC	重置设备
SolarPoint.startTime	ControlTimestamp	控制开始时间
SolarPoint.state	StateKind	运行状态
SolarPoint.syncBackToGrid	ControlSPC	设置和电网同步
SolarPoint.tmHzTripOperation	TmHzCSG	设置时间/频率保护模式
SolarPoint.tmVoltTripOperation	TmVoltCSG	设置时间/电压保护模式
SolarPoint.vArOperation	VarSPC	设置恒无功操作模式
SolarPoint.voltageSetPointEnabled	ControlSPC	设置电压设点
SolarPoint.voltVarOperation	VoltVarCSG	设置电压无功运行模式
SolarPoint.voltWOperation	VoltWCSG	设置电压有功运行模式
SolarPoint.wVarOperation	WVarCSG	设置有功无功运行模式

表 9-23   储能逆变器控制点定义（ESSPoint）

自有属性	类型	注释
ESSPoint.blackStartEnabled	ControlSPC	允许黑启动设置
ESSPoint.enterServiceOperation	EnterServiceAPC	设置运行投入模式
ESSPoint.frequencySetPointEnabled	ControlSPC	设置频率设点
ESSPoint.function	ESSFunction	储能功能参数
ESSPoint.hzWOperation	HzWAPC	设置频率有功运行模式
ESSPoint.limitWOperation	LimitWAPC	设置有功出力受限工作模式
ESSPoint.mode	ENG_GridConnectModeKind	电网连接方式
ESSPoint.pctHzDroop	FLOAT32	频率下垂曲线斜率
ESSPoint.pctVDroop	FLOAT32	电压下垂曲线斜率
ESSPoint.pFOperation	PFSPC	设置恒功率因数模式
ESSPoint.rampRates	RampRate	爬坡速度
ESSPoint.reactivePwrSetPointEnabled	ControlSPC	设置无功设点

续表

自有属性	类型	注释
ESSPoint.realPwrSetPointEnabled	ControlSPC	设置有功设点
ESSPoint.reset	ControlSPC	重置设备
ESSPoint.startTime	ControlTimestamp	控制开始时间
ESSPoint.state	StateKind	运行状态
ESSPoint.syncBackToGrid	ControlSPC	设置和电网同步
ESSPoint.tmHzTripOperation	TmHzCSG	设置时间/频率保护模式
ESSPoint.tmVoltTripOperation	TmVoltCSG	设置时间/电压保护模式
ESSPoint.transToIslndOnGridLossEnabled	ControlSPC	在电网停电时过渡到孤岛
ESSPoint.vArOperation	VarSPC	设置恒无功操作模式
ESSPoint.voltageSetPointEnabled	ControlSPC	设置电压设点
ESSPoint.voltVarOperation	VoltVarCSG	设置电压无功运行模式
ESSPoint.voltWOperation	VoltWCSG	设置电压有功运行模式
ESSPoint.wVarOperation	WVarCSG	设置有功无功运行模式

表 9–24　　　　　　　　　　储能功能（ESSFunction）

自有属性	类型	注释
ESSFunction.frequencyRegulation	FrequencyRegulation	储能逆变器高级功能，保持频率在死区范围内
ESSFunction.peakShaving	PeakShaving	储能逆变器高级功能，通过充放电保持功率水平
ESSFunction.socLimit	SocLimit	储能逆变器高级功能，如果 SoC 过高或低限，停止储能逆变器工作
ESSFunction.socManagement	SOCManagement	储能逆变器高级功能，以保持 SoC 在死区范围内
ESSFunction.voltageDroop	VoltageDroop	以保持电压在下垂死区范围内
ESSFunction.voltagePI	VoltagePI	储能逆变器高级功能，以保持电压在死区范围内
ESSFunction.capacityFirming	CapacityFirming	储能逆变器的高级功能，可以减少（平滑）充或放电率的变化频率

储能逆变器高级功能，当 SoC 超过高或低的限制，关闭储能逆变器。SoC 限制（SocLimit）见表 9–25。

表 9–25　　　　　　　　　　SoC 限制（SocLimit）

自有属性	类型	注释
SocLimit.socHighLimit	FLOAT32	SoC 上限，单位/1%； 这些限制定义了电池的工作范围；如果一组电池达到 SoC 上限，逆变器输出将减少到 0；然后阻塞充电，直到克服滞后现象；同样的逻辑也适用于 SoC 下限，除了在斜坡下降完成后，放电被阻塞，直滞后被克服
SocLimit.socHighLimitHysteresis	FLOAT32	SoC 上限磁滞，单位/1%； 这些限制定义了电池的工作范围；如果一组电池达到 SoC 上限，逆变器输出将减少到 0；然后阻塞充电，直到克服磁滞现象；同样的逻辑也适用于 SoC 下限，除了在斜坡下降完成后，放电被阻塞，直到磁滞被克服

自有属性	类型	注释
SocLimit.socLimitCtl	BOOLEAN	控制 SoC 限值（TRUE or FALSE）
SocLimit.socLowLimit	FLOAT32	SoC 下限，单位/1%； 这些限制定义了电池的工作范围；如果一组电池达到 SoC 上限，逆变器输出将减少到 0；然后阻塞充电，直到克服磁滞现象；同样的逻辑也适用于 SoC 下限，除了在斜坡下降完成后，放电被阻塞，直到磁滞被克服
SocLimit.socLowLimitHysteresis	FLOAT32	SoC 下限磁滞，单位/1%； 这些滞后定义了由 SoC 限制引发的充或放电的释放条件。例如，假设 SoC 下限为 10%，SoC 下限滞后为 2%，并且由于电池 SoC 达到 SoC 下限，放电被阻塞，只有在电池 SoC 达到 13%后才允许再次放电

储能逆变器高级功能保证 SoC 在死区范围内。SoC 管理（SOCManagement）见表 9-26。

表 9-26　　　　　　　　　　**SoC 管理（SOCManagement）**

自有属性	类型	注释
SOCManagement.socSetPoint	FLOAT32	单位/1%； 按百分比的 SoC 目标
SOCManagement.socDeadBandMinus	FLOAT32	死区下限范围，单位/1%； 在 SoC 设定点周围定义一个死区（DB）；当电池 SoC 超出死区时，SoC 管理系统就会执行，并将 SoC 带回设定点； 死区上限 = 设点值 + 死区上限范围； 死区下限 = 设点值 - 死区下限范围
SOCManagement.socDeadBandPlus	FLOAT32	死区上限范围，单位/1%； 在 SoC 设定点周围定义一个死区（DB）；当电池 SoC 超出死区时，SoC 管理系统就会执行，并将 SoC 带回设定点； 死区上限 = 设点值 + 死区上限范围； 死区下限 = 设点值 - 死区下限范围
SOCManagement.socPowerSetPoint	FLOAT32	单位/1kW； 维护 SoC 的设点
SOCManagement.socManagementCtl	boolean	控制 SoC 死区值（TRUE or FALSE）

2. 协调控制服务

协调控制服务作为分布式控制架构的基本功能可以支撑大规模光伏平滑接入、电压无功优化、分布式故障处理等关键业务。该服务可以基于多目标、设备类型和优先级策略，编排采用多种优化算法组成。协调控制服务管理给定馈线段的电压和功率因数约束、频率和联络计划以及电流和热限制，以协调和控制配电自动化（DA）设备和分布式电源等参与者。协调控制服务还计算聚合备用容量并在故障停电时完成网络重构。

联络计划控制模型子集如图 9-7 所示。

应用系统（ApplicationSystem）说明在联络点（TiePoint）设备的联络控制计划。控制方式包括按照基于模拟量的计划控制方式（ControlScheduleFSCH）和基于离散量的计划控制方式（InterconnectionControlScheduleFSCH）。

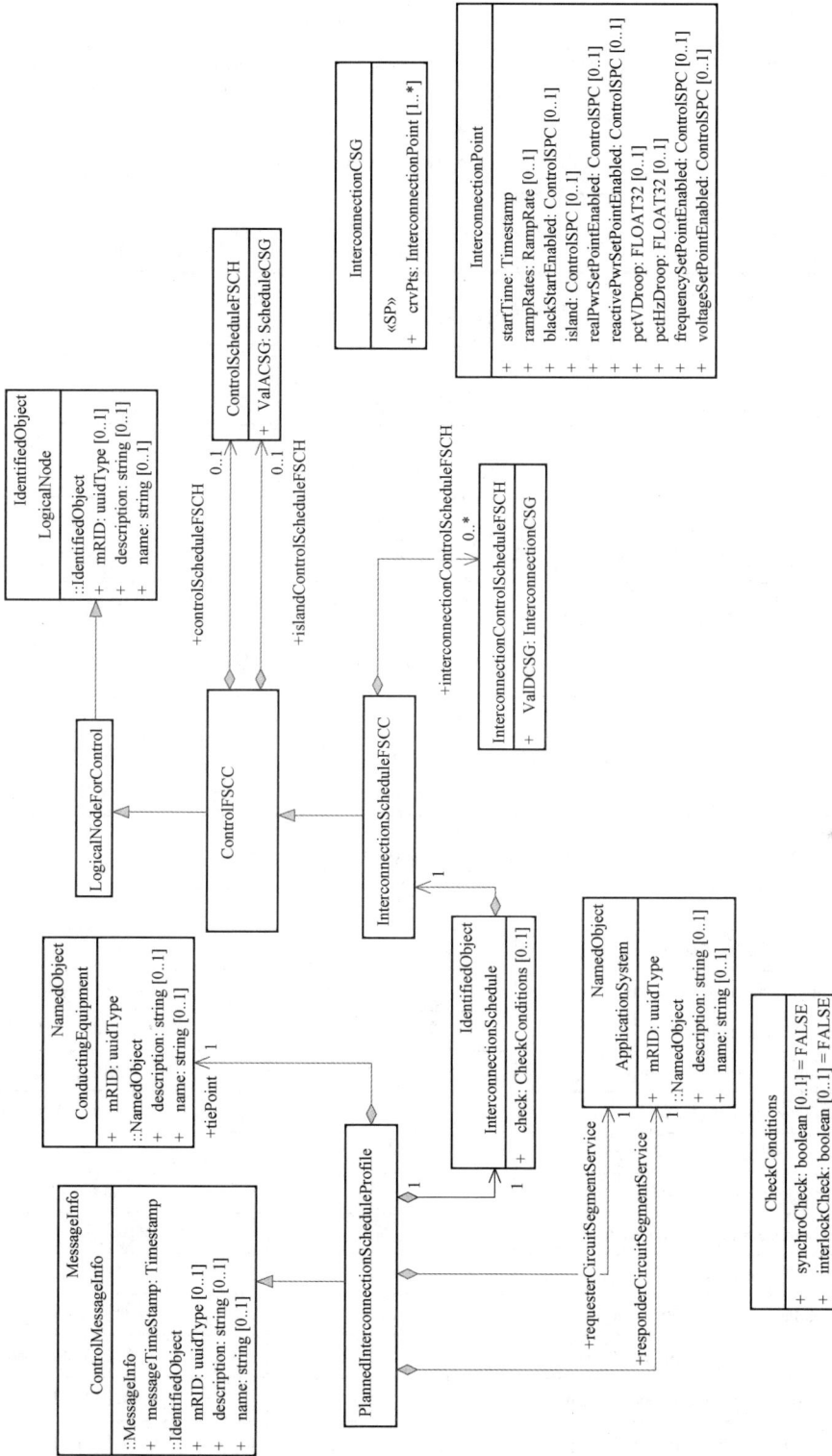

图 9 - 7　联络计划控制模型子集

控制计划（ControlScheduleFSCH）、计划曲线定义（ScheduleCSG）、点计划定义（SchedulePoint）、计划参数（ENG_ScheduleParameter）、计划参数类型（ScheduleParameterKind）、联络曲线设置（InterconnectionCSG）、联络计划曲线的单点信息（InterconnectionPoint）的具体模型分别见表 9−27～表 9−33。

表 9−27 　　　　　　　　**控制计划（ControlScheduleFSCH）**

自有属性	类型	注释
ControlScheduleFSCH.ValACSG	ScheduleCSG	针对模拟量控制的时间计划曲线

表 9−28 　　　　　　　　**计划曲线定义（ScheduleCSG）**

自有属性	类型	注释
ScheduleCSG.schPts	SchedulePoint	用点数组定义的时间计划

表 9−29 　　　　　　　　**点计划定义（SchedulePoint）**

自有属性	类型	注释
SchedulePoint.startTime	ControlTimestamp	开始时间
SchedulePoint.scheduleParameter	ENG_ScheduleParameter	计划参数

表 9−30 　　　　　　　　**计划参数（ENG_ScheduleParameter）**

自有属性	类型	注释
ENG_ScheduleParameter.scheduleParameterType	ScheduleParameterKind	计划参数类型
ENG_ScheduleParameter.value	FLOAT32	值

表 9−31 　　　　　　　　**计划参数类型（ScheduleParameterKind）**

自有属性	类型	注释
ScheduleParameterKind.A_neut_mag		中性点电流幅值
ScheduleParameterKind.A_net_mag		总电流幅值
ScheduleParameterKind.A_phsA_mag		A 相电流幅值
ScheduleParameterKind.A_phsB_mag		B 相电流幅值
ScheduleParameterKind.A_phsC_mag		C 相电流幅值
ScheduleParameterKind.none		无
ScheduleParameterKind.Hz_mag		频率幅值
ScheduleParameterKind.other		其他没有列举的枚举类型
ScheduleParameterKind.PF_net_mag		总功率因数
ScheduleParameterKind.PF_neut_mag		中性点功率因数
ScheduleParameterKind.PF_phsA_mag		A 相功率因数幅值
ScheduleParameterKind.PF_phsB_mag		B 相功率因数幅值
ScheduleParameterKind.PF_phsC_mag		C 相功率因数幅值
ScheduleParameterKind.PhV_net_ang		总电压角度

自有属性	类型	注释
ScheduleParameterKind.PhV_net_mag		总电压幅值
ScheduleParameterKind.PhV_neut_ang		中性点电压角度
ScheduleParameterKind.PhV_neut_mag		中性点电压幅值
ScheduleParameterKind.PhV_phsA_ang		A 相相电压角度
ScheduleParameterKind.PhV_phsA_mag		A 相相电压幅值
ScheduleParameterKind.PhV_phsB_ang		B 相相电压角度
ScheduleParameterKind.PhV_phsB_mag		B 相相电压幅值
ScheduleParameterKind.PhV_phsC_ang		C 相相电压角度
ScheduleParameterKind.PhV_phsC_mag		C 相相电压幅值
ScheduleParameterKind.PPV_phsAB_ang		AB 相线电压角度
ScheduleParameterKind.PPV_phsAB_mag		AB 相线电压幅值
ScheduleParameterKind.PPV_phsBC_ang		BC 相线电压角度
ScheduleParameterKind.PPV_phsBC_mag		BC 相线电压幅值
ScheduleParameterKind.PPV_phsCA_ang		CA 相线电压角度
ScheduleParameterKind.PPV_phsCA_mag		CA 相线电压幅值
ScheduleParameterKind.VA_net_mag		总视在功率幅值
ScheduleParameterKind.VA_neut_mag		中性点视在功率幅值
ScheduleParameterKind.VA_phsA_mag		A 相视在功率幅值
ScheduleParameterKind.VA_phsB_mag		B 相视在功率幅值
ScheduleParameterKind.VA_phsC_mag		C 相视在功率幅值
ScheduleParameterKind.VAr_net_mag		总无功功率幅值
ScheduleParameterKind.VAr_neut_mag		中性点无功功率幅值
ScheduleParameterKind.VAr_phsA_mag		A 相无功功率幅值
ScheduleParameterKind.VAr_phsB_mag		B 相无功功率幅值
ScheduleParameterKind.VAr_phsC_mag		C 相无功功率幅值
ScheduleParameterKind.W_net_mag		总有功功率幅值
ScheduleParameterKind.W_neut_mag		中性点有功功率幅值
ScheduleParameterKind.W_phsA_mag		A 相有功功率幅值
ScheduleParameterKind.W_phsB_mag		B 相有功功率幅值
ScheduleParameterKind.W_phsC_mag		C 相有功功率幅值

表 9－32　　　　　　　　联络曲线设置（InterconnectionCSG）

自有属性	类型	注释
InterconnectionCSG.crvPts	InterconnectionPoint	用数组定义的联络计划曲线

表 9-33   联络计划曲线的单点信息（InterconnectionPoint）

自有属性	类型	注释
InterconnectionPoint.startTime	Timestamp	开始时间
InterconnectionPoint.rampRates	RampRate	爬坡速率
InterconnectionPoint.blackStartEnabled	ControlSPC	允许黑启动
InterconnectionPoint.island	ControlSPC	允许孤网运行
InterconnectionPoint.realPwrSetPointEnabled	ControlSPC	E 允许有功设点操作
InterconnectionPoint.reactivePwrSetPointEnabled	ControlSPC	允许无功设点操作
InterconnectionPoint.pctVDroop	FLOAT32	下垂电压斜率
InterconnectionPoint.pctHzDroop	FLOAT32	下垂频率斜率
InterconnectionPoint.frequencySetPointEnabled	ControlSPC	频率设点操作
InterconnectionPoint.voltageSetPointEnabled	ControlSPC	允许电压设点操作

可用备用容量模型子集如图 9-8 所示。

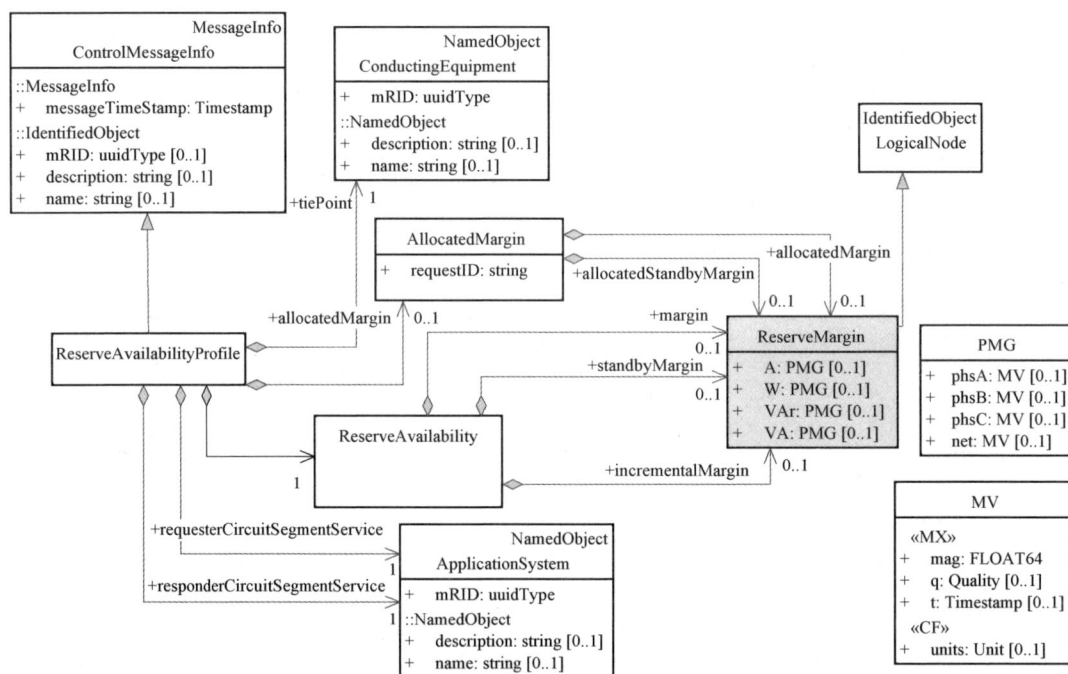

图 9-8　可用备用容量模型子集

应用程序发布在联络点（TiePoint）设备可以提供备用容量信息，备用容量旨在衡量在计划范围内可满足预期需求的发电能力。该备用容量可以考虑有功功率（W）、无功功率（var）、视在功率（V·A）、电流（A）等因素。

请求/应答可用备用容量模型子集如图 9-9 所示。

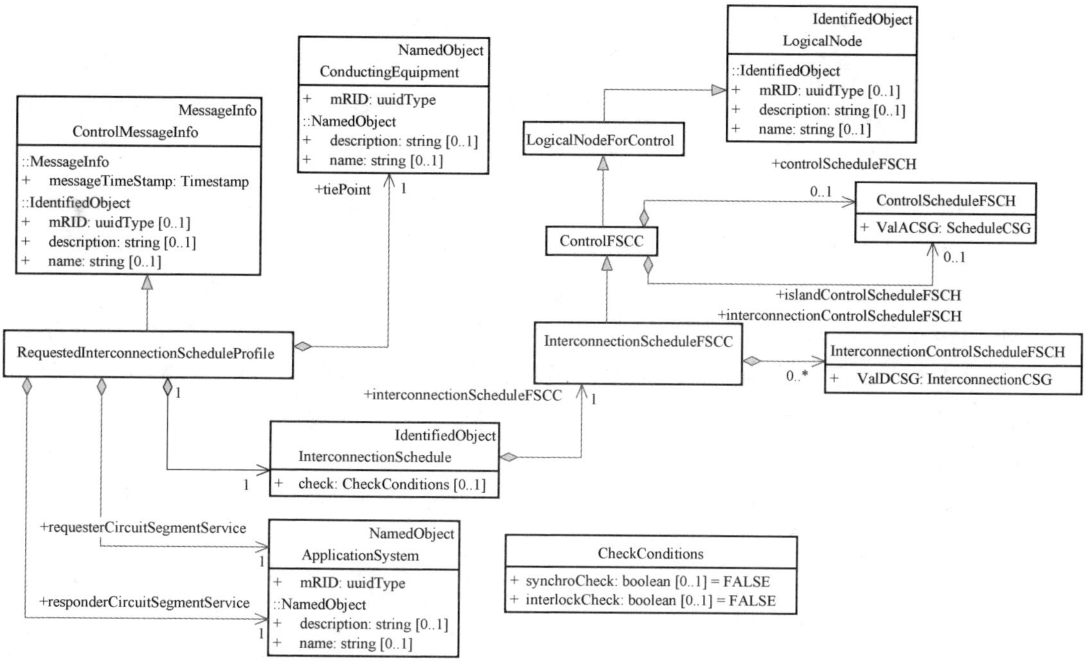

图 9-9　请求/应答可用备用容量模型子集

应用程序可以请求/应答在联络点（TiePoint）设备可以提供备用容量信息，具体模型见表 9-34。

表 9-34　　　　　　　　　　　　　　联络点（TiePoint）

自有属性	类型	注释
ReserveMargin.A	PMG	相对地/相对中性点三相电流
ReserveMargin.W	PMG	相对地/相对中性点有功功率
ReserveMargin.VAr	PMG	相对地/相对中性点无功功率
ReserveMargin.VA	PMG	相对地/相对中性点视在功率

［关联起始端］	［关联目标端］名称	类型	描述
［1］	［0..1］allocatedStandbyMargin	ReserveMargin	已分配的考虑消纳变化负荷的备用容量
［1］	［0..1］allocatedMargin	ReserveMargin	已分配的备用容量
［1］	［0..1］incrementalMargin	ReserveMargin	考虑消纳变化负荷的备用容量。待机可能有 100kW，但由于负载考虑，增量边际只能有 50kW
［1］	［0..1］margin	ReserveMargin	现在可用的备用容量
［1］	［0..1］standbyMargin	ReserveMargin	考虑一些旋转备用的备用容量

其他支持协调控制服务的基础服务如下。

（1）电气状态服务。电气状态服务反映并模拟电气系统的状态，电气系统状态定义为电压幅度和相角的组合值。电气状态服务可以是单独的服务参与者，也可以集成在协调控制服务中。

（2）电气动态拓扑服务。电气动态拓扑提供了多馈线互联的馈线组拓扑连接模型，供配电网控制及分析使用，该模型可以从生产管理系统或配电自动化主站系统得到。此外，它可以通过设备的调控节点动态发现馈线组内的实时操作信息。电气连接服务可以是单独的服务参与者，也可以集成在协调控制服务中。

（3）市场服务。市场服务提供市场定价信息、用户侧需求响应信息等。

（4）负荷预测服务。负载预测服务为特定馈线段上的可控和不可控负载（如可用）提供短期负荷预测，从而对多元融合配电网中的光伏、储能和需求侧资源的控制更为精确，该策略充分考虑了本地节点更为精确的负荷预测信息，上层的负荷预测误差由下层来协调，通过上、下层的协调控制，可以利用本地节点更为精准的负荷预测信息实现分布式资源更为精确的优化控制，提高配电网对于分布式新能源接入的响应弹性。

（5）光伏发电预测服务。光伏发电预测服务为特定馈线段及台区上的光伏发电系统提供短期发电预测。

（6）天气预报服务。天气预报服务提供关于温度、压力、风速和火灾风险的短期（分钟）和中期（几小时到一天）天气预报。某些功能可能需要特定的天气预报服务来进行日前或限定期限预报。天气预报服务还可以直接与辅助设备连接，如天气传感器或摄像头。

9.2 分布式电源建模及应用框架

随着新能源发电大量替代常规电源，以及储能等可调节负荷广泛应用，电力系统呈现出高比例可再生能源、高比例电力电子设备的"双高"特征。同时，由于新能源具有很强的波动性、间歇性，易导致电力实时平衡的不稳定性。以上问题源于分布式光伏接网承载力有限，以及新能源与用电负荷时间和空间上的不匹配性。构建光储、光氢协同的新能源装机模式，以此来解决电网消纳压力和突破光伏装机瓶颈。虽然强制配置储能和特高压输电在一定程度上有助于解决新能源消纳问题，但仍需考虑其经济性。

市场机制是推动新能源高质量发展的重要因素。构建省级能源市场参与分布式能源的消纳。结合我国电力调峰辅助服务市场的发展及各地区发展实际，提出了面向高比例分布式能源（Distributed Energy Resources，DER）的消纳调峰辅助服务市场建设的设想。随着代理聚合商、虚拟电厂的出现，电网需求侧资源的灵活性显著提升。与国外需求侧响应深度参与电力现货市场不同，国内部分省级市场引入用户侧以"报量不报价"方式参与市场，大部分用户侧可参与需求响应调节、不参与现货市场竞争。这一需求侧响应格局限制了储能、分布式资源聚合商等第三方市场资源的优化配置空间。

在运行控制方式上，设计"集群自律—群间协调—输配协同"的主动配电网能量管理与运行调控的体系结构，并重点介绍了集群控制、多级协调的调控体系特点和关键技术，以解决控制敏捷性、系统可靠性、海量通信和信息隐私等问题。

目前，国内目前还没有统一的信息模型描述分布式电源即插即用接入及参与市场机制，缺乏涉及多种利益相关方（如电力市场、电网公司、能源聚合商、用户）统一的分布式电源控制和协调体系及相应的模型支撑体系，严重影响了分布式电源的效用和参与规模。

发达国家和地区的电力市场建设起步较早，因电源结构、市场目标、电力体制等因素的差异，各国面向高比例分布式电源的电力市场建设重点不尽相同。相关研究围绕分布式电源在电力市场中的新能源消纳模式及优劣势、分布式电源相关的科学技术等展开。

此外，与分布式电源相关的各类控制架构和模型标准也得到了包括 IEC、IEEE、OpenADR 等国际标准化组织的关注，已有的和分布式电源接入控制相关的模型及协议包括 DNP3、Sunspec Modbus、IEC 61850、IEC 61970、IEC 61968 IEC 62746 和 IEEE 2030.5 等。这些标准总体上各有侧重但又相互交叉，需要结合实际的应用目标和企业已有条件，通过适当的机制加以协调使用。

综上所述，本文对国内外分布式电源的应用框架和并网技术标准的现状进行介绍，并选取国际和中国具有代表性的分布式电源并网技术标准进行研究，对已有的关键性低压分布式建模标准进行对比，指出各标准的主要技术差异，剖析差异存在的原因，分析分布式电源并网技术标准的发展趋势。在此基础上，对国内分布式电源建模规范提供合理建议。

9.2.1　分布式电源业务架构模型

基于模型的系统工程（Model – Based Systems Engineering，MBSE）是解决复杂系统架构设计的重要手段，同时也是数字化电网研发及数字化工程实施的必要途径。当采用基于模型的系统工程技术支持复杂系统架构设计时，通常采用统一架构建模语言来实现研发过程中的信息及数据统一表达。然而，由于复杂系统的研发过程周期长、涉及的领域众多、层级要素复杂性高等问题，导致复杂系统生存周期中需要使用到各类建模语言，如 Archimate，UPDM，UAFML，SYSML，BPMN 等。IEC TS 62913 作为电力系统的通用智能电网要求，采用 Archimate 作为架构建模语言，将智能电网领域划分为 3 个业务域，如图 9–10 所示。

1. 电网业务域

电网业务域主要包括输电网、配电网等传统业务以及涉及新型电力系统的新业务—微电网，上述业务由相关的业务子域，即智能变电站自动化、高级智能量测体系和资产管理等辅助支撑。

2. 电力市场业务域

电力市场业务域包括需求侧响应、电能量市场、辅助服务等业务子域，为了满足新型电力系统的业务需求，需要解决面向配电网的交易机制、输配电网的交易协调等新的难题。

3. 可调节资源域

可调节资源域包括集中式发电、分布式电源、智能家居/商业/工业/、用户端能源管理、储能、电动汽车等资源子域，电网业务域和电力市场业务域除了调节集中式发电资源子域以外，还需要调节其他资源子域。其中，分布式电源是可调节资源域的关键要素，作为连接到配电网的多种能量资源，其主要目的是提供功率和能量相关服务。分布式电源领域与以下各业务域密切相关。

（1）输电网管理。DER 可以为输电网调度提供辅助服务，以保障系统安全（如无功功率和电压控制、负载跟踪等）。

（2）配电网管理。DER 与电网的连接和运行应遵守特定的（法律和/或监管）技术要求，因此它们不会破坏电网的可靠性和电网运营企业确保的供电质量。

（3）高级智能电网和智能计量基础设施。DER 将使用电能表或计量服务来测量和评估连接点能源的相关服务。

（4）市场交易。DER 可能（或被要求）以电量交易和/或能源服务的形式参与电力市场。

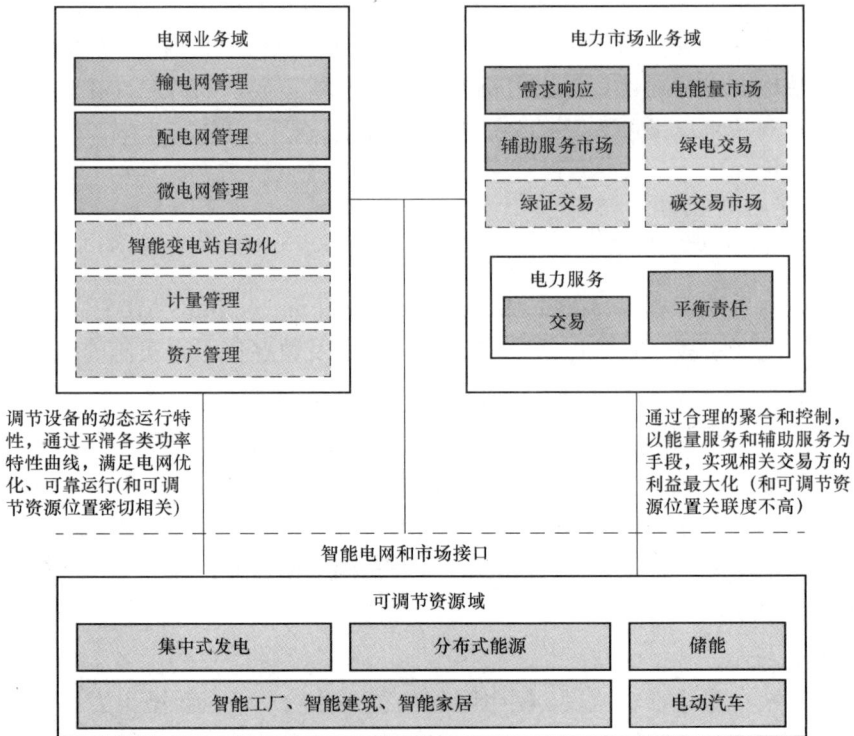

图 9-10　业务分层模型

9.2.2　分布式电源层次控制架构

根据上述分布式电源业务架构模型，IEC 61850-420 提出了层次控制架构。本节在上述架构的基础上，结合国内需求，做了适当的改进，如图 9-11 所示，该架构采用 5 层分布式电源控制体系结构（使用智能电网体系结构模型 SGAM）描述。图中圆圈标记的数字（从 1~13）标识了各种不同类型的信息交换方式。

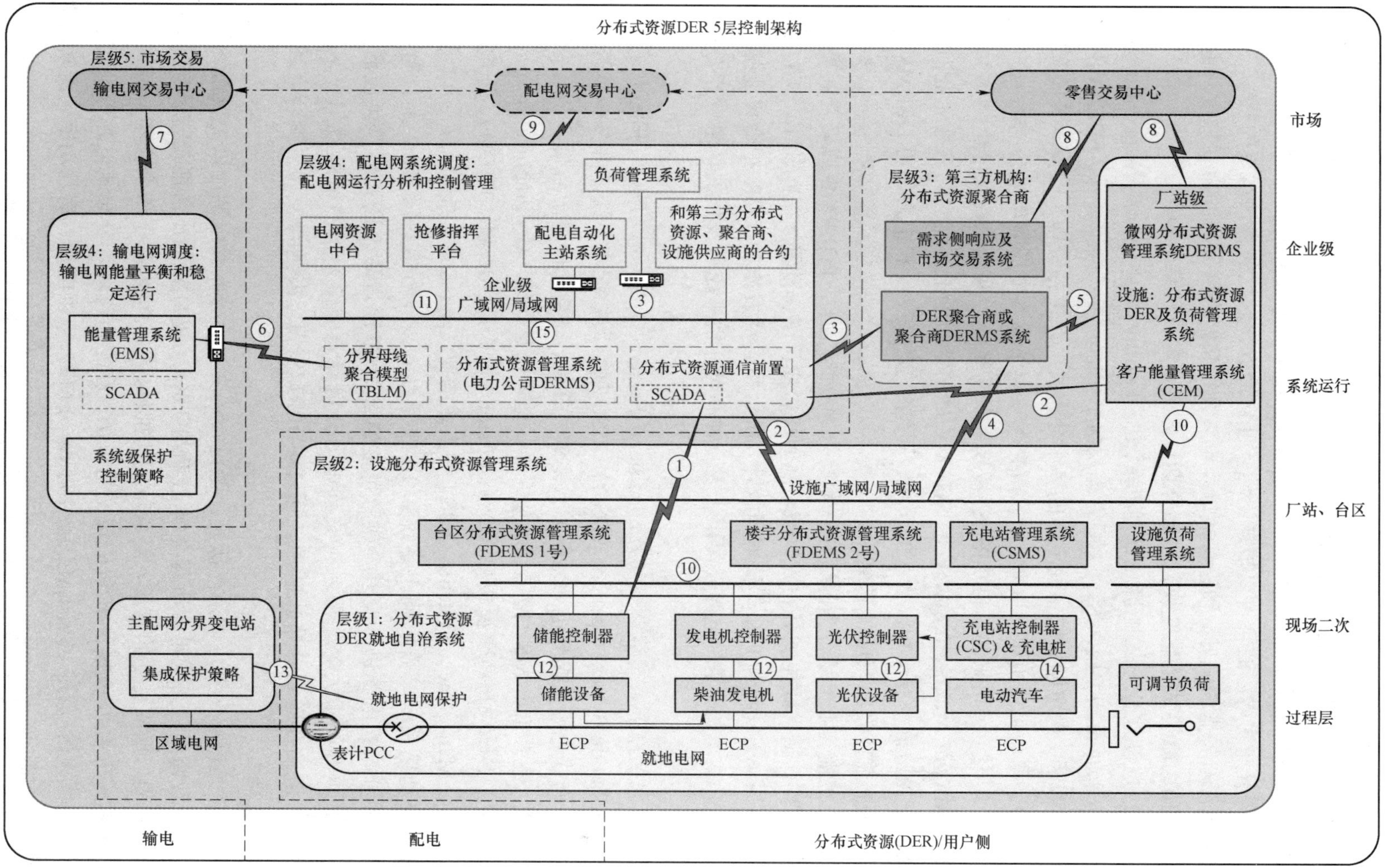

图 9-11 改进的 IEC 61850-420 中层次控制架构

　　层级 1 是最底层控制级别，由实际的分布式电源自身构成。这些分布式电源通过电气连接点（Electrical Connection Point，ECP）连接到本地电网，并通过公共耦合点（Point of Common Coupling，PCC）连接到配电网（如果 DER 直接连接到电网，则 ECP 和 PCC 相同）。这些分布式电源通常可以根据当地条件自治运行。这些自治运行的行为可以根据分布式电源所有者的偏好、预设参数以及电力公司和聚合商发布的命令修改。通常通过方式 1、10、13 完成信息交换，由部分通过方式 4 完成信息交换。

　　层级 2 是设施分布式能源资源管理系统（Facility Distributed Energy Resources Management System，FDERMS），主要管理层级 1 中的分布式电源运行。FDERMS 可对商业场所、园区、微电网、楼宇住宅中的多个分布式电源进行管理，如大学校园和购物中心。电力公司还可使用 FDERMS 来管理位于变电站或发电厂等电力公司场地的分布式电源。对于电力公司来说，FDERMS 被视为现场系统，并显示在智能电网体系架构模型（Smart Grid Architecture Model，SGAM）的厂站级别上；就对第三方企业而言，FDERMS 可以是该企业运行层次上的系统。可通过方式 2、5 和电力公司 DERMS 系统及其他相关利益方之间完成信息交互。

　　层级 3 包括基于市场行为的聚合商和零售供应商，通过 FDERMS 或聚合商提供的直接通信链路，请求或控制分布式电源，例如开启或关闭、设置或限制输出、提供辅助服务（如电压–无功控制）和其他电网管理功能。聚合商发出的 DER 指令可能基于价格以减少客户成本，或是对电力公司出于安全性和可靠性考虑所发出的请求或指令作出的响应。

　　层级 4 包括输电系统运营商（Transmission System Operator，TSO）和配电系统运营商（Distribution System Operator，DSO）。DSO 通常监控配电系统，并分析是否可以通过调节分布式电源以提高电力系统的效率或可靠性。这类分析通常需要多个系统的信息交互实现，包括 DERMS、配电自动化系统、地理信息系统（Geographical Information System，GIS）、输电母线负荷模型（Transmission Bus Load Model，TBLM）、停电管理系统（Outage Management System，OMS）和需求响应（Demand Response，DR）系统，其中配电自动化系统、需求响应系统和 EMS 系统在安全控制I区。TSO 通常直接与出力较大的分布式电源进行交互，或者可能通过 DSO 通过聚合商和零售供应商向聚合的分布式电源请求大容量服务。一旦电力公司确定应该发出的请求或指令，它将直接将这些请求发送到分布式电源，通过 FDERMS 间接发送，或通过聚合商和零售供应商间接发送。

　　层级 5 是市场交易，为最高级别。通过市场交易，分布式电源可以提供市场化的服务。TSO 通常是分布式电源所有者/聚合商与 TSO 之间的报价/出价能量交易市场。在配电级别，尚未形成良好的市场，随着时间的推移，它们可能基于单个合同、特殊的价格、需求响应信号和/或报价/出价能量交易市场。在零售市场，分布式电源可以通过区域或节点边际电价（Locational Marginal Price，LMP）提供能量、有功功率、无功功率或其他类型的服务。

　　上述 5 层控制架构需要通过具体的功能规范和技术规范来实现。

9.2.3　分布式电源并网规范

1. 分布式电源并网功能规范

近年来，随着分布式电源穿透率的增加，分布式电源在电网中的作用愈发显现，各国都适时修订了分布式电源并网功能标准，例如，IEEE 1547—2018、德国中压并网指南 VDE - AR - N 4110：2018 和低压并网指南 VDE - AR - N 4105：2018，在故障穿越能力、电网适应性和主动支撑能力等方面都提出了更高的要求，分布式电源并网功能标准对比见表 9 - 35。

表 9 - 35　　　　　　　　　　　分布式电源并网功能标准对比

对比项目	IEEE 1547—2018	加拿大 C22.3No.9	德国中低压并网标准	中国 GB/T 33593—2017
有功功率控制	要求	不要求	要求	中压要求、低压不要求
无功功率控制	要求	30 kW 以上要求	要求	中压要求、低压不要求
频率响应	要求	不要求	要求	中压要求、低压不要求
低电压穿越	要求	不要求，但允许	要求	中压要求、低压不要求
高电压穿越	要求	不要求	要求	不要求

相比之下，《分布式电源并网技术要求》（GB/T 33593—2017）是基于 2016 年国内分布式电源的发展情况制定，是首批针对分布式电源并网的国家标准，对中压并网的分布式电源的电网适应性、无功控制、低电压穿越等方面都提出了要求，适应当时国内分布式电源的阶段性需求，在功率控制、故障穿越、电网适应性等方面的技术要求相对较低。虽然降低了分布式电源的并网成本，促进了中国分布式电源的发展，但随着中国分布式电源的快速增长，其对电网安全稳定的影响已经开始凸显，亟须在主动支撑、故障穿越和电网适应性等方面进行改善。

2. 分布式电源并网技术规范

IEEE 1547—2018 作为相对成熟的分布式电源并网功能标准，规定了分布式电源（如太阳能光伏和电池储能）如何与电网相连接，提供了一种即插即用式的逆变器接入解决方案，成本低且可扩展。使电网企业能够有效监控和控制分布式电源成本，提高了电网的稳定性，并将使分布式电源能够参与辅助服务发电市场。

为了促进 IEEE 1547—2018 的落地实施，美国加州电力监管机构基于智能逆变器工作组（SIWG）的建议制订了规则 21（CA Rule 21），规定了基本自治功能和高级功能。规则 21 选择 IEEE 2030.5 标准作为默认模型及通信协议，其主要依据包括：在不同的介质接口上运行；通过 TCP/IP 互联网协议运行；采用国际标准 IEC 61850/61968 作为信息模型；在传输层和应用层提供网络安全；实现设备即插即用；为用户和设备身份验证提供网络安全。IEEE 2030.5 是一种基于标准互联网协议构建的安全、可扩展且用户友好的应用层协议。该标准包含基于 IEC 61850 的分布式电源对象模型、直接控制、自主曲线以及状态和计量信息。

9.2.4　分布式电源模型及通信协议

图 9－11 的 5 层集中式控制架构要求集成各种分布式电源的集中式和分布式控制技术，包括各种分布式电源管理系统、各种大小规模的分布式电源以及输电网调度－配电网调度。集成中存在的一个主要障碍是目前国际上尚未有被所有利益相关方接受的模型通信协议，也没有建立起可被所有利益相关方采纳的互操作性标准。由于存在不同目的各种协议，甚至有些协议是为了相同目的，但由不同供应商和开发者支持的协议，从而导致在系统实施和集成时出现困难。例如，不同供应商开发的电力公司的 DERMS 解决方案通常使用不同的协议与 DER 和 DER 聚合商进行通信，而不同供应商的 DER 聚合商解决方案利用不同的协议与个体 DER 进行通信。根据 5 层控制架构，分布式电源应用功能及相关标准见表 9－36。

表 9－36　　　　　　　　　　分布式电源应用功能及相关标准

应用范围	标准名称	标准号	涉及接口（图 9－11 标识的接口）
需求侧响应及电价	Systems interface between customer energy management system and the power management system－Part 10－1：Open automated demand response	OpenADR/IEC 62746－10－1：2018	③
	IEEE Standard for Smart Energy Profile Application Protocol	IEEE 2030.5—2018（基于 CIM 和 61850）	
聚合商或虚拟电厂对分布式电源的监控	Communication networks and systems for power utility automation－Part 7－420：Basic communication structure－Distributed energy resources and distribution automation logical nodes	IEC 61850 Series and IEC 61850－7－420：2021	④⑤聚合商与 DER 系统或 FDERMS 交互。这些交互包括监测和控制（或请求），以便聚合商能够看到其管理下的所有 DER 或 FDEMS
	IEEE Standard for Smart Energy Profile Application Protocol	IEEE 2030.5—2018（基于 CIM 和 61850）	
DER 对虚拟电厂、聚合商等分组管理	Application integration at electric utilities－System interfaces for distribution management－Part 5：Distributed energy optimization	IEC 61968－5：2020	⑮ 配电主站向分布式电源管理系统下达控制指令
	IEEE Standard for Smart Energy Profile Application Protocol	IEEE 2030.5—2018（基于 CIM 和 61850）	③④⑤配电网调度与能量聚合商之间的交互，主要用于配电网调度监控在聚合商管理下的 DER 系统中的 DER 组。这些 DER 组将由配电网调度建立，配电网调度可以通过聚合商向特定的 DER 系统组发出命令。包括辅助服务支撑（如无功功率支持、频率支持或限制 PCC 处的实际功率输出）、服务支持（如发电能力、负荷预测和其他较长期信息）以及高级功能更新（如电压无功控制）
分布式电源 DER 控制操作	Communication networks and systems for power utility automation－Part 7－420：Basic communication structure－Distributed energy resources and distribution automation logical nodes	IEC 61850 Series and IEC 61850－7－420：2021	①配电网调度与就地 DER 系统的直接交互，通常使用 SCADA 系统对 DER 设备进行直接管理，例如平滑波动或抵消峰谷曲线

续表

应用范围	标准名称	标准号	涉及接口（图 9-11 标识的接口）
分布式电源 DER 控制操作	SunSpec Modbus	SunSpec Modbus	①配电网调度与就地 DER 系统的直接交互，通常使用 SCADA 系统对 DER 设备进行直接管理，例如平滑波动或抵消峰谷曲线
	IEEE Standard for Smart Energy Profile Application Protocol	IEEE 2030.5—2018（基于 CIM 和 61850）	
电动汽车控制操作	Open Charge Point Protocol	OCPP	⑭
	Road Vehicles – Vehicle to Grid Communication Interface	ISO/IEC – 15118：2019	
	IEEE Standard for Smart Energy Profile Application Protocol	IEEE 2030.5—2018（基于 CIM 和 61850）	
设施 DER 管理系统、微电网、充电站等控制操作	Communication networks and systems for power utility automation – Part 7 – 420：Basic communication structure – Distributed energy resources and distribution automation logical nodes	IEC 61850 Series and IEC 61850 – 7 – 420：2021	②配电网调度与 FDERMS 进行交互，对聚合的 DER 系统进行管理
	SunSpec Modbus	SunSpec Modbus	
	IEEE Standard for Smart Energy Profile Application Protocol	IEEE 2030.5—2018（基于 CIM 和 61850）	
即插即用（包括发现、注册、安全加密、身份认证等）	IEEE Standard for Smart Energy Profile Application Protocol	IEEE 2030.5—2018（基于 CIM 和 61850）	①③④⑤⑩分布式电源注册及服务自发现、安全加密、身份认证等
市场交易	Common information model（CIM）extensions for markets	IEC 62325	⑦⑧⑨输电调度、聚合商、FDERMS 和配电网调度的市场互动。这些交互作用将用于发送和接收市场报价、投标和/或定价信号
用户侧计量/电价模型	Application integration at electric utilities – System interfaces for distribution management	IEC 61968	③⑩和用户侧的电量电价互动
	IEEE Standard for Smart Energy Profile Application Protocol	IEEE 2030.5—2018（基于 CIM 和 61850）	
分界母线聚合模型	Energy management system application program interface（EMS – API）	IEC 61970：2024	⑥在输配电分界母线上汇总的配电系统运行的综合模型。它由以下组成部分组成： • 母线上的净有功和无功负荷； • 有功和无功发电模型； • 负荷管理模型； • 和系统保护相关的负荷模型； • 聚合的分布式电源/微电网能力曲线； • 聚合的有功和无功负荷对电压/频率的依赖关系； • 聚合的有功和无功负荷对其他外部因素的依赖关系； • 分布式电源（包括 VPP）的技术和经济性目标、约束和价格； • 聚合的可调度实际和无功负荷； • 预测信息，以及紧急情况下的信息； • 其他

　　通过对表 9-36 的分析，智能逆变器接入控制的模型及协议需要能够涵盖大多数应用功能，建议可借鉴 IEEE 2030.5—2018，该协议能够被 DERMS、DER 聚合商和个体

DER 使用,进行必要的双向通信和数据传输。IEEE 2030.5—2018 协议使 DERMS 和 DER 聚合商之间能够进行通信,以及 DERMS 或 DER 聚合商与 DER(无论其大小和 PCC 位置)之间能够进行通信,可以实现完全集成的 DERMS 解决方案。此外,该协议还可以使 DERMS 与 DER 和聚合商交换计划安排,实时修改计划安排,通过 DER 管理工具向逆变器发送单个或组命令(电压 – 无功、电压 – 瓦特、频率 – 瓦特曲线等),由此提供的基础设施以实现可与所有 DER 通信的全面 DERMS 解决方案,并在法规允许的情况下对其行为进行控制和优化。

IEEE 2030.5—2018 是一种基于 IP 的协议,独立于底层物理传输(Wi – Fi、ZigBee 等),并使用 IEC 61968、IEC 61850 数据模型来表示大部分语义。IEEE 2030.5—2018 协议采用了 IEC 61850 – 7 – 420 逻辑节点类别用于 DER 组件。此外,IEEE 2030.5—2018 拥有强制执行的 DER 配置文件以及相关的认证和测试要求。

1. IEEE 2030.5 和 IEC 61850 的比较及融合建议

IEEE 2030.5—2018 源于 IEC 61850/61968 信息模型,是实现数字化、标准化和互操作性的重要基础。然而,对于第三方拥有的 DER 集成的特定应用,这 2 个标准之间存在显著差异。相关的标准化组织正在进行的工作解决 2 个标准的差异,并将它们更加协调起来。

采用公共信息模型意味着特定逻辑节点、功能和相关对象的定义对这 2 个标准都是共通的。例如,2 个标准都定义了电压 – 无功控制的功能,并将其定义为向电网注入动态无功功率。IEC 61850 使用 DOPM.OpModConsVAr 和 DRCT.VarMaxPct 命令实现了这个功能,而 IEEE 2030.5—2018 则使用 DERControl: opModVoltVAr 结合特定的 DERCurve 资源。在实践中,IEC 61850 和 IEEE 2030.5—2018 对象需要进行映射和协议转换以实现互操作性。这 2 个标准之间还有许多其他差异,具体如下。

(1)IEEE 2030.5—2018 来自与第三方拥有资产相关的业务需求,其目标是控制包括用户 DER 在内的众多特定设备。

(2)IEC 61850 源自电力系统内部的泛化模型,主要用来解决电力系统自身的新设备和新功能。

(3)2 个标准都需要增强以满足所有 CA 21 号法规的要求。IEEE 2030.5—2018 已经纳入了这些增强,而 IEC 61850 – 4 – 720 正在改进。

(4)IEEE 2030.5—2018 基于 XML,而 IEC 61850 正在扩展以包括 XML 模式和 XMPP 支持。

(5)IEC 61850 拥有通用的 IEC 61850 认证要求,但没有针对 DER 专门的认证要求。IEEE 2030.5—2018 有完整的测试和认证要求,并且有测试工具。

IEEE 2030.5—2018 和 IEC 61850 标准比较见表 9 – 37。

表 9 – 37　　　　　　　　IEEE 2030.5—2018 和 IEC 61850 标准比较

要求	IEEE 2030.5—2018	IEC 61850
组分配	具备	不具备,在 IEC 61968 – 5 中定义
组管理	具备	不具备,在 IEC 61968 – 5 中定义

续表

要求	IEEE 2030.5—2018	IEC 61850
直接控制	具备	具备
自治控制	具备	具备
价格/激励项目	具备	不具备
数据安全	具备	不具备
自动注册/登记	具备	不具备
设备发现	具备	不具备
DER 配置报告	具备	暂不具备
DER 状态信息	具备	具备
通知和报警	具备	具备
能力报告	具备	具备

表 9-37 总结了 IEEE 2030.5—2018 和 IEC 61850 满足一系列 DER 部署场景中可能需要的通信要求的能力。2 个标准都使用了 IEC 61850 信息模型，并且都具有支持该应用的功能。然而，为了支持更加全面的智能逆变器功能，这两个标准都正在进行或已完成额外功能的工作。

IEC 61850 和 IEEE 2030.5 都将成为 DER 通信的指定标准。不同的相关利益方可以根据业务需求可以选择使用其中一个或两个的组合。这就需要智能逆变器必须以某种形式支持这两个国际标准。他们可以简单地将一个或两个标准嵌入其产品中，通过外部网关来执行协议转换。

2. OpenADR（IEC 62746-10-1）和 IEEE 2030.5—2018 比较及融合建议

OpenADR 和 IEEE 2030.5—2018 协议可以在能源系统中相互补充和整合，以实现综合的需求响应和设备间通信的功能。

（1）需求响应和能源管理。OpenADR 协议专注于需求响应和能源管理领域。它提供了一种灵活的机制，通过向终端设备发送信号或事件，控制和调整能源消耗。OpenADR 可以用于调整负荷、实现负荷平衡、管理电池储能系统等。

（2）设备间通信和控制。IEEE 2030.5—2018 协议提供了设备间通信和控制的标准化接口。它支持设备之间的直接双向通信，可以用于实现智能电网中的能源设备之间的数据交换、状态监测、控制指令传递等功能。IEEE 2030.5—2018 可以用于与 DER 和智能电网中的能源设备进行交互。

IEEE 2030.5—2018 是一种更广泛的标准，涵盖了更多方面的分布式电源通信和控制，而 OpenADR 则更专注于需求响应和能源管理。典型的映射建议包括：

（1）在 IEEE 2030.5—2018 中，例如电压-无功功率曲线（volt-var）是与事件分开定义的，在 DERControl 或 DefaultDERControl 消息体中通过链接引用曲线。OpenADR 等效的消息体将曲线作为 oadrDistributeEvent 消息体中事件对象的一个组成部分，并且在 VEN 接收到时应该对曲线进行操作。

（2）IEEE 2030.5—2018 中的 DER 曲线 xMultiplier 和 yMultiplier 参数映射到 OpenADR 的 units 对象 siScaleCode 元素。

（3）IEEE 2030.5—2018 中的 DER 曲线 curveType 属性映射到 OpenADR 的 signalName，包含 IEEE 2030.5 中曲线类型的字符串唯一标识符。

（4）IEEE 2030.5—2018 中的 DER 曲线 randomizeStart 和 randomizeDuration 参数映射到 OpenADR 的 tolerance 对象，包含子元素来定义随机化窗口。

（5）在 OpenADR 中，每个 IEEE 2030.5—2018 逆变器功能控制或曲线可以作为单独的事件发送，也可以将它们连接在一起作为一个大事件发送。同一个事件中包含多个逆变器功能或曲线时，不指定的执行顺序或并发实现。

（6）消息使用最基本的度量单位，例如"百分比"。OpenADR 需要参考 IEEE 2030.5—2018 来确定 customUnit 的"百分比是相对于什么"的含义。

OpenADR 和 IEEE 2030.5—2018 可以通过数据映射和转换机制实现数据的交换和一致性。OpenADR 可以将需求响应相关的信息转换为符合 IEEE 2030.5—2018 数据模型的格式，以便于支持 IEEE 2030.5—2018 的设备进行通信和控制。相反，IEEE 2030.5—2018 可以将设备状态和测量数据转换为 OpenADR 所需的格式，以实现能源管理系统对设备的控制和调度。

总之，OpenADR 和 IEEE 2030.5—2018 协议的相互补充和集成，可以实现需求响应、负荷管理和分布式电源间通信的综合功能。通过这种集成，电力系统可以实现更高效、可靠和灵活的能源管理，以适应不断变化的电网需求和市场条件。

9.2.5　应用展望

随着新型电力系统的构建发展，新型配电系统安装数量庞大的智能终端，传统配电主站由于通信效率低，以及计算能力有限，已无法满足新型配电系统对智能终端的多种方式控制需求。

为满足源网荷的调控要求，本节结合国际标准提出了满足国内要求的分布式电源控制架构及接口标准。其中，DERMS 系统是接入海量分布式电源的关键因素，它需要一个可扩展且互操作的标准应用协议，能够和所有外部和内部参与者安全地交换信息并相互通信，经过修订的 IEEE 2030.5—2018 可作为首选协议。此外，它可以和其他标准协议做映射或转换，兼容已有工作。下一步，需要研究新的分布式电源技术接入规范和相应的 IEEE 2030.5 模型，提升分布式电源对电网的各类辅助服务；同时，结合国家对可再生能源消纳主要通过市场化交易的新要求，研究配电交易市场和零售交易市场的交易机制及技术实现手段，促进分布式电源的就地消纳。

参　考　文　献

［1］韩国政，徐丙垠. 小电流接地故障选线和定位装置的 IEC 61850 信息建模［J］. 电力系统自动化，2011，35（5）：57－60.

［2］朱正谊，徐丙垠，韩国政，等. IEC 61850 应用于配电自动化系统的配置方法［J］. 电力系统自动化，2015，39（21）：144－150.

［3］Eriksson M，Armendari Z M，Vasilenko，et al. Multiagent-based distribution automation solution for selfhealing Grids［J］. IEEE Transactions on Industrial Electronics，2015，62（4）：2620－2628.

［4］任雁铭，操丰梅，张军. IEC 61850 ED2.0 技术分析［J］. 电力系统自动化，2013，37（3）：1－6.

［5］Electric Power Research Institute. Harmonizing the International Electrotechnical Commision common Infomation model（CIM）and 61850 standards via unified Model：key to achieve smart grid interoperabillity objectives［R］. 2010.

［6］刘联涛，刘飞，吉平，等. 储能参与新能源消纳的优化控制策略［J］. 中国电力，2023，56（3）：137－143.

［7］Liu Liantao，Liu Fei，Ji Ping，et al. Research on optimal control strategy of energy storage for improving new energy consumption［J］. Electric Power，2023，56（3）：137－143.

［8］史新红，郑亚先，范振宇，等. 新能源参与省级现货市场的模式设计［J］. 全球能源互联网，2020，3（5）：451－460.

［9］Shi Xinhong，Zheng Yaxian，Fan Zhenyu，et al. Model design considering participation of variable renewable energy in provincial spot market［J］. Journal of Global Energy Interconnection，2020，3（5）：451－460.

［10］孙莹，李晓鹏，蔡文斌，等. 面向新能源消纳的调峰辅助服务市场研究综述［J］. 现代电力，2022，39（6）：668－676.

［11］Sun Ying，Li Xiaopeng，Cai Wenbin，et al. A research overview on ancillary services market of peak regulation oriented to accommodation of new energy［J］. Modern Electric Power，2022，39（6）：668－676.

［12］陈启鑫，房曦晨，郭鸿业，等. 电力现货市场建设进展与关键问题［J］. 电力系统自动化，2021，45（6）：3－15.

［13］Chen Qixin，Fang Xichen，Guo Hongye，et al. Progress and key issues for construction of electricity spot market［J］. Automation of Electric Power Systems，2021，45（6）：3－15.

［14］吴文传，张伯明，孙宏斌，等. 主动配电网能量管理与分布式资源集群控制［J］. 电力系统自动化，2020，44（9）：111－118.

［15］Wu Wenchuan，Zhang Boming，Sun Hongbin，et al. Energy management and distributed energy resources cluster control for active distribution networks［J］. Automation of Electric Power Systems，2020，44（9）：111－118.

［16］ Stekli J，Bai L Q，Cali U，et al. Distributed energy resource participation in electricity markets：a review of approaches，modeling，and enabling information and communication technologies ［J］. Energy Strategy Reviews，2022，43：100940.

［17］ Gunarathna C L，Yang R J，Jayasuriya S，et al. Reviewing global peer-to-peer distributed renewable energy trading projects ［J］. Energy Research and Social Science，2022，89：102655.

［18］ Ang T Z，Salem M，Kamarol M，et al. A comprehensive study of renewable energy sources：Classifications，challenges and suggestions ［J］. Energy Strategy Reviews，2022，43：100939.

［19］ 王林尧，赵滟，张仁杰. 数字工程研究综述 ［J］. 系统工程学报，2023，38（2）：265－274.

［20］ Wang Linyao，Zhao Yan，Zhang Renjie. Review of digital engineering research ［J］. Journal of Systems Engineering，2023，38（2）：265－274.

［21］ Generic smart grid requirements－Part 1：Specific application of the Use Case methodology for defining generic smart grid requirements according to the IEC systems approach：DS/IEC SRD 62913－1：2019 ［S］. Danish Standards，2019.

［22］ Azevedo C L B，Iacob M E，Almeida J P A，et al. Modeling resources and capabilities in enterprise architecture：a well-founded ontology-based proposal for ArchiMate［J］. Information Systems，2015，54：235－262.

后 记

国家能源局发布的《新型电力系统发展蓝皮书（征求意见稿）》（以下简称《蓝皮书》）明确提出：新型电力系统具备安全高效、清洁低碳、柔性灵活、智慧融合四大重要特征。其中，安全高效是基本前提，清洁低碳是核心目标，柔性灵活是重要支撑，智慧融合是基础保障。新型电力系统是新型能源体系的重要组成和实现"双碳"目标的关键载体。

《蓝皮书》提出，未来以分布式智能电网为方向的新型配电系统形态逐步成熟，就地就近消纳新能源，形成"分布式"与"大电网"兼容并存的电网格局。同时，《蓝皮书》特别针对"分布式智能电网"做出解释：基于分布式新能源的接入方式和消纳特性，以实现分布式新能源规模化开发和就地消纳为目标的智能电网，主要领域在配电网。

国家能源局发布数据显示，截至 2023 年 3 月底，全国累计发电装机容量约 26.2 亿 kW，同比增长 9.1%。其中，风电装机容量约 3.8 亿 kW，同比增长 11.7%；太阳能发电装机容量约 4.3 亿 kW，同比增长 33.7%。当前电源结构已经发生改变，风电、光伏等波动性能源在电源结构中的份额占比越来越大，可能给电网运行安全带来不确定性。

《蓝皮书》提出，要推动解决新能源发电随机性、波动性、季节不均衡性带来的系统平衡问题，多时间尺度储能技术规模化应用，系统形态逐步由"源网荷"三要素向"源网荷储"四要素转变。

科学储能让储能配合新能源并网变得不再盲目，之前一直提新能源强制配储，但配储的规模是不是合理，储能参与电网调峰调频的深度如何没有具体考量，而科学配储四个字则成为新能源发电配储的指导方针，科学配储不是任意配，是需要在数据支持下，科学建模分析下做出的判断。配储的目的不是为了配储而配储，而是为了保证新能源消纳和电网安全稳定运行所需的必要工具，可以充分发挥电化学储能、压缩空气储能、飞轮储能、氢储能、热（冷）储能等各类新型储能的优势，探索储能融合发展新场景。

长期以来，我国对于电网调度安全问题主要集中在电源侧和电网侧，但对于负荷侧的引导是不够的。因为电网安全离不开发电、调度和用电，如果用电端不参与电网灵活调度，对于电网调度来说，始终难以形成一个相对稳定的闭环。

对于负荷侧来说，其用电时间有弹性、用电行为可引导、用电规律可预测、用电方式智能化，认为负荷侧资源参与电网优化控制的空间非常大。

根据相关部门统计：目前北京、天津、冀北地区电动汽车约 40 万辆，储能资源超过 20 万 kW；空调保有量约 8000 万台，电采暖用户达 163 万户。如果能够发挥这些负荷侧资源的弹性用电性能，京津唐电网预计可增加调峰电力最大约 400 万 kW。

将负荷侧列入保证电网安全的一环，未来可以增加调峰的规模也会进一步加强，从而可以构建一种针对用电端和发电端互相配合式的电网调节机制。

随着分布式智能电网等多种新型电网技术形态融合发展，电网稳步向柔性化、智能化、数字化方向转型，实现电网生产、经营管理等核心业务数字化，助力源网荷储智慧融合发展。"云大物移智链边"等数字化、智能化技术在电力系统源网荷储各侧逐步融合应用，推动传统电力配置方式由部分感知、单向控制、计划为主向高度感知、双向互动、智能高效转变。逐步建成适应新能源大规模发展的平衡控制和调度体系，源网荷储协调能力大幅提升。推进源网荷储和数字基础设施融合升级转型。

数字化是以物理电网为基础，充分运用新一代数字技术构建的新型融合型电力系统。数字化的基础是将电力系统进行数字化建模，形成信息模型。信息模型可以实时反映出电力系统的各种运行状态和信息，如电力设备的状态、电网的负荷情况等。信息模型还可以与电力管理系统进行集成，实现电力生产、传输、配送全流程的数字化管理，从而提高生产效率和质量。

随着数字化程度不断提升，急需相应的设备/平台来实现各种系统的统一和融合。然而，就实际状况而言，目前不少相关的系统在创建的时候基本上都是以自身专业效用为基础，难以符合交叉整合的要求。因此，必须设立一种具有开放性及规范性的模型体系，对各种业务应用之间的建模与数据交换问题加以处理，从而为后期的应用开发打下坚实的根基，实现各类系统/设备和应用的即插即用。充分借鉴国际相关规范，深层次展开对核心标准公共信息建模的研究，并基于公共信息模型对配电网进行建模使其服务于电力企业，同时有针对性地扩展公共信息模型，建构与我国当下实际情况相一致的电力企业公共信息模型和框架，不但能够更好地为企业的发展供应有效信息，而且有助于推动分布式智能电网的深入发展。